Steve Gates

Verhandeln – Das Buch

Steve Gates

Verhandeln – Das Buch

Ihr Wegweiser zum
Verhandlungserfolg

Aus dem Englischen von Carsten Roth

WILEY-VCH Verlag GmbH & Co. KGaA

1. Auflage 2012

Alle Bücher von Wiley-VCH werden sorgfältig erarbeitet. Dennoch übernehmen
Autoren, Herausgeber und Verlag in keinem
Fall, einschließlich des vorliegenden Wer-
kes, für die Richtigkeit von Angaben, Hin-
weisen und Ratschlägen sowie für eventuelle Druckfehler irgendeine Haftung

**Bibliografische Information
der Deutschen Nationalbibliothek**
Die Deutsche Nationalbibliothek verzeichnet
diese Publikation in der Deutschen Na-
tionalbibliografie; detaillierte bibliografische Daten sind im Internet über
http://dnb.d-nb.de abrufbar.

© Steve Gates 2011.

Das englische Original erschien 2011 unter
dem Titel »The Negotiation Book. Your defi-
nitive Guide to Successful Negotiating« bei
John Wiley & Sons Limited.

© 2012 Wiley-VCH Verlag & Co. KGaA,
Boschstr. 12, 69469 Weinheim, Germany

Satz Mitterweger und Partner, Plankstadt
Druck und Bindung CPI – Ebner & Spiegel, Ulm
Umschlaggestaltung init, Bielefeld

ISBN 978-3-527-50614-9

Inhaltsverzeichnis

Verhandeln – Das Buch   Steve Gates
Copyright © 2011 WILEY-VCH Verlag GmbH & Co. KGaA, Weinheim

Danksagung

Ich möchte mich bei meiner Frau Kirsten für ihre bedingungslose Unterstützung und ihre Ermutigung bedanken, dafür, dass sie mir bei jedem Wort dieses Buches behilflich war und ohne die weder meine Karriere noch *The Gap Partnership* möglich gewesen wären.

Bei meinen drei Söhnen Jonny, Andy und Cameron möchte ich mich dafür bedanken, dass sie mich fast alles gelehrt haben, was man über Verhandlungen, Macht und Abhängigkeit wissen muss.

Nicht zuletzt möchte ich mich bei einem außergewöhnlichen Team von Verhandlern bei *The Gap Partnership* bedanken, mit dem ich so viele Erfahrungen ausgetauscht und von dem ich so viele Anregungen erhalten habe. Ihr ganzes Leben haben sich die Mitglieder dieses Teams der Aufgabe gewidmet, die Fertigkeit, gut zu verhandeln, auf eine neue Ebene anzuheben. Das ermöglichte mir, den »kompletten Verhandler« als solchen zu beschreiben. Es ist auch die Beschreibung einer Philosophie, die auf den heutigen menschlichen Herausforderungen bei Verhandlungen beruht, zu der sie alle beigetragen haben, und die täglich dazu dient, unseren Klienten auf der ganzen Welt Anregungen anzubieten.

Ungeachtet ihrer besonderen Verdienste habe ich sie alphabetisch aufgeführt.

Jan Aerts, Saqib Altaf, Emily Anderson, Chris Atkins, Kelly Atkins, Chris Banning, Simeon Barnett, David Beaverstock, Rob Bedwell, Fred Benning, Graham Botwright, Paul Bradford, Romana Bradford-Brown, Simon Brocklehurst, Catriona Butcher, Amy Butterfield, Nikki Clarke, Lauren Claydon, Nicole Cokayne, Karim Davezac, Howard Davies, Jason De Luca, Irinel DeLeon, Fran Dixon, Katherine Edgecombe, Martin Eiting, Bernd Engel, Clare Frawley, Tracey Fung, Drew Gallaher, Barry Gifford, Roger Greenfield, Gordon Hall, Kelly Harborne, Chris Harvey, Meg Headley, Miles Hodge, Rob Hörter,

Verhandeln – Das Buch Steve Gates
Copyright © 2011 WILEY-VCH Verlag GmbH & Co. KGaA, Weinheim

Dan Hughes, Nick Hunter, Fotini Iconomopoulos, Jason Ing, Sarah Ingrassia, Richard Jones, Mudasar Kayani, Carolina Kindelan, Helen Lane, Wai Lau, Sebastian Laufer, Julie Laxen, Jenny Leung, Paulius Lukauskas, Rodrigo Malandre, Rachel Mannix, Giorgio Manzin, Rena McCabe, Horace McDonald, Ian Mountford, Penny Murrell, Jodie Narraway, Thomas Neubauer, Roger Norris, Paul O'Donnell, Amy O'Dwyer, Simone Lisa Parris, Jill Parsonage, Jean Petticrew, Martin Pilch, Dale Raefski, Ronnie Rahman, Ruediger Reinfelder, Natalie Reynolds, Adrian Ritchie, Olivia Roberts, Graham Ross, Stefanie Schneider, Michael Schwartz, Louis Seah, John Seymour, Petra Siem, Wladmir Silva, Andy Simmons, Keilee Sperinck, Graham Stimpson, Bijesh Tank, James Thomas, Peter van den Bosch, Dominic Vaughan, John Viner Smith, Natasha Wallace, Steve Ward, Alistair White, Charlie White, Lorna White, Michelle Whitfield, Helen Wilkes, Tamara Williams, Nigel Wolfin, Paul Wright.

Vorwort

Ich dachte mir schon, dass ich Sie hier finden würde. Sind Sie neugierig? Sie sollten neugierig sein, denn Verhandlungen sind von entscheidender Bedeutung für Ihr Leben und für die Art und Weise, wie Sie alles, was einen Wert hat, verteilen, erschaffen, schützen, klären und organisieren. Verhandlungen sind für jedes Unternehmen lebenswichtig, selbst für gemeinnützige Einrichtungen. Verhandlungen schufen zu Kriegszeiten Frieden, beendeten den Wutanfall unserer Kinder, wenn es darum ging, zu Bett zu gehen. Sie trugen millionenfach dazu bei, Gerichtsverhandlungen zu vermeiden, und halfen auch, einige Ehen zu retten. Es kommt darauf an, wie man unter gemeinsam akzeptierten Bedingungen Differenzen beilegt und Übereinkünfte trifft. Verhandlungen können den Unterschied zwischen dem finanziellen Überleben und einer Insolvenz bedeuten, ob Unternehmen Gewinne oder Verluste machen, ob sie wachsen oder schrumpfen: Das ist die Macht der Resultate.

Große Verhandler bleiben oft unbeachtet. An Siegen oder an Ruhm sind sie nicht interessiert. Ihre Geisteshaltung konzentriert sich auf die harte Arbeit, die mit der Ausarbeitung von Vereinbarungen und Verträgen verbunden ist und dem Schutz dieser Arbeit durch die darauf folgende Vertraulichkeit. Allerdings stellen großartige Verhandler fest – vielleicht auch Sie –, dass sich die investierte Zeit in dramatischer Weise auszahlen kann, vielleicht durch gute Beziehungen, durch Zeiteinsparungen, durch reduzierte Risiken, durch erzielte Gewinne oder sogar durch gelöste Dilemmas. Keine andere Fertigkeit bietet im Gegenzug für eine souveräne Leistung so viele Werte.

Mit diesem Buch möchte ich Ihnen einen praxisorientierten Einblick in das Thema Verhandlung aus der Sicht eines Ausübenden geben. Die Kunst und die Wissenschaft der Verhandlungsführung sind ein interaktiver Prozess, der durch Kultur, sich ständig ändernde

Rahmenbedingungen, Erwartungen, Fähigkeiten und gute persönliche Beziehungen beeinflusst wird. Der »komplette Verhandler« ist eine Person, die sowohl über das Geschick als auch über die Denkweise verfügt, während jeder Verhandlung das zu tun, was unter den jeweiligen Umständen angemessen ist, um die eigenen Chancen zu maximieren. Das kann die einträglichste Fertigkeit sein, aber auch eine, die ihre Nerven am stärksten belastet. Deshalb ist es kein Wunder, dass es bisher für viele so schwierig war, eine Art von Standard zu entwickeln, der jedem hilft, effektiver zu verhandeln. Doch einfache Übungen, proaktive Planung und eine klare und bewusste Geisteshaltung können eine signifikante Steigerung der Verhandlungsergebnisse erbringen.

Was aber meine ich mit einem Standard? *Verhandeln – Das Buch* behandelt die Charakteristika und Verhaltensweisen, die dem »kompletten Verhandler« zugeschrieben werden. Ich verwende das Wort komplett lieber als das Wort erfolgreich, da wir uns kein Urteil anmaßen: Vielleicht sind Ihre Leistungen ebenso erfolgreich, wie sie nur sein könnten. Wir werden es nie erfahren. Das Regelwerk bezieht sich auf das Modell eines Ziffernblatts, das uns eine Möglichkeit bietet, zwischen den verschiedenen Arten, wie wir in einem dynamischen, kapitalistischen Markt verhandeln, zu unterscheiden. Das Konzept berücksichtigt ebenfalls, dass es nicht nur Macht, Prozesse und Verhaltensweisen sind, die das Ergebnis einer Verhandlung beeinflussen, sondern auch in gleichem Maße Psychologie, Selbstdisziplin und zwischenmenschliche Aktionen. Der Standard soll Sie nicht eingrenzen, sondern Sie als »kompletten Verhandler« stärken, damit Sie das aushandeln können, was maximal möglich ist … unter den gegebenen Rahmenbedingungen.

Die Erfahrungen, die ich in der Praxis gewonnen habe, als ich mit einigen der größten Unternehmen der Welt verhandelte, unter ihnen auch Procter & Gamble, Walmart, Morgan Stanley, Unilever, General Electric und Vodafone, halfen mir dabei, einen Standard zu verfassen, der von einem großen Teil der Geschäftswelt übernommen wurde. Ich hatte auch die Ehre, mit Dutzenden von hoch qualifizierten Verhandlern in *The Gap Partnership* zu arbeiten, die mit Hunderten solcher Unternehmen auf der ganzen Welt verhandelten, sie berieten und schulten. Diese Erfahrungen halfen uns, das herauszuarbeiten, was unsere Klienten inzwischen »den Standard« für Verhandlungen nennen.

Kapitel 1
Und Sie glauben, Sie könnten verhandeln?

Einführung

Verhandlungen beeinflussen jeden Bereich unseres Lebens: die Dinge, die wir kaufen, die Dienstleistungen, die wir in Anspruch nehmen, die Urlaubsreisen, die wir buchen und das Brot, das wir essen – alles hat seinen Preis. Der Preis, den ein Verbraucher für Produkte und Dienstleistungen bezahlt, ist normalerweise das Ergebnis dessen, was zwischen zwei oder mehreren Parteien ausgehandelt wurde. Wenn der Preis für Schokoladenkekse demnächst um zehn Cents steigt, dann fragen Sie sich vielleicht: Handelt es sich um Inflation, um eine Steigerung der Materialkosten, um eine Neupositionierung gegenüber einem anderen Hersteller von Schokoladenkeksen oder gab es vielleicht Verhandlungen zwischen dem Lieferanten und dem Einzelhändler, die zu einer Preiserhöhung führten? Gab es eine solche Verhandlung, dann kann eine ganze Reihe von Themen eine Rolle gespielt haben wie beispielsweise die Finanzierung einer besonderen Werbekampagne, eine Veränderung der vereinbarten Zahlungsbedingungen, vielleicht eine Veränderung der Verpackungsgröße oder sogar etwas so Einfaches wie eine Veränderung des Verpackungsmaterials.

In *Verhandeln – Das Buch* habe ich begonnen, eine Philosophie des Verhandelns zu erstellen, die keine Vorschriftensammlung darstellen soll. Ziel ist es, Ihnen die erforderlichen Erkenntnisse zu vermitteln, mit denen Sie bessere Ergebnisse erlangen, weil Sie sich bewusst sind, dass Sie es sind, der für Entscheidungen auf der Grundlage Ihres eigenen Urteilsvermögens verantwortlich ist. Die Zeit, die Menschen tatsächlich mit Verhandlungen verbringen, ist in Relation zu ihrem kompletten Aufgabenbereich oft sehr gering. Jedoch kennzeichnet die persönliche Leistung in Verhandlungen oft, wie erfolgreich Sie sind. In diesem Buch möchte ich Ihnen die Fragen stellen und natürlich auch die Antworten dazu geben, die Ihnen Appetit machen sollen und Sie motivieren werden, ein großartiger Verhandler zu werden. In diesem Buch geht es um *Sie*. Sie sollen aus jedem Abkommen, an dem Sie beteiligt sind, einen größeren Wert für sich mitnehmen. Sie sollen verstehen, was Sie tun müssen, wann sie es tun müssen und – am wichtigsten –, dass Sie es tun.

Was also sind Verhandlungen eigentlich?

Verhandeln ist ein Wort, ein Vorgang und eine Kunst. In jedem Menschen, der mit der Perspektive konfrontiert wird, einen Vertrag verhandeln zu müssen, werden komplexe Gefühle geweckt. Verhandeln entscheidet grundlegend darüber, wie Geschäfte getätigt werden, und findet täglich millionenfach auf der ganzen Welt statt. Wenn Sie sich selbst unter Kontrolle halten können, Ihre Werte und Ihre Vorurteile, Ihr Bedürfnis nach Fairness und Ihr Ego, dann beginnen Sie, die bestmöglichen Ergebnisse Ihrer Verhandlungen zu erreichen. Die größte Herausforderung ist es hier nicht, Ihnen beizubringen, wie Sie ein besserer Verhandler werden können, sondern Sie zu motivieren, die Art und Weise zu verändern, wie Sie über Verhandlungen oder sich selbst denken. Bei den vielen Tausenden Workshops, die *The Gap Partnership* durchgeführt hat, beobachtete ich die Veränderung der Selbstwahrnehmung als die größte Veränderung der Teilnehmer bei der Entwicklung ihres Verhandlungsgeschicks. Etwas über das Verhandeln zu lernen, ist eine Übung in Selbstwahrnehmung. Erst wenn Sie verstehen, welche Wirkung eine Verhandlung auf Sie haben kann, sind Sie in der Lage, sich an den damit einhergehenden Druck, an die Zwangslagen und an die Belastung zu gewöhnen. Selbstwahrnehmung hilft uns zu erkennen, weshalb wir etwas tun und auch, welche Wirkung das auf unsere Ergebnisse hat. Dies an sich kann schon sehr motivierend sein. Sie ist uns aber auch behilflich, unseren Ansatz und unser Verhalten jeder Verhandlung anzupassen, anstatt zu versuchen, für jede Situation das gleiche Konzept zu verwenden, ganz einfach, weil es unserem persönlich bevorzugten Stil entspricht.

Weshalb sollten wir motiviert werden?

Es gibt so viele Aspekte in unserem Leben, die von Vereinbarungen mit anderen beeinflusst werden, sowohl im persönlichen wie im geschäftlichen Bereich. Immer jedoch wird unsere Fähigkeit, das beste Ergebnis zu verhandeln, den Erfolg in unserem Leben direkt beeinflussen, gleichgültig, woran Sie den Erfolg messen.

Verhandlungserfolg kann auf sehr viele Arten und Weisen gemessen werden, beispielsweise auch in relativen Größen.

- Habe ich dieses Mal ein besseres Geschäft abgeschlossen als beim letzten Mal?
- Habe ich ein besseres Geschäft abgeschlossen als das, was anderweitig angeboten wurde, wenn man Kosten und andere Unannehmlichkeiten berücksichtigt?
- Konnte ich verhindern, dass die Verhandlungen in einer Blockade enden, was bedeutet hätte, dass ich mit vielen unerwünschten Dingen konfrontiert worden wäre, die ich in Ordnung hätte bringen müssen?

Andere Maßstäbe, den Erfolg zu messen sind der finanzielle Wert eines Abschlusses, das Maß der Risikominderung oder sogar, wie weit Sie den Verhandlungspartner von seiner Ausgangsposition abbringen konnten. Abhängig davon wie sie gemessen werden oder welche Ziele Sie zu erreichen versuchen, gibt es unterschiedliche *Erfolgskriterien*. Welche Kriterien es auch sein mögen, Sie müssen unbedingt motiviert sein, um Leistung zu bringen, und das bedeutet, eine umfangreichere Palette von Fertigkeiten in Ihren Verhandlungen anzuwenden.

Erfolgskriterien

Diese variieren von Verhandlung zu Verhandlung. Sie können einzigartig sein, beispielsweise den richtigen Preis sicherzustellen, oder umfassender, den »Gesamtwert« zu maximieren, was immer das bedeuten mag.

Weshalb sollte man verhandeln?

Nur weil alles verhandelbar ist, bedeutet das noch nicht, dass alles verhandelt werden muss. Es ist immer eine Überlegung wert, den Wert Ihrer Zeit dem potenziellen Vorteil gegenüberzustellen, der durch Verhandlungen erreicht werden kann. Weshalb sollte man beim Kauf eines Zehn-Euro-Notizblocks zehn Minuten lang verhandeln, wenn man normalerweise 100 Euro in der Stunde verdient? So spart man vielleicht zwei Euro, was 20 Cent pro Minute verhandeln entspricht! Wenn es allerdings um Ihr neues Auto geht und dabei fünf Prozent gespart werden könnten, dann könnte das 1500 Euro ausmachen und dann ist diese Zeit gut investiert.

Für ein gutes Einvernehmen mit Ihrer Frau oder Ihrem Mann oder einem Arbeitskollegen bedarf es eines ständigen Gebens und Nehmens. Ohne dieses Geben und Nehmen könnten Sie vielleicht als inflexibel oder geradezu als schwierig eingeschätzt werden. Also muss man nicht alles verhandeln, was verhandelbar ist. Allerdings gibt es Situationen, in denen wichtigere Entscheidungen getroffen werden müssen, Sie aufeinander angewiesen sind, aber unterschiedliche Ansichten haben. Wenn aber beide Parteien bei der Umsetzung der Übereinkunft auch aufeinander angewiesen sind, dann wird ein effektiver Verhandler nicht nur einfach zu einer Lösung gelangen, sondern vielleicht auch zu einer Lösung, die von beiden Parteien gerne getragen wird.

Es gibt keine andere Fähigkeit, die solch sofortige und messbare Auswirkungen auf Ihr Ergebnis hat, als Verhandlungsgeschick. Eine kleine Anpassung an den Zahlungsbedingungen, an einer Spezifikation, an einem *Schwellenwert* oder sogar am Lieferzeitpunkt wird Auswirkungen auf den Wert oder die Rentabilität des Vertrags haben. Das Verständnis für die Wirkung und den Wert einer solchen Anpassung vor Beginn der Verhandlung ist ein entscheidender Teil der Planung (siehe Kapitel 9). Das Geschick, bessere Verträge durch den Ausgleich verschiedener Interessenlagen herzustellen, nennt man Verhandlungen. Im geschäftlichen Zusammenhang ist dies das Geschick der Profitmaximierung.

Schwellenwert

Dies kann sich zum Beispiel auf eine Mindestbestellmenge beziehen, die erforderlich ist, damit andere Vorteile realisiert werden können. Der Auftrag muss möglicherweise einen Schwellenwert von 1000 Stück überschreiten, bevor ein Rabatt gewährt werden kann.

Deshalb bietet effektives Verhandeln die Gelegenheit, Werte aufzubauen oder aufzulösen – aber was bedeutet *Wert* wirklich? Es wäre zu einfach, sich nur auf den Preis zu konzentrieren. Die Frage des »wie viel« ist so eine Frage, transparent, messbar und deshalb in den meisten Verhandlungen auch das immerwährende Thema. Der

Preis ist allerdings nur *eine Variable*, über die man verhandeln kann. Es *ist* möglich, einen großartigen Preis zu erzielen und sich zu fühlen, als ob man gewonnen hat, und gleichzeitig ist es ein schlechtes Geschäft. Das ist der Fall, wenn die Ware nicht rechtzeitig geliefert wird, nach zweimaligem Gebrauch auseinanderfällt, keine schützende Verpackung hat, und so weiter. (Kennen Sie die Redewendung »man bekommt das, wofür man bezahlt«?)

Variable

Das kann ein Preis sein, irgendeine Angelegenheit oder ein Tagesordnungspunkt und bezieht sich auf etwas, auf das man sich einigen muss.

Bei Verhandlungen werden Ihr Ego und Ihr Konkurrenzdenken den Ehrgeiz zu gewinnen anheizen, insbesondere dann, wenn eine Art von Wettstreit eine Rolle spielt. Allerdings geht es bei Verhandlungsergebnissen nicht in erster Linie um den Wettbewerb oder das Gewinnen. Bei Verhandlungen geht es darum, den besten Wert für sich zu sichern. Deshalb sollte man verstehen

- was die andere Partei oder die andere Person in der Verhandlung denkt;
- was sie tun; und
- wie sich das auf die Möglichkeiten in der Verhandlung auswirkt.

Als »kompletter Verhandler« müssen Sie sich auf das konzentrieren, was für die Gegenpartei wichtig ist: ihre Interessen, ihre Prioritäten, ihre Optionen, ihre Schlusstermine und ihre *Belastungsgrenzen*. Versuchen Sie, das Geschäft aus ihrer Perspektive zu sehen. Wenn Sie anfangen, die Gegenpartei und ihre Motivationen zu verstehen, dann können Sie diese Erkenntnisse zu Ihrem Vorteil nutzen und, letztlich, den Wert des Abschlusses für sich selbst erhöhen. Wenn Sie in einer Verhandlung die andere Partei besiegen wollen, dann wird Sie das sehr wahrscheinlich von Ihrem wichtigsten Ziel, nämlich die Möglichkeiten in der Verhandlung für Sie zu maximieren, abbringen.

Belastungsgrenzen

Belastungsgrenzen sind Dinge oder Umstände, die das Denken oder das Verhalten der Gegenpartei beeinflussen.

Ergreifen Sie die Initiative

Für den »bewusst kompetenten Verhandler« ist proaktives Handeln die erste Aufgabe. Das bedeutet, dass Sie die Art und Weise der Verhandlung bestimmen und damit jedes Abkommen so verhandeln, wie es Ihren Zielen entspricht. Versuchen Sie, sich selbst gegenüber ehrlich zu sein, wenn Sie über diese Ziele entscheiden oder ihnen zustimmen. Denken Sie daran, dass der Preis nur ein Element des Geschäfts darstellt. Sie könnten auf die Zusammenarbeit mit der anderen Partei angewiesen sein und zwar nicht nur bis zum Ende der Verhandlung, sondern auch in der nachfolgenden Umsetzung des vereinbarten Ergebnisses. In Verhandlungen ist absolut kein Platz für Ego oder Konkurrenzdenken. Das Einzige, das zählt, ist der *Gesamtwert* oder der Realwert, gleichgültig, was Sie darunter verstehen,

Gesamtwert

Hier liegt der wirkliche Wert und das, worauf Sie, der Verhandler, sich konzentrieren sollten. Tatsächlich ist es oft so, dass Sie die andere Partei hinsichtlich des Preises »gewinnen« lassen sollten, während Sie sich auf den Gesamtwert konzentrieren. Der Wert, den Sie auf diese Weise schaffen können, übersteigt den »Sieg um den Preis« bei weitem, selbst wenn Sie mit einem festgelegten Budget arbeiten müssen.

Gewöhnen Sie sich daran, mit Unbehagen zu leben

Die Person auf der anderen Seite des Verhandlungstisches könnte eine harte Position einnehmen, die Sie möglicherweise als Provokation oder als Konkurrenzgehabe empfinden. Sich an derartige Situationen, in denen auch Sie wahrscheinlich ein Gefühl des Drucks, der Anspannung und Angst erleben, zu gewöhnen und mit ihnen vertraut zu werden, ist für Sie als geschickter Verhandler eine der wichtigsten Voraussetzungen. Ohne dies können unser klares Denken und unsere Leistung gefährdet sein. Deshalb muss ein Verhandler erkennen, dass er sich bei Verhandlungen in einem Prozess befindet. Die Menschen, mit denen Sie verhandeln, brauchen Zeit, um sich

- an alle neuen Positionen und
- an alle Vorschläge, die Sie unterbreiten,

zu gewöhnen.

Fallstudie

Der neue Manager einer deutschen Eishockeymannschaft stimmte zu, dass die Mannschaft für die nächste Saison ein neues Heimtrikot erhalten sollte. Er nutzte die Zeit, um sich mit den Sponsoren der Mannschaft zu treffen und sich mit ihnen über das Design abzustimmen. Des Weiteren vereinbarte er ein Treffen mit den Lieferanten, die das Team schon immer mit der Ausrüstung versorgt hatten, um den Auftrag zu erteilen. Während des Treffens verhandelte der Manager knallhart um den Preis, den er bereit war, für die Ausrüstung zu bezahlen. Er forderte eine Preisreduzierung um 15 Prozent gegenüber dem Preis, den man beim letzten Auftrag vor zwölf Monaten bezahlt hatte, und er konnte die Forderung durchsetzen. Die beiden Parteien verhedderten sich so sehr in diesem Feilschen, dass andere Themen wie die Anforderungen (Farbe, Schriftsatz und das Aufnähen der Namen auf die Trikots), Lieferzeitpunkt und die genaue Aufteilung zwischen den einzelnen Trikotgrößen völlig übersehen wurden. Doch all diese Punkte erwiesen sich als entscheidend. Die Trikots kamen erst zwei Wochen nach Beginn der neuen Saison an, und es waren vier kleine Größen weniger als erforderlich. Bis zu der Zeit, in der diese Angelegenheiten geregelt waren, war bereits ein Viertel der Saison vorüber. Die Sponsoren weigerten sich zu bezahlen und die Glaubwürdigkeit des Managers war beschädigt. Und das alles wegen einer Ersparnis von 500 Euro!

Selbst im Geschäftsleben werden die Menschen zuweilen emotional und aufgeregt, wenn sie nicht bekommen, was sie wollen, oder wenn sie das Gefühl haben, dass die andere Seite sich einfach irrational verhält. Einige werden sogar den Verhandlungstisch verlassen, ohne zuvor die Konsequenzen zu bedenken.

Aus diesem Grund wird es – umso erfahrener Ihr Verhandlungspartner ist – unwahrscheinlicher sein, dass es in Verhandlungen zu einer Blockade kommt. Tatsächlich bedeutet Ihre Zuversicht, dass Sie wahrscheinlich zu einem besseren Geschäftsabschluss kommen werden, als wenn Sie mit einem ungeübten Verhandlungspartner verhandeln. Viele meiner Kunden bestehen darauf, dass ihre Lieferanten das gleiche Verhandlungstraining besuchen, weil sie sicherstellen wollen, dass beide Parteien darauf hinarbeiten, den Gesamtwert in der Verhandlung zu maximieren, anstatt sich durch kurzfristige Gewinne ablenken zu lassen.

Die Notwendigkeit der Zufriedenheit

Jeder möchte sich ein Schnäppchen sichern; etwas zu einem günstigeren Preis kaufen, als es zuvor angeboten wurde. Sie brauchen nur an einem 27. Dezember in die Kaufhäuser zu gehen, um selbst zu sehen, welchen Einfluss dies auf das Verhalten der Menschen haben kann. Dort kann es durchaus zu Gewalttätigkeiten kommen, wenn jemand glaubt, ein anderer hätte sich in der Schlange vorgedrängelt. Viele Menschen können einfach nicht anders, wenn es irgendwo ein Schnäppchen gibt. In extremen Fällen werden Menschen sogar Dinge kaufen, die sie weder haben wollen noch benötigen – Hauptsache, der Preis stimmt.

Welcher Preis ist richtig?

Das bekannte TV-Programm *Der Preis ist heiß*, das in den 1990er-Jahren ausgestrahlt wurde, brachte Menschen zusammen, die den Verkaufspreis für Güter des täglichen Gebrauchs, von Fernsehgeräten über Kühlschränke bis zu Urlaubsreisen, nennen sollten. Die Aufgabe war ganz einfach, den Verkaufspreis des vorgestellten Produkts genauer zu benennen als die Wettbewerber. Selbst bei diesen alltäglichen Waren, die ständig beworben wurden, wurde der vermutete Preis falsch geschätzt, oft sogar um mehr als 25 Prozent.

Welcher Preis ist im Geschäftsleben richtig? Die Antwort ist von einer ganzen Reihe von Dingen abhängig, die natürlich verhandelt werden müssen. Wie also stellen Sie es an, dass die andere Verhandlungspartei zufrieden ist? Das bedeutet, deren natürliches Bedürfnis zu befriedigen, ein besseres Geschäft gemacht zu haben, als es ursprünglich angeboten wurde.

- Beginnen Sie mit einem extrem hohen beziehungsweise niedrigen Einstiegspreis?

- Führen Sie Bedingungen ein, auf die Sie verzichten würden?
- Bauen Sie Finten ein (Dinge, die nicht real sind, bei denen Sie daher leicht Zugeständnisse machen können)?

Die psychologische Herausforderung ist es hier, sicherzustellen, dass die andere Partei zufrieden mit dem Ergebnis der Verhandlung ist, da sie, durch ihre harte Arbeit ein großartiges Ergebnis für sich selbst erreicht hat. Mit anderen Worten: Lassen Sie die andere Partei gewinnen oder lassen Sie sie das tun, was *Sie* wollen.

Im Kopf des Anderen

Erfolgreiche Verhandler werden durch Neugierde motiviert und möchten gern verstehen, wie die Situation »im Kopf der anderen Partei« aussieht. Ohne diese Erkenntnisse sind wir, wie wir bei *The Gap Partnership* sagen, »in unserem eigenen Kopf«. In Verhandlungen ist das ein gefährlicher Ort. Wenn Sie wirklich erfolgreich verhandeln wollen, dann müssen Sie zuerst verstehen, wie Ihr Verhandlungspartner denkt. Ehrlichkeit mit sich selbst, den Situationen, in denen Sie sich befinden, und das Bekenntnis, das zu tun, was notwendig ist, erfordert von Ihnen, sich den emotionalen Herausforderungen zu stellen, die Sie erwarten. Es wird Ihr eigener wirtschaftlicher Druck sein (die Dinge, an denen Sie gemessen werden oder für die Sie verantwortlich sind), der von Ihnen verlangt, dass Sie als ein »bewusst kompetenter Verhandler« agieren, wenn Sie das Geschehen bestimmen wollen (siehe Herausforderung 1, später in diesem Kapitel).

Verhandeln im Gegensatz zum Verkaufen

Es ist eine verbreitete Ansicht, dass ein guter »Abschluss« sich von allein ergibt und dass Verhandlungen erst dann folgen, wenn noch Differenzen zu klären sind. Allerdings ist Verhandlung eine Fertigkeit und ein Prozess, der sich fundamental vom Verkaufen unterscheidet. Gleichgültig ob Sie Ideen, Dienstleistungen oder Produkte verkaufen, Verkaufen bleibt Verkaufen, und ist in Verhandlungen vollkommen fehl am Platz. Beim Verkaufen werden die positiven Seiten betont, also die Gründe zum Kauf und die Bedürfnisse werden mit der Lösung zusammengebracht. Dafür bedarf es Erklärungen, Begründungen und rationaler Argumente. »Nicht auf den Mund gefallen zu sein« wird mit dem Verkäufer in Verbindung gebracht, der auf jede Frage eine Antwort hat. In Verhandlungen ist dies nicht der Fall.

Obwohl Beziehungen wichtig sein können, so wie ein gutes Klima für eine Zusammenarbeit (ohne dieses ist keine Diskussion möglich), zählt auch das *Schweigen* zum Handwerkszeug des kompletten Verhandlers – wenn es angebracht ist. Das bedeutet, allem zuzuhören, was der Verhandlungspartner sagt, alles zu verstehen, was er nicht sagt, und daraus die wahre Position zu erschließen.

Schweigen

Schweigen kann auch dazu dienen, Ihre Position während einer Verhandlung zu stärken: Der Verhandlungspartner könnte versucht sein, diese Stille mit Angeboten oder Informationen zu überbrücken. In manchen Fällen könnte er auch einfach nachgeben, wenn er die Stille nicht mehr aushalten kann.

Zu Verhandlungen gehören auch Planung, fragen, zuhören und Vorschläge, doch ebenso gehört dazu, zu erkennen, wann das Verkaufen tatsächlich beendet ist und die Verhandlung begonnen hat. Wenn Sie begonnen haben zu verhandeln, dann dürfen Sie nicht weiter verkaufen. Wenn Sie feststellen, dass Sie die Vorzüge Ihres Vorschlags in der Verhandlung weiter anpreisen, zeigen Sie damit Schwäche. Wenn Sie in einer Verhandlung weiterhin verkaufen, dann geben Sie damit zu erkennen, dass Sie das Gefühl haben, dass Ihre Vorschläge nicht stark genug sind und weiterhin angepriesen werden müssen. Ohne es zu merken, zeigen Sie, dass Sie sich in einer schwachen Position fühlen. Je mehr Sie sprechen, umso wahrscheinlicher ist es, dass Sie ein Zugeständnis machen werden.

Deshalb ist es entscheidend zu erkennen, wann der Übergang vom Verkaufen zum Verhandeln stattgefunden hat. Sie müssen verstehen, dass Sie jetzt verhandeln. Eigentlich ist es ganz einfach, den Mund zu halten, zuzuhören und zu denken, aber dennoch gibt es nur wenige Menschen, die sich ganz wohl fühlen, wenn geschwiegen wird. In Verhandlungen werden Sie innehalten, eine Pause einlegen und alles überdenken müssen, während die andere Seite wartet. Es fühlt sich unangenehm an – das ist es auch – denn ab jetzt verhandeln Sie.

Persönliche Werte

Werte wie Fairness, Integrität, Ehrlichkeit und Vertrauen regen uns an, offen zu sein. Werte können das Urteilsvermögen beeinflussen, eine objektive Sicht auf die Dinge verzerren und dazu führen, dass Menschen einem Kompromiss zustimmen, selbst bei wirtschaftlichen Vereinbarungen. Doch die Annahme, dass die Langlebigkeit von Beziehungen von Zusammenarbeit abhängt, ist ein verbreitetes Missverständnis. Persönliche Werte haben ihren Platz innerhalb jeder Beziehung, doch bei Geschäftsbeziehungen ist es anders: Geschäftsbeziehungen können auf unterschiedlichen Werten beruhen – und oft ist genau das der Fall.

Werte sind normalerweise tief verwurzelt und viele Menschen reagieren hinsichtlich ihrer Werte sehr empfindlich, so als ob ihre Integrität angegriffen würde. Der wichtige Punkt hierbei ist, dass es kein richtig oder falsch gibt. Ich möchte auf keinen Fall sagen, dass effektive Verhandler keine Werte haben – wir alle haben Werte. In Verhandlungen allerdings, wenn man in einen Prozess eingebunden ist, muss das, was man *tut*, und das, was man *ist*, nicht das Gleiche sein. Es geht nicht darum, anzuzweifeln, wer Sie sind, sondern es geht darum, Ihnen zu helfen, die Dinge zu verändern, die Sie *tun*.

Wenn Sie im Rahmen von Verhandlungen Ihren Werten gegenüber loyal bleiben wollen, ist nichts dagegen einzuwenden. Andere Menschen bleiben ihren Werten vielleicht nicht ganz so treu, was Ihnen zum Nachteil gereichen könnte. Mit anderen Worten: Wenn Sie sich entscheiden, offen und ehrlich zu sein, beispielsweise wenn Sie der anderen Verhandlungspartei Ihre Informationen mitteilen, diese dies jedoch nicht erwidert, dann raten Sie einmal, zu wessen Gunsten sich die Machtbalance verschiebt? Und wie angemessen ist das dann?

Wo die normalen wirtschaftlichen Gesetze, etwa das Gesetz von Angebot und Nachfrage, dazu führen, dass zwei Menschen miteinander Geschäfte machen, kann eine kooperative Beziehung dazu beitragen, mehr Chancen für beide Seiten zu schaffen. Aber das ist nicht immer entscheidend. Vertrauen und Ehrlichkeit sind großartige Werte für ein Unternehmen: Sie sind vertretbar und sicher, besonders dann, wenn Sie ein Geschäft betreiben, in dem Hunderte und Tausende von Menschen im Auftrag eines Unternehmens einkaufen oder verkaufen. Diese Werte fördern auch nachhaltige Geschäftsbeziehungen. In einer Verhandlung jedoch können diese Werte die Wurzeln für Selbstzufriedenheit, Vertrautheit oder sogar Faulheit sein, was letztlich dazu führen kann, dass es das Geld der Aktionäre kostet. Wir, die Mitglieder von *The Gap Partnership*, bleiben strikte Anhänger von auf Kooperation beruhenden Beziehungen, allerdings mit der Betonung auf der Optimierung des Gesamtwerts, während man gleichzeitig die Interessen *aller* Beteiligten gewährleistet.

Der Fall für Zusammenarbeit

Wenn Sie kooperative Verhandlungen bevorzugen, dann könnte das diese Gründe haben:
- Sie benötigen die Verbindlichkeit und die Motivation der anderen Partei, um das liefern zu können, was Sie zuvor vereinbart haben.
- Sie ziehen es vor, mit einer Vielzahl von Variablen zu arbeiten, die es Ihnen ermöglichen, alle möglichen Auswirkungen und den auf dem Spiel stehenden Gesamtwert in Betracht zu ziehen.
- Sie halten es für eine bessere Möglichkeit, die Beziehungen zu managen.
- Sie scheuen schlicht und einfach Konflikte und die möglichen negativen Folgen einer abgebrochenen Verhandlung.

Der Grund spielt keine Rolle. Sie sollten aber sicherstellen, dass Sie kooperativ verhandeln, weil es dadurch wahrscheinlicher wird, dass Sie Ihre Ziele erreichen, und nicht nur, weil es Ihrem bevorzugten Stil entspricht und es für Sie bequemer ist. Wie angemessen dies ist, hängt davon ab, wie ehrlich Sie zu sich selbst sind über die Motive und die Vorteile, die es Ihnen bringt, kooperativ zu verhandeln.

Ehrlichkeit sich selbst gegenüber

Es ist oft sehr schwierig festzustellen, wie gut ein Geschäft wirklich war, das man nach einer Verhandlung abgeschlossen hat. Viel leichter könnten wir das feststellen, wenn wir, nach Überprüfung der Leistung, unsere Selbstrechtfertigung nicht in die Gleichung einbeziehen würden. Damit verleugnen wir unsere Ergebnisse, vereinfachen und rechtfertigen, was geschehen ist, ohne der nackten Wahrheit ins Auge zu blicken. Haben Sie sich jemals gefragt: »Hätte ich ein besseres Ergebnis erzielt, wenn ich anders gehandelt oder andere Entscheidungen getroffen hätte?« Es ist einfacher weiterzumachen wie bisher, als über unsere Leistung und über das Was und Weshalb nachzudenken und natürlich auch über das Ergebnis, das wir letztlich erzielt haben. Wenn wir aus jeder Verhandlung etwas lernen, so stellt dies sicher, dass, selbst wenn ungeplante Kompromisse eingegangen werden mussten, Sie aus dieser Erfahrung einen Wert für sich selbst mitnehmen. Das erfordert natürlich Ehrlichkeit gegenüber sich selbst. Die folgenden vier Bereiche bieten einen sehr nützlichen Rahmen von Empfehlungen für eine kritische Nachbetrachtung, aber auch zur Vorbereitung auf Ihre nächste Verhandlung.

Vier Herausforderungen, die wir lösen müssen

Herausforderung 1 – Alles dreht sich um Sie

Verhandlungen sind unbehaglich. Dazu gehören manchmal Schweigen, Drohungen und Konsequenzen, die viele als ein zu schwieriges Umfeld empfinden werden, um darin erfolgreich sein zu können. Wenn Sie gute Leistungen erbringen wollen, müssen Sie die Verantwortung für Ihr Handeln akzeptieren und den wesentlichen Unterschied erkennen, den Ihr Auftritt für jeden Vertrag ausmachen kann, bei dessen Zustandekommen Sie eingebunden sind.

Die Kunst des Verhandelns kann erlernt und angewendet werden, doch Sie benötigen die Eigenmotivation zur Veränderung und die Fähigkeit, flexibel zu sein. Dabei geht es nicht bloß darum, nur hart im Nehmen oder vorbereitet zu sein. In erster Linie geht es darum, dass die Aussicht, durch gut durchdachte Vereinbarungen Werte zu schaffen und Gewinne zu machen, Sie motiviert. Deshalb sollten Sie erkennen, dass Ihre früheren Leistungen keinen Schluss auf künftige Leistungen zulassen, besonders weil jede Verhandlung genau so einzigartig ist wie ein Basketball- oder Fußballspiel.

Deshalb stellen Sie selbst die erste Herausforderung dar. Es sind *Menschen*, die verhandeln, keine Maschinen oder Unternehmen. Wir alle haben Vorurteile, Werte, Vorlieben und Abneigungen, Präferenzen, Stress, Ziele und Bewertungen – ebenso wie die andere Seite am Verhandlungstisch. Deshalb wird es ein Teil unserer Reise sein, zu verstehen, weshalb unsere schwierigste Aufgabe bei Verhandlungen wir selbst sind, und wie wir, ganz natürlich, die Welt aus unserer Perspektive sehen und nicht aus der Perspektive der anderen Partei.

Fallstudie

Vor kurzem beriet einer unserer Berater einen Account-Manager, der einen europäischen Handelskonzern betreute. Der Account-Manager hatte ein Treffen mit dem Handelskonzern, um seine neueste Investitionsstrategie zu präsentieren, die dazu beitragen sollte, ein höheres Gewinnpotenzial zu ermöglichen. Tatsächlich war man bereit, dem Handelsunternehmen mehr Geld zu bezahlen, wenn dieses ihnen mehr Regalplatz in seinen Märkten einräumen und für ihre Produkte häufiger Werbeaktionen durchführen würde. Der Investitionsvorschlag war sehr überzeugend, die Zahlen wurden genannt und der vorgestellte Plan (Erhöhung des Umsatzvolumens und gleichzeitig der Rendite) war gut durchdacht. Das Problem war jedoch, dass der Plan und der Vorschlag aus der Sicht des Herstellers auf der Grundlage dessen erstellt wurde, was er erzielen wollte (mehr Umsatz seiner Produkte) und nicht aus der Sicht der Prioritäten, die das Handelsunternehmen im Sinn hatte. Man ging davon aus, dass die Priorität ein höherer Gewinn war, was man eigentlich vermuten konnte, da man schon jahrelang nur darüber sprechen wollte. Allerdings hatten veränderte Marktbedingungen dazu geführt, dass das Handelsunternehmen neue Prioritäten gesetzt hatte, die für es wichtig waren, um im Wettbewerb bestehen zu können. Die Präsentation wurde vorzeitig abgebrochen und die erwartete anschließende Verhandlung kam nie zustande. Das Handelsunternehmen hatte sich bereits entschieden, die Zahl der Lieferanten zu reduzieren, und war ausschließlich daran interessiert, wie der Hersteller ihm behilflich sein konnte, mit anderen Discounthändlern konkurrieren zu können, die ihren Marktanteil mit alarmierendem Tempo steigerten.

Der einfache Vorgang eines vorbereitenden Treffens vor der Verhandlung, die Geduld und der Versuch, mit jemandem zu arbeiten, anstatt nur zu vermuten und dann der anderen Partei etwas aufzuzwingen, sind der Schlüssel zum Verständnis, wie eine andere Person die Welt sieht und welches ihre Ziele beim Verkaufen und Verhandeln sein werden. Als effektiver Verhandler müssen Sie in der Lage sein, die Dynamik einer jeden Situation »im Kopf der anderen Partei« zu verstehen. Untersuchungen und die Vorbereitung für diese Art des Verhandelns erfordert proaktives Handeln. Das sollte ganz automatisch der Fall sein, wenn man erst einmal anerkennt, um wie viel besser eine Verhandlung verlaufen kann, wenn diese Punkte zuvor gut vorbereitet wurden und wie, durch das Verständnis *des Werts der Verhandlung* aus deren Perspektive, man selbst für gute Leistungen gerüstet ist.

Herausforderung 2 – Es gibt keine Regeln

Bei Verhandlungen gibt es keine Regeln. Es gibt keine festgelegten Prozeduren, keine Punkte, die man immer machen kann oder die man niemals machen kann. Verhandlungen werden oft mit einem Schachspiel verglichen. Der große Unterschied zum Schachspiel ist jedoch, dass Sie in den meisten Verhandlungen nicht notwendigerweise versuchen müssen, einen Gegner zu besiegen oder abwechselnd Züge zu machen.

Auch wenn es keine absoluten Regeln geben mag, so gibt es doch gewisse Parameter, innerhalb derer wir agieren können. Die meisten Verhandler wurden von ihrem Chef ermächtigt zu verhandeln, aber nur bis zu einer bestimmten Grenze, über die hinaus Diskussionen in den meisten Fällen auf einer höheren Ebene stattfinden müssen. Generalvollmachten setzen uns vollständig den möglichen Gefahren aus, da es ja keine Parameter gibt, die uns schützen.

Herausforderung 3 – Erkennen Sie, wenn Sie gut waren

Wie können Sie wissen, wie gut Sie verhandelt haben? Sie werden es nicht erfahren, weil die Gegenpartei Ihnen höchstwahrscheinlich nicht sagen wird, was Sie besser hätten machen können oder wie gut

Ihr Auftritt im Vergleich zu deren anderen Optionen war. Die Leistung kann nicht einfach durch einen »Sieg« gemessen werden. Es geht um das Ausmaß, in dem Sie den Gesamtwert oder die Chancen maximiert haben. Es könnte Ihnen helfen, ihr Ergebnis relativ zu den früheren Vereinbarungen zu sehen und wie weit Sie sich im Vergleich dazu bewegt haben. Alternativ könnten Sie sich auch mit dem Markt messen (was andere Verbraucher oder Lieferanten vollbringen). Weil allerdings jede Verhandlungssituation einmalig ist, ist es extrem schwierig, eine objektive Grundlage zu finden, um Ihre Leistung an dem zu messen, was erreichbar gewesen ist oder erreichbar gewesen wäre. Jedes Thema, das Sie verhandeln, wird zählen, und jede Variable, die auf den Gesamtwert Ihrer Vereinbarung Einfluss nehmen kann, muss in die Verhandlung einbezogen werden. Eine Messung Ihrer Leistung kann immer nur relativ sein. Ebenso zählt das Ausmaß, in dem der Vertrag auch von der anderen Partei eingehalten wurde. Es kann auch darum gehen, ob der angenommene Wert des Geschäfts jemals ganz zur Entfaltung kommen kann: Selbst wenn Sie den Vertrag schon unterzeichnet haben, kann dieser Wert noch immer unbekannt sein.

Ohne ein Feedback Ihrer Verhandlungspartner müssen wir uns deshalb auf Präzedenzfälle verlassen (das Ergebnis der vorangegangenen Verhandlung), auf absolute Messgrößen (unsere Gewinn- und Verlustrechnung) und uns in aller Bescheidenheit Fragen wie diese stellen:

- Was hätte ich anders machen können?
- Hätte ich bestimmte Angebote zu einem anderen Zeitpunkt vorbringen können?
- Hätte ich andere Argumente oder Punkte in der Verhandlung vorbringen können?
- Hätte ich besser durchdachte Angebote auf den Tisch bringen können?
- Hätte ich letztlich nicht so schnell zustimmen sollen?

Solche Fragen fordern uns heraus, einzugestehen, wie ehrlich wir uns selbst gegenüber sind. Die Beurteilung, ob ein gutes Geschäft abgeschlossen wurde, muss alle Umstände in Betracht ziehen. Unser Ego kann uns dazu bringen, wenn es schlecht läuft, die äußeren Umstände dafür verantwortlich zu machen, aber auch unsere Leistung zu loben, wenn wir der Ansicht sind, dass wir selbst eine gute Leistung vollbracht haben. Wenn das Geschäft aber abgeschlossen ist, wollen viele einfach nur weitermachen, anstatt über ihre Leistung nachzudenken. Selbst wenn wir wissen, dass es kein großartiges Verhandlungsergebnis war, jedoch eines, mit dem wir leben können, finden viele von uns Ausreden wie diese:

- »Es ist besser, als überhaupt keinen Abschluss getätigt zu haben.«
- »Es war es wert, weil wir wissen, dass es noch vor dem Jahresende über die Bühne gegangen sein wird.«
- »Wir hatten keine Optionen, also nahmen wir das Angebot an, damit wir uns anderen Dingen widmen konnten.«
- »Lieber jetzt als später.«
- »Es hätte nur noch an Wert verloren, wenn ich nicht jetzt verkauft hätte.«
- »Wir haben unsere Konkurrenz aus dem Weg geräumt.«

Die Qualität Ihrer Vereinbarung zu messen, ohne einige der Risiken oder Zugeständnisse einzubeziehen, die eingegangen oder gemacht wurden, um den vermeintlich guten *Preis* zu ermöglichen, gibt keine wahres Bild Ihrer Leistung wieder. Es ist die Ehrlichkeit der Selbstkritik, zu der Sie bereit sein müssen, wenn wir den wahren Wert unserer Geschäftsabschlüsse wirklich messen und aus unserer Leistung lernen wollen.

Der Preis
Ein einzelnes Ergebnis, das nur ein einziges Maß darstellt und normalerweise nicht repräsentativ für die Qualität oder den Gesamtwert der Vereinbarung ist.

Nicht gut, nicht schlecht, nicht richtig und nicht falsch

In Verhandlungen gibt es kein gut oder schlecht, kein richtig oder falsch. Die Wirtschaft, in der wir arbeiten, ist so dynamisch, wie es auch unsere Lieferanten, Kunden und Wettbewerber sind. Das, was letzte Woche noch ein großartiges Geschäft war, könnte diese Woche weniger gefeiert werden, weil sich die Rahmenbedingungen ständig ändern. Wie gut wir verhandeln, kann nur am Ergebnis unserer Verträge gemessen werden. Deshalb geht es in Verhandlungen immer nur um das, was in einer bestimmten Situation unter Berücksichtigung der Informationen, die gerade zur Verfügung stehen, angemessen ist. Ein besserer Vertrag kann ganz einfach einer sein, der

- Veränderungen in der Zukunft erkennt und in die Überlegungen einbezieht;
- weniger Risiken beinhaltet oder eine kürzere Laufzeit hat;
- eine geringere Anzahlung erfordert oder auch genauer spezifiziert ist.

Das bedeutet nicht unbedingt einen besseren Preis. Selbst ein besserer Preis kann nicht gut oder nicht schlecht sein. Es hängt ganz einfach vom Gesamtpaket ab und der Art und Weise, wie dieses Paket geschnürt wird.

Angemessenheit

Wenn man weiß, wie ein Auto gebaut wird und wie es funktioniert, dann ist man noch lange kein guter Fahrer. Es gibt auf der Straße so viele Hindernisse, dass es eine Herausforderung ist, Selbstvertrauen zu behalten, zu steuern, Situationen einzuschätzen und, wenn erforderlich, auf Situationen angemessen zu reagieren, auch wenn es keine absolut richtige Antwort geben kann, die allen Situationen gerecht wird.

Das gilt auch für geschäftliche Verhandlungen.

- Sollten Sie mit der anderen Partei konkurrieren oder zusammenarbeiten?
- Sollten Sie versuchen, die Situation zu manipulieren, oder stattdessen kooperieren?
- Sollten Sie ihnen vertrauen oder auf der Basis arbeiten, dass man Ihnen vertraut?
- Wie werden Ihre Optionen das Gleichgewicht der Kräfte beeinflussen?
- Ist die Wahrnehmung von Macht und Abhängigkeit zwischen Ihnen und der »anderen Seite« real?

In sehr vielen Fällen beruht die Antwort auf der *Angemessenheit*, das heißt der Fähigkeit, sich anzupassen und zu reagieren, was aber immer von den Umständen abhängig ist. Dies erfordert eine objektive, rationale und ausgeglichene Geisteshaltung: einen Zustand, den nur wenige Menschen für jeden bedeutsamen Zeitraum aufrechterhalten können, insbesondere wenn sie einen spürbaren Konflikt vor sich haben – sogar Angst – und dann verhandeln müssen. Was bedeutet das für Sie?

Angemessenheit kann sich auf Ihr Verhalten beziehen, auf den richtigen Zeitpunkt, auf die Tagesordnung, die Ihnen vorschwebt, auf die Menschen, die Sie einbeziehen, und auf die Optionen, die sie in die Verhandlung einführen. Angemessenheit kann sich auf jede Ebene Ihrer Verhandlungen beziehen.

Beispielsweise kann eine Verhandlung über die alljährlichen Preissteigerungen mit einem Kunden im Dezember völlig unangemessen sein, wenn die Preiserhöhung schon im Januar wirksam werden soll. Vielleicht wäre Oktober ein angemessener Zeitpunkt gewesen. Wenn Ihr Kunde Sie im Oktober jedoch verständigt, dass er den Vertrag neu ausschreibt, und sie eingeladen werden, sich an der Ausschreibung zu beteiligen, um weiterhin Lieferant zu bleiben, könnte es sich zu dieser Zeit als unangemessen erweisen, eine Preiserhöhung vorzubereiten. Die unterschiedlichen Umstände, denen Sie sich gegenüber sehen, erfordern es, die angemessenen Aktionen zu jeder Zeit genau abzuwägen.

Die für Verhandlungen angebrachte Geisteshaltung sollte auf Ihren eigenen Motivationen und Einstellungen beruhen. Die Motivation, gute Leistungen zu erbringen, muss aus dem Bestreben kommen, Chancen und Werte zu maximieren. Egal ob dies (auf der Grundlage der Angemessenheit) eine Zusammenarbeit einschließt oder nicht, geht es darum, die Gefühle, die Leistungen und die Position der anderen Verhandlungspartei zu managen, und dafür gibt es viele Möglichkeiten, abhängig von Ihren Umständen.

Herausforderung 4 – Nichts geschieht zufällig

Der Kern von Verhandlungen ist, das zu tun, was unter bestimmten Bedingungen am angemessensten ist. Das bedeutet, dass man sich dessen bewusst sein muss, was vor, während und nach den Verhandlungen geschieht, denn in Verhandlungen geschieht nichts zufällig. Alles hat einen bestimmten Grund. Sich selbst unter Kontrolle zu haben, die eigenen Gefühle und die Beziehungen zur anderen Partei sind kritische Eigenschaften eines Verhandlers. Schwierig daran ist, dass diese Eigenschaften den meisten von uns nicht in die Wiege gelegt wurden. Verhandler müssen ihr Wahrnehmungsvermögen so weit entwickeln, dass sie nicht das notwendige menschliche

Einfühlungsvermögen verlieren, das erforderlich ist, um Beziehungen zu pflegen, keinen Kompromiss eingehen, um den Druck in der Verhandlung zu umgehen, aber auch nicht dem Stress nachgeben, unter dem sie leiden, wenn sie mit den Folgen eines Verhandlungsstillstands konfrontiert werden.

Zusammenfassung

Insgesamt geht es in *Verhandeln – Das Buch* um Sie. Ich hoffe, Sie mit den Einblicken in die Realität zum Nachdenken anzuregen und Ihnen zu zeigen, was erforderlich ist, um ein kompletter Verhandler zu werden. Je besser Sie die Taktiken, Strategien, Verhaltensweisen, Abläufe und Planungshilfen verstehen, umso besser werden Sie für die Verhandlung vorbereitet sein. Letztlich werden Sie, möglicherweise auch Ihr Team, die Verhandlungen führen. Sie werden für Ihr Handeln und die daraus resultierenden Folgen verantwortlich sein, und Sie werden es auch sein, der die sich aufzeigenden Möglichkeiten ergreifen kann – oder nicht. Sie werden Ihre Beziehungen, Ihre Gefühle und das Verhandlungsklima pflegen müssen, die auf die Möglichkeiten in der Verhandlung einen so starken Einfluss haben. Wenn Sie über die notwendigen Nerven, Selbstvertrauen, Mut und die Motivation, sich zu verändern, verfügen, werde ich Ihnen die Augen öffnen und mit Ihnen erstaunliche Ansätze teilen, die es Ihnen erlauben, höchst effektive und kreative Verhandlungen zu führen.

Kapitel 2
Das Ziffernblatt des Verhandelns

Die Entstehung des Ziffernblattes und des Konzepts der 14 Verhaltensweisen für Verhandlungen, die diese unterstützen, entstanden in einem Beratungsprojekt, das ich im Jahr 1996 durchführte. Zu diesem Projekt gehörte die Definition dessen, was man unter einer »world class negotation« zu verstehen hat. Ich studierte die vielen Philosophien, die von Gurus, Universitäten, Autoren, Beratungen und, ganz wichtig, der Gruppe von Unternehmen, für die ich damals gearbeitet habe, vertreten wurden. Im Wesentlichen stellte ich fest, dass die Konzepte, die zu dieser Zeit von »Experten« in diesem Bereich gelehrt wurden, in den meisten Fällen eindimensional waren.

Win-Win

Dieser Begriff wird zur Beschreibung vorteilsorientierter Verhandlungen verwendet, wobei ein Handel von Variablen mit geringeren Kosten gegen höheren Wert stattfindet und beide Parteien von den Verhandlungen profitieren.

Die erste, eine hoch angesehene akademische Einrichtung, predigte, dass der Grundsatz des *Win-Win* die einzig rationale und nachhaltige Möglichkeit des Verhandelns darstellt. Die zweite Einrichtung, ein Beratungsunternehmen, befürwortete den höchst ethischen Ansatz des *Partnerschaftlichen Konzepts*, wiederum mit einer umfassenden Begründung und Rechtfertigung ihrer Empfehlungen.

Beide Argumente überzeugten mich. Dann nahm ich an einem Seminar teil, in dem es um das »knallharte« Verhandeln ging. Dies ist im Endeffekt ein *Feilschen* mit einem hohen Konfliktpotenzial, stark auf einer Positionierung beruhend, und in dem eine Verhandlungspartei die

Das Partnerschaftliche Konzept

Dieses Konzept besagt, dass beide Parteien sich Risiken, Investitionen und Potenzial teilen. Allerdings tragen beide Parteien auch die Risiken und die Profite, die sich aus der Geschäftsbeziehung ergeben.

Verhandeln – Das Buch Steve Gates
Copyright © 2011 WILEY-VCH Verlag GmbH & Co. KGaA, Weinheim

Feilschen:

Unter Feilschen werden distributive »Win-Lose«-Verhandlungen zusammengefasst. Diese beinhalten eine aggressive Positionierung und den Einsatz von harten Taktiken, um unter Ausnutzung der Schwächen der anderen Seite einen kurzfristigen Gewinn für sich selbst zu erzielen.

Ausschreibungen und Bieterverhandlungen

In diesen Fällen verursacht der Marktdruck den Wettbewerb innerhalb eines kontrollierten Ablaufs. Die Wirkung ist, dass die Wettbewerbsfähigkeit der Unternehmen, die sich an einer Ausschreibung beteiligen, dazu beiträgt, den echten Marktwert dessen zu bestimmen, wonach gesucht wird.

andere so manipuliert, dass diese ein Angebot akzeptiert. Diese Methode hatte ebenfalls einige Vorzüge, aber nun wurde ich verwirrt. Jede Verhandlungsmethode stellte ihren eindimensionalen Ansatz als die einzige Möglichkeit zum Verhandeln dar, so als ob genau diese Methode die beste Verhandlungsmethode in allen Situationen sei. Jedes Konzept, gleich ob die knallharte Methode, die Win-Win-Methode, die Methode der partnerschaftlichen Verhandlungen oder die *Ausschreibungen und Bieterverhandlungen*, war für sich genommen plausibel. Jedoch überbetonten sie die große Rolle der Umstände, wenn es zur Entscheidung kommt, welche Methode man nutzen muss, um das beste Verhandlungsergebnis zu erzielen. In den nächsten zwei Jahren nahm ich an mehr als einem Dutzend Seminaren in Europa und den USA teil und beurteile die Ansätze und Annahmen, die diese Methoden untermauerten. Nachdem ich über 30 Bücher zu diesem Thema gelesen habe, die alle Bereiche – von der Spieltheorie bis zur Reihenfolgeplanung von Verhandlungen – umfassten, erkannte ich, dass die meisten Strategien entweder sehr einfache taktische Konzepte darstellten oder aber komplexe Erklärungen waren, die den meisten Menschen, die in der Praxis verhandeln, kaum helfen konnten.

Verhandlungen sinnvoll gestalten, so dass alle Beteiligten davon profitieren

Um zu verstehen, wie unterschiedliche Verhandlungskonzepte hilfreich sein können, und wegen der einzigartigen Herausforderungen in jeder Verhandlung habe ich ein Modell entwickelt, das ich das »Ziffernblatt des Verhandelns« nenne.

Die auf der rechten Seite des Ziffernblatts benutzten Begriffe stellen konkurrenzbetonte Verhandlungen dar, die darauf basieren, dass die Beteiligten unter sich einen begrenzten Betrag verteilen. Das bedeutet, dass die Verhandlungen auf der rechten Seite grundsätzlich von härterer Natur sind: Was ich bekomme, verliert die andere Seite, und was die andere Seite von mir bekommt, verliere ich. Deshalb wird es in den Verhandlungen zu Positionskämpfen kommen und möglicherweise auch zu einer Konfrontation. Der zur Verfügung stehende Kuchen hat eben eine feste Größe, und es ist ganz einfach die Frage, wie er aufgeteilt wird.

Die Begriffe auf der linken Seite des Ziffernblatts basieren auf mehr Kooperation, wobei kooperative Verhandlungen zur Schaffung von Mehrwerten führen (wodurch der »Kuchen« größer wird). Die benutzten Begriffe reflektieren solche Verhandlungen, die bei Verhandlungen zwischen Unternehmen eher bevorzugt werden. Zwischen 6 Uhr und 12 Uhr gibt es meist ein breiteres Angebot an Punkten, die Teil eines Vertragswerks werden können.

Allerdings dienen diese Begriffe lediglich als Orientierungshilfe, da eine Verhandlung von einem Bereich in einen anderen wechseln

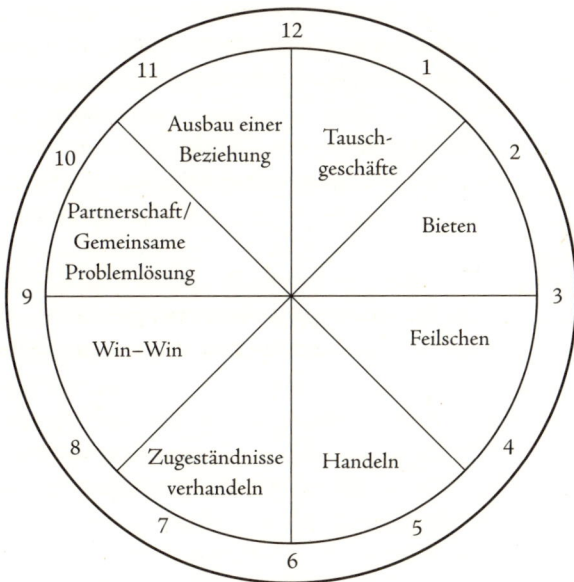

Abbildung 1 Das Ziffernblatt des Verhandelns

kann. Beispielsweise funktionieren viele auf Partnerschaft gegründete Verhandlungen sehr gut, wenn Ideen und Möglichkeiten sich ergeben, wodurch eine Vereinbarung für beide Parteien wertvoller und wahrscheinlicher wird. Um 8.oo Uhr kann ein einfacher Tausch zwischen Zahlungsfrist und Lieferumfang beiden Seiten helfen, aus der Vereinbarung einen größeren Nutzen zu ziehen. Es ist allerdings nicht ungewöhnlich, dass zwei Parteien kurz vor Ende der Verhandlung, wenn der Schwerpunkt auf die Verteilung des zusätzlich geschaffenen Wertzuwachses gelegt wird, noch Positionskämpfe ausfechten. Hier ein Beispiel:

>»Wir haben das Auftragsvolumen um 25 Prozent erhöht und akzeptieren die zusätzlichen zwei Prozentpunkte Rabatt, die Sie uns im Gegenzug gewährt haben. Wenn Sie allerdings auf der bisherigen Lieferzeit von vier Wochen bestehen, dann verlangen wir eine bessere Verpackungsqualität. Ansonsten wird nichts aus diesem Geschäft.«

Der Wert der besseren Verpackungsqualität entspricht in diesem Beispiel einem Wert von zwei Prozent. Es wird jedoch nicht im Gegenzug angeboten, sondern die bisherige Lieferfrist von zwei Wochen bleibt lediglich weiterhin bestehen. Dieses Angebot beinhaltet nun eine Drohung mit Konsequenzen, wenn dieses Angebot nicht akzeptiert wird. Nun wird eine Abkühlung des Verhandlungsklimas zwischen den beiden Parteien erfolgen, da die Verhandlung nun im Bereich 4.oo Uhr bis 5.oo Uhr auf dem Zifferblatt stattfindet, wo bestehender Wert ganz einfach zwischen den beiden Parteien aufgeteilt wird. *Der komplette Verhandler* würde das erkennen und die Verhandlung in einen Bereich zurückbringen, die ihm passt, abhängig von den vorangegangenen Überlegungen, was für ihn wichtig ist (Beziehung zur anderen Partei, Nachhaltigkeit des Abkommens oder, wenn er das will, kurzfristiger Wertzuwachs).

Der komplette Verhandler

Dies ist ein holistischer Begriff, der sich auf Verhalten, Taktiken, Selbstwahrnehmung, Psychologie, Geschäftssinn, Lernfähigkeit, persönliche Eigenschaften und vieles mehr bezieht.

Das geschickte Konstruieren der Variablen

Die Gelegenheit, durch ein »geschicktes Konstruieren der Variablen« und durch gegenseitige Beziehungen der beiden Verhandlungspartner Wert zu schaffen, ist wahrscheinlicher, wenn eine Zusammenarbeit zwischen den beiden Parteien stattfindet, so wie es beispielsweise auf der linken Seite des Ziffernblatts der Fall ist. Natürlich verlangt Zusammenarbeit ein Mindestmaß an gemeinsamen Absichten, Interessen oder Abhängigkeiten unter den Beteiligten, ebenso ein günstiges Umfeld. Es spielt keine Rolle, ob Sie die Initiative ergreifen oder sich besonders engagieren, um eine gemeinsame Übereinkunft zu entwickeln. Die Gelegenheit, durch Verhandlungen Werte zu schaffen, verlangt das Engagement beider Parteien oder auf einer Seite der Verhandlungspartner so viel Macht, dass die andere Seite keine andere Alternative besitzt, als zu kooperieren. Die Maximierung des Werts in der Verhandlung muss nicht zum Nachteil der anderen Verhandlungspartei sein. Sie bleibt für ihre Aktionen und Entscheidungen ebenso verantwortlich wie Sie für die Ihrigen. Allerdings sollten Sie es nie zulassen, dass Selbstgefälligkeit oder ein Hang zur Fairness Ihr Streben nach verbesserten Bedingungen beeinflusst, da Sie im Verlauf der Verhandlungen unweigerlich Widerstand und Herausforderungen begegnen werden.

Wer ist also der ›komplette Verhandler‹?

Der komplette Verhandler ist eine Person, die entweder über all die Fertigkeiten, Eigenschaften und Verhaltensweisen verfügt (oder sich ihrer bewusst ist), die erforderlich sind, um in jedem Bereich des Ziffernblatts erfolgreich verhandeln zu können. Ihre Denkweise ist ausgeglichen, sie hat ihr Ego im Griff und konzentriert sich auf die Interessen und Prioritäten der anderen Verhandlungspartei. In ihrem Vorgehen ist sie wandlungsfähig wie ein Chamäleon. Sie weiß, wie sie das sein kann und was sie in der Verhandlung, abhängig von den äußeren Umständen, sein muss. In der Verhandlung wird ihr Bewusstsein nicht durch ihre persönlichen Wertvorstellungen getrübt. Ihre Fähigkeit, Situationen richtig erfassen zu können, sich Zeit zur Vorbereitung zu nehmen, und die Fähigkeit, Situationen aus allen

Perspektiven zu überdenken, gleichzeitig aber auch mit der Dynamik von Beziehungen umzugehen, trägt dazu bei, dass sie zuversichtlich auftritt. Vor allem aber konzentriert sie sich auf das Potenzial eines Geschäfts und nicht darauf, um jeden Preis gewinnen zu wollen. Sie weiß sehr gut, dass konkurrenzbetontes Verhalten nur zu Spannungen führt, was im Allgemeinen kontraproduktiv ist (wenn es nicht einem besonderen Zweck dient).

Das Ziffernblatt ist ein Modell, das Ihnen, dem kompletten Verhandler, helfen soll, jederzeit feststellen zu können, was angemessen ist. Das Modell wird durch den Kapitalismus definiert und spiegelt wider, wie sich Menschen in Verhandlungen verhalten. Dies erlaubt es Ihnen, ein bewusstes Vorgehen für die Verhandlung zu wählen, was Ihnen hilft, mit den Ängsten, der Ungewissheit, der Gier und dem Ego der Beteiligten zurechtzukommen. Es trägt auch dazu bei, in der am stärksten von Wettbewerb bestimmten Arena der Welt, der Geschäftswelt, proaktiv Werte zu schaffen, wo immer sie möglich sind. Angemessenheit erlaubt es uns ganz einfach, die vielen Märkte und Arten von Beziehungen zu interpretieren, denen wir uns gegenübersehen, und entsprechend zu reagieren.

Das Modell des Ziffernblatts ist weder gut noch schlecht, weder richtig noch falsch, ebenso wenig wie Norden, Süden, Osten oder Westen für jede Reise die richtige Richtung sind. Das Ziffernblatt »ist einfach da« und überall, wo Kapitalismus existiert, ist das Ziffernblatt eine einfache Auswahl an Definitionen, innerhalb derer Ihre Verhandlungen stattfinden werden. Es ist wichtig, daran zu denken, dass die Richtung, die Sie einschlagen, die Entscheidungen, die Sie treffen, die Leistungen, die Sie bieten und die Ergebnisse, die Sie erzielen, immer in *Ihrer* Verantwortung liegen.

Die drei Faktoren, die jede Verhandlung beeinflussen

1. Macht

Selbst wenn Sie zur Auffassung kommen, dass die andere Verhandlungspartei diesen Abschluss dringender benötigt als Sie, könnte ihr Ego sie davon abhalten, der Vereinbarung zuzustimmen. Viele verlassen den Verhandlungstisch, selbst wenn das angebotene Geschäft besser ist als jede ihrer anderen Optionen, weil sie das Gefühl haben, manipuliert zu werden. Oft wird ihr Ego es ihnen verbieten, Ihnen die Genugtuung zu geben, gewonnen zu haben. Manchmal, wenn Ihr Angebot ihrer Meinung nach unfair ist, werden sie den Verhandlungstisch verlassen und anderswo mehr bezahlen. Das ist nicht rational, sondern emotional. Aber wir verhandeln immer mit Menschen und deshalb müssen wir auch deren Emotionen berücksichtigen. Macht gibt Ihnen nicht das Recht zu manipulieren. Die Machtverhältnisse in der Verhandlung zu erkennen, ist eine Sache, zu verstehen, wie man sie anwendet, um die eigenen Ziele zu erreichen, ist eine andere Sache.

So steuern Sie Ihre Optionen

Der Grad der Abhängigkeit zwischen zwei Parteien wird stark von Optionen (Angebot und Nachfrage) und der Bedeutung von Zeit und den Umständen für die Beteiligten beeinflusst. Wenn Sie keine Optionen haben und unbedingt zu einem Abschluss kommen müssen, dann haben Sie weniger Macht, aber nur unter der Voraussetzung, dass die andere Partei darüber Bescheid weiß. Wenn die andere Partei aber keine Ahnung hat, wie viele Optionen Ihnen zur Verfügung stehen, dann spielt dies für die Machtverhältnisse keine Rolle, solange Sie die Situation nicht ständig in Ihrem Kopf abwägen und sich einreden, Sie hätten nur wenig oder keine Macht. Was wäre, wenn die andere Partei ebenfalls keine Optionen hätte und die Übereinkunft ebenso dringend benötigen würde wie Sie? Wer hat nun mehr Macht? Und welche Rolle spielt die Zeit? Nehmen wir an, die Gegenpartei benötigt Ihre Dienstleistung innerhalb weniger Tage, sonst kämen sie in Schwierigkeiten. Es könnte also sein, dass Sie, selbst wenn Sie keine Optionen haben, immer noch in einer stärkeren Position sind als die Gegenpartei. Das hängt natürlich davon ab, dass Sie dies erkennen. Wenn Zeit und Umstände eine Rolle spielen, dann stellen Wissen und Informationen eine Quelle von Macht dar. Sind Sie sich der Umstände, in denen sich die andere Partei befindet, nicht bewusst, dann können Sie auch nicht effektiv verhandeln, weil Sie nur Ihre eigene Situation verstehen.

Machen Sie es sich zu Ihrer Aufgabe, das Geschäft der Gegenseite zu verstehen und seien Sie »im Kopf der anderen Partei«.

2. Vertrauen

Um eine Übereinkunft zu erzielen, benötigen Sie irgendeine Art der Zusammenarbeit. Die meisten Menschen ziehen es vor, Geschäfte mit Menschen zu machen, die sie verstehen und denen sie vertrauen können. Die meisten erfahrenen Verhandler, ob von Banken, Mineralölgesellschaften oder sogar aus Regierungen, erkennen, wie wichtig es ist, Vertrauen in einer Beziehung aufzubauen und einen gewissen Grad gemeinsamen Verständnisses herzustellen. Das Erarbeiten einer gemeinsamen Vorstellung über die wirtschaftliche Beziehung fördert eine Konzentration auf diese Gemeinsamkeiten und eine gegenseitige Akzeptanz, was im Endeffekt zu besseren Chancen führt, eine erfolgreiche Übereinkunft zu erzielen. Aus dem gemeinsamen Wunsch, Vertrauen durch eine Zusammenarbeit zwischen den beiden Parteien herzustellen, resultieren ein offener Dialog, Bereitschaft und kreatives Denken.

Natürlich werden nicht alle Verhandlungen auf diese Weise geführt. Auch Vertrauen ist nicht unbedingt erforderlich. Wenn es Ihnen aber gelingt, ein gutes Gleichgewicht zwischen Vertrauen und Respekt herzustellen und in den Besprechungen das richtige Klima zu schaffen, dann wird dies ein Umfeld sein, in dem es möglich ist, bessere und nachhaltigere Vereinbarungen zu treffen. Wichtig ist es, Respekt und Vertrauen nicht mit dem Gefühl gemocht zu werden zu verwechseln. Menschen, die ein angeborenes Bedürfnis haben, gemocht zu werden, neigen eher zu Zugeständnissen oder halten nicht an einer Position fest, ganz einfach, weil sie befürchten, damit die andere Verhandlungspartei zu beleidigen. Die Fähigkeit, diplomatisch zu sein, und in jeder Situation auch mit Spannungen zurechtzukommen, ist kritisch für einen effektiven Verhandler.

Vertrauensbruch

Der Aufbau von Vertrauen in der Geschäftswelt braucht seine Zeit. Vertrauen kann nicht von Anfang an erwartet werden. Vertrauen beruht auf einem Verständnis, das sich meist entwickelt, wenn es einige gegenseitige Abhängigkeiten gibt und damit auch die Notwendigkeit einer andauernden Beziehung. Wenn allerdings eine Partei die aufgebaute Beziehung missbraucht, kann dieses Vertrauen schnell zu Bruch gehen und damit auch die darauf aufbauende Zu-

Fallstudie

Ein Kunde von *The Gap Partnership* besaß zwei Range Rover. Im Jahr 2009, während der Rezession in England, wurden beide Fahrzeuge gleichzeitig zur Wartung in die Vertragswerkstatt gebracht. Dem Händler ging es wirtschaftlich nicht gut. Range Rover wurden so gut wie nicht gekauft und viele Kunden brachten ihre Fahrzeuge in preisgünstigere Werkstätten zum Kundendienst. Als die Vertragswerkstatt die gewarteten Autos zurückgab, bemerkte unser Kunde, dass man beim Ölwechsel, ohne zuvor darüber zu sprechen, für die Entsorgung des Altöls und das Reserveöl, das weder in Auftrag gegeben noch von der Werkstatt empfohlen worden war, zusätzliche Beträge in Rechnung gestellt hatte. Unser Kunde beschwerte sich daher beim Autohändler, der daraufhin bereit war, den fraglichen Betrag gutzuschreiben und dies beim nächsten Wartungsdienst zu berücksichtigen. Das war das letzte Mal, dass unser Kunde mit dem Autohändler Geschäfte machte. Dieser Versuch eines kurzfristigen Gewinns der Vertragswerkstatt zerstörte das Vertrauen des Kunden und beendete die Geschäftsbeziehung. Es stellte sich heraus, dass es eine ziemlich teure Art und Weise war, zusätzlich schnelle 60 Pfund zu machen, da unser Kunde nur ein Jahr später bei einem anderen Händler zwei neue Range Rover kaufte.

kunftsfähigkeit der Beziehung und der Geschäftsverbindung. Dies kann auf jeder Ebene einer Geschäftsbeziehung geschehen (siehe Fallstudie).

3. Den Gesamtwert und die gemeinsamen Chancen verstehen

Es gibt viele Gelegenheiten, die es wert sind, während einer Verhandlung in Betracht gezogen zu werden, die aber leider zu schnell übersehen werden. Dazu gehören künftige Aufträge, Auftragsmenge, Zahlungsbedingungen, Lieferfristen, Spezifikationen, langfristige Verträge, Exklusivität, Leistungsprämien und so weiter. Auf je mehr Themen Sie und Ihr Verhandlungspartner sich einigen können, desto mehr Potenzial für ein Wachstum des Gesamtwertes gibt es in der Beziehung. Je größer die Anzahl der Themen ist, um einen umso höheren »Gesamtwert« können Sie verhandeln. Diskussionen über diese Themen müssen nicht einmal unbedingt gleichgesinnt verlau-

Fallstudie

Verhandlungen kommen im ganzen Leben vor und nicht ausschließlich im Geschäftsleben. Am ersten Samstagmorgen im Dezember bat meine Frau mich kurzfristig, mit der Familie einen Christbaum zu kaufen. Der Fahrt zum örtlichen Gartenzentrum wäre unweigerlich gefolgt, dass der Baum ins Auto verladen, nach Hause gebracht, aufgestellt und mit Lichtern und Schmuck versehen werden müsste. Ich hatte bereits geplant, an diesem Tag an diesem Buch zu schreiben, und machte einen Alternativvorschlag (das nächste Wochenende), um den Baum zu kaufen, und versicherte meiner Frau, dass wir noch viel Zeit hätten und dass ich unbedingt anfangen müsse, mein Buch zu schreiben. Meine Frau gab nach und ich hatte »gewonnen« – so glaubte ich jedenfalls. Die Stimmung in der Familie verschlechterte sich für diesen Tag. Die Kinder sprachen nicht mit mir und Bedingungen wurden gestellt, dass wir später einen anderen, sogar teureren Baum kaufen mussten. Ich begann, die Kosten der drei Stunden, die ich gerade »gewonnen« hatte, zu gewichten. Hatte ich wirklich gewonnen oder hätte es nicht eine bessere Lösung gegeben? Hätte ich die Kinder in das Gespräch einbeziehen sollen? Diejenigen unter Ihnen, die schon einmal mit Kindern diskutiert haben, werden wissen, wie schwierig und kompromisslos das sein kann. Oder hätte ich mir bei meiner Frau mehr Zeit und Unterstützung sichern sollen und im Gegenzug auf die Bedürfnisse meiner Familie flexibler eingehen sollen? Für mich kennzeichnete dies, wie etwas kreatives Denken zu einer für alle Beteiligten vorteilhaften Lösung geführt hätte. Möglichkeiten zu finden, auf eine Weise »Ja« zu sagen, dass man immer noch das erreichen kann, was man erreichen muss (oft sogar mehr), ist für jeden Verhandler eine gesunde Geisteshaltung.

fen oder unbedingt eine »Win-Win-Situation« sein, obwohl es bei ein wenig gutem Willen auf beiden Seiten mehr Bereitschaft gibt, sich auf das Geschäft zu konzentrieren anstatt auf die Positionen, die beide Verhandlungsparteien einnehmen. Wenn Sie jedoch über ausreichend Macht verfügen und die andere Partei es sich nicht leisten kann, den Verhandlungstisch zu verlassen, dann werden Sie einen gleichermaßen geneigten Partner finden.

Der Gesamtwert, der auch das gesamte Risiko einschließt, sollte in Ihren Verhandlungen berücksichtigt werden. Wenn beispielsweise ein Gartencenter eine Bestellung für Gartenmöbel erteilt, wird es großen Wert auf Liefertermine, Produktqualität und die Verpackung legen. Es geht nicht darum, einen großartigen Preis für Gartenmöbel zu erzielen, die aber zu spät im Jahr geliefert werden und daher nicht rechtzeitig beim Kunden ankommen. Wegen Größe und Gewicht der Möbel sind die damit verbundenen Kosten einer Rücksendung an den Hersteller aufgrund von Beschädigung oder mangelnder Qualität sehr hoch, so dass diese Faktoren ebenfalls in unsere Überlegungen zum Gesamtwert einbezogen werden müssen.

Weshalb gibt es so viele unterschiedliche Möglichkeiten, ein Geschäft auszuhandeln?

Kapitalismus und Marktdruck motivieren und manipulieren Menschen dazu, so zu handeln wie sie handeln. Account Manager werden beispielsweise frustriert, wenn sie versuchen, Beziehungen zu Käufern aufzubauen, von denen sie annehmen, sie hätten mehr Macht innerhalb der Geschäftsbeziehung. Der Käufer (und das funktioniert oft auch umgekehrt) wird sich in den Verhandlungen völlig darauf konzentrieren, auch noch den letzten Cent aus dem Geschäft zu quetschen. Das Ergebnis könnte sein, dass der Käufer sich so sehr auf dieses Thema konzentriert, dass er an keinen anderen Vorteilen interessiert ist, sondern nur den besten Preis erzielen will. Inzwischen versucht der Account Manager verzweifelt, durch eine Reihe anderer Variablen (Zahlungsziele, Auftragsvolumen, Qualität, Liefertermin und andere Angebote) Werte zu schaffen, und setzt die Gespräche auf einer kooperativen Basis fort, was jedoch nur zu

Vorschlägen von ihm führt, die von der anderen Seite ignoriert werden.

Wie lautet nun eine Antwort? Es gibt nicht *die* Antwort für ein solches Problem. Wie Sie eine Verhandlung führen, wird fast immer von den speziellen Umständen abhängig sein, denen Sie sich gegenübersehen. Dies ist der Grund dafür, dass man zunächst eine Grundlage benötigt, um die verschiedenen Typen von Verhandlungen unterscheiden zu können (das Ziffernblatt des Verhandelns). Die oben beschriebene Situation ist sicherlich in den Griff zu bekommen. Möglichkeiten für einen Beginn sind die Einbeziehung einer höheren Ebene in der Hierarchie, Aufnahme von weiteren Punkten in die Tagesordnung, Angebote und Zugeständnisse, die bedingt an andere Punkte gemacht werden, oder sogar die Einführung von Fristen.

Wenn Verhandler nach ihrem bevorzugten Verhandlungsstil gefragt werden, werden viele ganz offen darüber sprechen, wie sie die besten Ergebnisse erzielen, über die Wege, die am besten zu ihrer Branche passen, oder die Art, wie in ihrem Geschäftsbereich Geschäfte gemacht werden. Die Antwort lautet nur selten: »Das ist abhängig von …« Die Bedeutung von Beziehungen zur anderen Partei wird oft als vorrangiges Motiv genannt, wenn man kooperative Verhandlungen bevorzugt. Die Ansicht, wie Verhandlungen am besten geführt werden können, resultiert normalerweise daraus, dass die einzelne Person nur in einem bestimmten Typ von Verhandlung oder einer Art von Beziehung effektiv verhandelt.

Der komplette Verhandler hat ein wesentlich breiteres Verständnis der verfügbaren Optionen und ist deshalb in der Lage, sich jeder Situation anzupassen, die er vorfindet.

In Verhandlungen gibt es kein falsch oder richtig

Zunächst ist es wichtig, den Dschungel zu verstehen, in dem wir uns bewegen. Wie beeinflusst der Kapitalismus die Art, wie Werte verteilt oder geschaffen werden? Wenn Kapitalismus den Markt darstellt, und der Abhängigkeitsgrad, den wir in einer Beziehung haben, wie eine Strömung wirkt, die uns ins Meer hinauszieht oder an den Strand spült, dann brauchen wir einen Orientierungspunkt, der uns hilft, den angemessenen Ansatz zu jeder Situation zu finden und zu definieren. Genau an diesem Punkt kommt der Nutzen des Ziffernblatts des Verhandelns zum Einsatz.

Eine weitere Möglichkeit, den genauen Standpunkt für »Angemessenheit« zu definieren, ist die Frage nach dem »passend zum Zweck«. Entsprechen die Verhaltensweisen, die Fertigkeiten und Taktiken, die mit dem Feilschen verbunden sind, den Erfordernissen eines Verhandlers, der einen Gebrauchtwagen kaufen will? Die Antwort: »Das hängt ganz davon ab …« Wenn Finanzierung, Verfügbarkeit des Wagens und Zahlungsmodalitäten mögliche Variablen in der Verhandlung sind, kann es sich günstig auswirken, eine etwas weniger aggressive Verhandlungsposition einzunehmen. Wenn der Preis die einzige Variable in der Verhandlung ist und keine Beziehung besteht – und auch nicht erforderlich ist –, dann kann eine harte Verhandlungsposition Ihren Zielen angemessen sein.

Warum das Ziffernblatt des Verhandelns in der Praxis funktioniert

Das Ziffernblatt des Verhandelns ist eine visuelle Darstellung von Verhandlungsstilrichtungen, die von der härtesten Form der Marktmanipulation bis zur Geschäftsbeziehung mit einer starken Abhängigkeit der beiden Parteien reicht. Je weiter Sie sich um das Ziffernblatt bewegen, desto höher wird die Komplexität, desto größer werden die Chancen und desto mehr Zusammenarbeit ist möglich. Das Ziffernblatt hilft Ihnen als Orientierungshilfe, um bewusst den angemessenen Ansatz für die jeweilige Verhandlung zu finden, immer daran gemessen, was Sie zu erreichen versuchen, und an den Umständen, die Sie vorfinden.

Das Ziffernblatt ist nicht dazu gedacht, Ihnen eine bestimmte Vorgehensweise vorzuschreiben, und es soll auch nicht den Eindruck vermitteln, Ihre Verhandlung sollte nur in einem bestimmten Bereich des Zifferblatts stattfinden. Viele Verhandlungen wechseln, je nach dem Stadium, in dem sie sich befinden, von einem Bereich in einen anderen. Deshalb versinnbildlicht das Ziffernblatt keinen Prozess, den Sie an einem Punkt beginnen und dann die Punkte nacheinander abarbeiten sollten. Es ist ganz einfach ein Modell, das uns die verschiedenen verfügbaren Verhandlungsstilrichtungen verdeutlicht. Die finale Entscheidung, wo auf dem Ziffernblatt Sie verhandeln, muss von Ihnen getroffen werden.

Das Umfeld von Verhandlungen

Wenn wir jede Verhandlung kontrollieren wollen, müssen wir zunächst das Umfeld verstehen, in dem wir uns bewegen. Stellen Sie sich beispielsweise vor, Sie seien für die laufende Betreuung eines bestimmten Kunden verantwortlich. Sie haben das Gefühl, dass eine gute Beziehung zu ihm Ihren langfristigen Interessen dienlich sein würde. Das erfordert aber, dass Sie ein gewisses Maß an Vertrauen zu Ihrem und Verständnis für Ihren Kunden aufbauen müssen. Allerdings hat Ihr Kunde eine ansehnliche Marktmacht und übt Druck auf Sie aus, um die Vertragsbedingungen zu seinen Gunsten zu verbessern. Das macht Ihre Beziehung schwierig, da sein Verhalten vermuten lässt, dass seine Interessen eher auf kurzfristige Gewinne beschränkt sind.

Verbringen Sie Ihre Zeit im Bereich 4.00 Uhr, feilschen Sie mit Ihrem Kunden und riskieren Sie damit, die langfristigen Chancen zu mindern (indem Sie andere mögliche Variablen ignorieren)? Sollten Sie eher versuchen, die Gegenseite in den Bereich um 10.00 Uhr herum mitzunehmen, um an der Geschäftsbeziehung zu arbeiten und damit möglicherweise eine für beide Seiten profitable Lösung zu finden?

Die Antwort darauf lautet wiederum: »Das hängt ganz davon ab ...«. Durch das Verständnis der verschiedenen Faktoren, die Ihre Verhandlungen beeinflussen, können Sie ein stärkeres Bewusstsein dafür entwickeln, ob Sie die Initiative ergreifen sollten, um die Art Ihrer Beziehung zur Gegenseite und/oder das Klima während Ihrer Treffen zu verändern.

Die erforderlichen Fertigkeiten und das Verhalten, um in den unterschiedlichen Bereichen des Ziffernblatts verhandeln zu können, sind unterschiedlich. Im Prinzip repräsentiert die linke Seite des Ziffernblatts (von 6.00 bis 12.00 Uhr) die Verhandlungen, in denen mehr Abhängigkeit zwischen den Parteien besteht, in denen ein höheres Vertrauen gegeben ist, in denen auch eine größere Anzahl an Themen verhandelt wird und daher mehr Spielraum für die Schaffung von Wert besteht. Die rechte Seite des Ziffernblatts im Gegensatz dazu repräsentiert eher die Verhandlungen, die sich auf einen akuten Bedarf beziehen, wenn kein oder nur wenig Vertrauen besteht und wenn es wenig Themen gibt, die als verhandlungswürdig betrachtet werden. Alle Verhandlungstypen auf der rechten Seite des Ziffernblatts sind rein distributive »Win-Lose«-Verhandlungen oder stark konkurrenzbetonte Verhandlungsformen.

Tauschgeschäfte: 1.00 Uhr

Bei Tauschgeschäften geht es um die Kunst, etwas für etwas anderes einzutauschen, was nicht unbedingt etwas mit Geld zu tun haben muss. Tauschgeschäfte gab es auf der ganzen Welt schon vor Tausenden von Jahren, bevor es überhaupt eine Art von Geld gab. Heute gibt es im Internet Seiten, die ausschließlich Tauschgeschäfte vermitteln.

Tauschgeschäfte gegen Geld, wie jeder wissen wird, der jemals auf einem ägyptischen Basar einen Teppich erstanden hat, können sehr schnell verlaufen und der Abschluss kann vom Marktwert weit entfernt sein. Unsere Befriedigung beruht darauf, dass wir den Teppich für nur XX Euro erstanden haben, während er zuhause YY Euro gekostet hätte. Dabei wird nicht einmal berücksichtigt, welche Mühen es macht, ihn nach Hause zu bringen und ob man ihn überhaupt benötigt. Sowohl die Kultur als auch die Rituale des Mittleren Ostens machen diese Form des Verhandlungsverlaufs »normal« und die Einheimischen fühlen sich wohl dabei. Es gibt ein Ritual, einen Prozess, der durchlaufen werden muss, in dem zwischen zwei Parteien der Wert von etwas ermittelt werden muss. Tatsächlich ist es für die Einheimischen üblich, dass sie darauf bestehen sich kennenzulernen,

Fallstudie

Im Jahr 2005 begann der amerikanische Unternehmensgründer Kyle MacDonald mit einer Büroklammer und tauschte diese innerhalb eines Jahres in 14 Schritten, bis er sie gegen ein Haus eingetauscht hatte.

bevor überhaupt über Geschäfte gesprochen wird. Es ist üblich, dass ganze Familien in diesen Prozess einbezogen werden. Genauso werden Geschäfte gemacht: Vertrauen, Persönlichkeit und auch Kapitalismus gehören dazu. Mit diesem Prozess fühlen sich diese Menschen sehr wohl – im Gegensatz zu Menschen, die in einer westlichen Kultur aufgewachsen sind.

Wie dringend die Person, mit der Sie handeln, verkaufen muss, und wie sehr Sie etwas kaufen wollen, wird tatsächlich auf den Preis innerhalb des eigenen Mikromarktes von Angebot und Nachfrage einwirken. Hier bedarf es keiner Beziehung, keines Vertrauens und nicht einmal des Respekts, nur eines Rituals, um sich auf einen Preis zu einigen. Wenn man tauscht, dann geben beide Parteien vor, sich gegenseitig zu respektieren oder dem zu vertrauen, was gesagt wird. Spätestens dann, wenn wir die Bereiche 3.00 und 4.00 Uhr betreten, wird noch immer nicht viel Vertrauen zwischen den Parteien bestehen, jedoch ist ausreichend Integrität vorhanden, dass die Heuchelei aufhören kann. Wenn es aber darum geht, ein Geschäft abzuschließen, dann haben wir mit dieser Art des Verhandelns die härteste Form des Kapitalismus erreicht: Wie sehr man etwas will und wie sehr die andere Partei innerhalb der eigenen Mikroökonomie etwas verkaufen muss. Nichts anderes zählt. Die Verhandlungsbedingungen sind grob, einfach und dennoch effektiv. Es ist 1.00 Uhr, weil dies die einfachste Form der Verhandlung darstellt, die es gibt.

Bieten: 2.00 bis 3.00 Uhr

Internetseiten wie eBay haben dazu beigetragen, dass neue Möglichkeiten und Branchen geschaffen wurden, über die Produkte und Dienstleistungen auf der ganzen Welt gehandelt werden. Einschläfernde Antiquitätenauktionen, auch wenn es sie immer noch gibt, werden mehr und mehr von der riesigen Online-Auktions-Branche ersetzt. Heute kann man fast alles online über designierte Auktionsportale oder über »Business to Consumer-Seiten« (B2C = Direktverkauf von Unternehmen an Verbraucher) kaufen. Selbst der Aktienmarkt nutzt diesen Prozess der Auktion, wo letztlich der Markt (Angebot und Nachfrage) den Wert der Transaktion bestimmt.

Da Unternehmen jedoch weiterhin nach Einkaufswegen für Rohstoffe zu besten Bedingungen suchen, wird es bei diesen Auktionen bleiben. Wo eine ausreichende Anzahl von Lieferanten bereit ist, um ein Geschäft zu konkurrieren, wird die Nutzung von Online-Auktionen weiterhin die bestmöglichen Preise ermöglichen. Mit einer Auktion hat man ein großes Maß an Kontrolle und Macht. Bis Anfang 2011 konnte im Internet nicht nur bei eBay, sondern auch beim Anbieter Swoopo für die unterschiedlichsten Dinge geboten werden. Bei Swoopo mussten Sie allerdings für jedes Gebot, das Sie tätigten, bezahlen. Wie Sie sich vorstellen können, ermutigte dies Bieter, die schon in die Auktion eingestiegen waren, weiterhin zu bieten. Da sie schon bezahlt hatten, um bieten zu dürfen, wurden sie ein Opfer eines Phänomens, das Ökonomen *»sunk cost fallacy«* bezeichnen. Das Geschäftsmodell von Swoopo war, mit den Bietgebühren ebenso viel Geld zu verdienen wie mit den angebotenen Produkten. Das bedeutet, sogar wenn das siegreiche Gebot sehr niedrig war – vorausgesetzt es gab genügend Gebote –, war die Auktion für Swoopo auf alle Fälle profitabel. Dies ist sehr gefährlich, sehr kontrollierend und wenn genügend Mitbieter vorhanden sind, für den einzelnen Bieter sehr entmachtend.

Die einfache Tat, nur einem Preis zustimmen zu müssen, verlangt allerhöchste Selbstdisziplin: Man muss bereit sein, aus der Auktion auszusteigen. Das Risiko, in einen Wettstreit mit den anderen Bietern gezogen zu werden, ist sehr groß, wenn man sich ohne eine wirkliche Alternative in einen Bieter-Krieg begibt. Dies wurde in England und auch danach in Deutschland sehr gut demonstriert, als die Regierung im Jahr 2000 die UMTS-Mobilfunklizenzen verkaufte. Die Mobilfunkanbieter bezahlten letztlich den mehrfachen Wert für das Privileg, eine der vier Lizenzen, die zur Auktion freigegeben wurden, zu ersteigern. Man mochte glauben, dass diese Multi-Milliarden-Unternehmen für diese Auktion Absatzprognosen und Gewinnschätzungen vorgenommen hätten, um so die Grenzen zu kalkulieren, die man als einer der Bieter nicht überschreiten darf. Die andere Überlegung war, dass

Sunk cost fallacy
Sunk costs sind irreversible Kosten, die bereits angefallen sind und nicht wieder zurückerstattet werden können. Manchmal werden diesen Kosten zukünftige Kosten gegenübergestellt, die aber erst fällig werden, wenn eine Handlung vorgenommen wird.

es aufgrund der Anzahl an Lizenzen nur vier Gewinner geben könne und diese wären diejenigen, mit denen man in der Zukunft konkurrieren müsse. Die anderen Konkurrenten wären aus dem Rennen. Und so wurden die Grenzen dessen, was die Unternehmen auszugeben bereit waren, immer weiter gesteckt, als die damalige wirtschaftliche Realität es nahelegte. Die »Gewinner« zahlten in England letztlich 22,5 Milliarden Pfund in der größten Auktion dieser Art in der modernen Wirtschaftsgeschichte. Es dauerte weitere acht Jahre, bis die UMTS-Technologie im Markt Fuß fassen konnte und finanzielle Gewinne realisiert werden konnten.

Unternehmen, die *Ausschreibungen* für die Auftragsvergabe verwenden, benutzen in Wirklichkeit den Prozess einer Auktion, um hinsichtlich des Preises das beste Angebot aus einer Reihe von Anbietern auswählen zu können. Der öffentliche Sektor ist in Deutschland verpflichtet, ab einem gewissen Auftragsvolumen Ausschreibungen zu machen, um im Rahmen des Beschaffungswesens dafür zu sorgen, dass Wettbewerb aufrechterhalten wird und die Steuerzahler gute Leistungen zu günstigen Preisen bekommen. Wenn der Vertrag allerdings eine leistungsbezogene Dienstleistung beinhaltet, beispielsweise den Bau einer Straße, dann kann eine reine Fokussierung auf den Preis, trotz genauester Anforderungsbeschreibungen, sich als zu restriktiv erweisen und zu einem nicht optimalen Vertrag führen. Doch ohne derartige Prozeduren könnte das Beschaffungswesen des öffentlichen Sektors anfälliger für Bestechungen werden.

Ausschreibungen

Eine Einladung zur Abgabe eines Angebots auf der Grundlage einer spezifizierten Leistungsbeschreibung, um einen Vertrag zu erhalten. Die Organisatoren der Ausschreibung benutzen diesen Weg, um die Anzahl der Bewerber einzuschränken oder sogar den Gewinner des Vertrags direkt zu ermitteln.

Viele Unternehmen benutzen das Konzept, das im Bereich zwischen 2.00 und 3.00 Uhr definiert ist (Bieten), und verbinden damit nach der Ausschreibung Verhandlungen mit den Kandidaten, die sich tatsächlich für die Endauswahl als potenzieller Lieferant qualifiziert haben. Das bietet die Möglichkeit, dass die Verhandlung um das Ziffernblatt gegen 8.00 Uhr (Win-Win) wandert, wodurch größere Synergien realisiert werden können.

Feilschen: 4.00 Uhr

Feilschen in reinster Form ist normalerweise nicht die bevorzugte Verhandlungsweise, wenn zwischen Unternehmen verhandelt wird. Aber selbst komplexe Verhandlungen, beispielsweise der Kauf eines anderen Unternehmens, finden bei den abschließenden Punkten oft im Bereich 4.00 Uhr statt. Dies ist typisch für die Situation, wenn alle übrigen Themen in der Verhandlung erschöpfend behandelt wurden und nur noch ein abschließender Punkt ungelöst ist. In genau diesen angespannten Situationen, in denen knallhart gefeilscht wird, sind die Fertigkeiten zum Feilschen, die richtige mentale Einstellung und das Selbstvertrauen erforderlich und entscheidend.

»Was ich bekomme, verlierst du, und was du bekommst, verliere ich.«

Für diejenigen unter uns, die an Fairness glauben, stellt das Feilschen eine Bewährungsprobe dar. Es ist nicht fair, es ist unangenehm, es kostet Nerven und es wird die Frage aufwerfen, ob das Unbehagen den daraus resultierenden Gewinn wert war. Ihre Eröffnungsposition wird wahrscheinlich zurückgewiesen (falls nicht, dann wäre diese unangemessen gewesen) und wahrscheinlich sitzen Sie jemandem gegenüber, der versucht herauszufinden, wie weit zu gehen Sie bereit sind.

Natürlich ist Feilschen für Sie selbst eine ganz andere Erfahrung, als ob Sie das für das Unternehmen tun, für das Sie arbeiten. Auch wenn Sie diese Art zu verhandeln nicht mögen, müssen Sie auch diesen Weg verstehen, damit Sie nicht angreifbar sind. Wenn Menschen oder Unternehmen Macht haben, dann werden sie diese zu ihrem wirtschaftlichen Vorteil nutzen, und wenn Sie nicht gerüstet sind, auch unter solchen Umständen Leistung zu bringen, dann werden Sie mehr zahlen als Sie zahlen müssen.

Die beiden wichtigsten Fertigkeiten in jeder Verhandlung sind das Stellen von Fragen und das Machen von Angeboten. Wissen ist Macht und um 4.00 Uhr wird Macht oder die wahrgenommene Macht bei der Verteilung der *Verhandlungsspanne* eine wichtige Rolle spielen. Diese Vertei-

Verhandlungsspanne
Die Verhandlungsspanne ist die Differenz zwischen dem Höchsten, was Sie zu zahlen bereit sind und dem Geringsten, was die andere Verhandlungspartei gerade noch akzeptieren wird.

lung ist selten transparent. Wenn Sie der anderen Verhandlungspartei gesagt haben, wo Ihr »Breakpoint« (Ihre Unterkante) liegt, wäre sie bereit, auch nur einen Cent mehr zu bezahlen?

Die Kunst des Feilschens ist es natürlich, herauszufinden, wo der Breakpoint der Gegenpartei liegt – das heißt, dass Sie aus dem Kopf der anderen Partei heraus verhandeln.

Wenn Sie erst einmal ihre Interessen, ihre Prioritäten, ihren Zeitdruck und ihre Optionen kennen, dann werden Sie besser positioniert sein und vermuten können, wie weit und wie hart Sie in der Verhandlung vorgehen können. Man muss annehmen, dass die andere Partei für ihre eigenen Interessen verantwortlich ist. Es ist daher unwahrscheinlich, dass sie etwas zustimmen, dem sie nicht zustimmen wollen oder können. Durch Ihre Fragen werden Sie viel mehr Informationen erhalten und diese werden Ihnen helfen, Ihre eigene Position zu stärken. Wenn Sie keine Fragen stellen, dann sollten Sie ein Angebot machen, das Sie als eine Tatsache in den Raum stellen. Auf der anderen Seite, wenn Sie einer Person, die geschickt im Feilschen ist, gegenübersitzen und diese wortkarg auf ihrer extremen Position beharrt, dann müssen Sie sich darauf vorbereiten, ebenso fest auf Ihrer Position zu beharren, geduldig zu sein und Ihre eigene Position mehrmalig zum Ausdruck zu bringen.

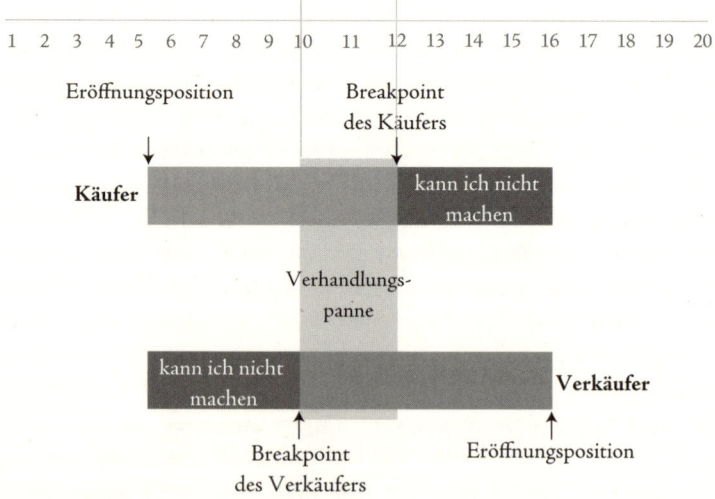

Abbildung 2 Positionen beim Feilschen

Ein Angebot unterbreiten

Wenn Sie ein Angebot unterbreiten, sollten Sie damit eine Anker-position schaffen, so dass Ihr Verhandlungspartner das Gefühl bekommt, er müsse seine eigene Erwartungshaltung neu bewerten. Ihr Vorschlag sollte extrem, aber immer noch realistisch sein. Ist er zu extrem, dann könnte die andere Partei den Verhandlungstisch verlassen und jeden Dialog verhindern. Ihre Eröffnungsposition ist einfach der Beginn eines Prozesses, während dessen Sie beginnen, die Erwartungen der anderen Partei zu führen. Die meisten Verhandler beginnen die Verhandlung damit, zu überlegen, was sie erreichen wollen. Der erste Schritt zur Verschiebung der Erwartung der anderen Partei ist es, ihr einen Betrag oder eine Position zu nennen, von der Sie wissen, dass sie nicht akzeptiert wird, die aber nicht so extrem ist, dass die andere Partei die Verhandlung abbricht. Durch diese Position haben Sie einen Anker geworfen und den Prozess zur Veränderung ihrer Erwartungshaltung eingeleitet. Nun wird alles zu dieser Position in Relation gesetzt, sogar Ihre eigenen Zugeständnisse, weil Sie wissen, dass Sie sich bewegen müssen, wenn es zu einer Vereinbarung kommen soll. Ja, die andere Partei wird den Vorschlag zurückweisen. Deshalb sollten Sie sich an das Wort »Nein« gewöhnen. Ja, sie wird emotional werden und geschockt oder überrascht wirken. Das ist zu erwarten und gehört zu diesem Prozess. Wenn Sie sich allerdings die andere Partei zum Feind machen oder sie beleidigen, beispielsweise indem Sie eine zu extreme Eröffnungsposition einnehmen, dann riskieren Sie die Chance, ein zielführendes Gespräch zu führen und letztlich auch den Abschluss des Geschäfts, selbst wenn Sie über maßgebliche Macht in der Verhandlung verfügen. Deshalb ist es die Kunst des Feilschens, die eigene Eröffnungsposition gut abschätzen zu können, bei Themen wie Preisen hart zu bleiben, während Sie den Personen, mit denen Sie verhandeln, immer respektvoll gegenüber bleiben. Das bedeutet:

- eine überzeugende Positionierung,
- hart bleiben und
- bei weniger Gelegenheiten Zugeständnisse zu machen und diese mit kleineren Beträgen als die andere Verhandlungspartei.

In den meisten Fällen erzielen die Verhandler, die ihr Angebot zuerst auf den Tisch legen, ein besseres Ergebnis.

Eine andere Besonderheit beim Feilschen und dem damit verbundenen Setzen einer Ankerposition ist das Darstellen der eigenen Position als eine Tatsache und das in einem frühen Stadium der Verhandlung. Dies kann eine der mächtigsten Taktiken sein, die Ihnen zum Gewinn psychologischer Macht zur Verfügung stehen. In Situationen, in denen es keinen klaren Marktwert gibt und wo der wahrgenommene Wert sich eventuell vom realen Marktwert unterscheidet, hat ein erstes Angebot einen unglaublich starken Ankereffekt.

Diese relative Positionierung dessen, was ich »zuhause spielen« nenne, übt während der Fortführung der Verhandlung eine starke Kraft aus, da alle Gegenangebote und Bewegungen immer in Relation zu der Ankerposition Ihrer Eröffnung gesehen werden (genau das ist Ihr »Heimspiel«). Wenn Sie mit einem »Auswärtsspiel« beginnen, dann versuchen Sie die Gegenpartei von ihrer Position zu entfernen. Wenn Sie damit einmal begonnen haben, dann wird das Ergebnis der Verhandlung mit großer Wahrscheinlichkeit sehr viel näher an deren Ausgangsposition liegen als an Ihrer. Natürlich ist dies leichter zu kontrollieren, wenn Sie klar erkennbar über mehr Macht in der Verhandlung verfügen. So ist es zum Beispiel ziemlich einfach, zuversichtlich in einem Pokerspiel zu erscheinen, wenn man vier Asse auf der Hand hat, aber wesentlich schwieriger, wenn man nur zwei Dreier hat.

Eine mittel- oder langfristige Positionierung kann subtiler verlaufen. Es kann über Wochen, Monate oder sogar Jahre hinweg andauern. Vielleicht macht man dieselbe Aussage auf verschiedene Art und Weise und bei verschiedenen Gelegenheiten. Die Aussagen können vor Beginn der Verhandlung immer wieder wiederholt werden, wobei eigentlich nur dann verhandelt wird, wenn der Verhandler das Gefühl hat, dass die Ankerposition höchstwahrscheinlich die richtigen Bedingungen und den richtigen Zeitpunkt für den Erfolg geschaffen hat.

Die Durchführung

Um als harter Verhandler beim Feilschen aufzutreten, muss man die Selbstkontrolle bewahren, den Mund halten und zuhören können. Sie werden erstaunt sein, für wie viele Menschen es unter dem Druck der Verhandlung nicht möglich ist, sich auf die sehr einfachen Verhaltensweisen wie Fragen stellen, Angebote machen und den Mund halten zu beschränken.

Die meisten von uns wurden zu »empathischen und sozialen« Menschen erzogen, die eine Wirtschaftsethik kennen, zu der auch das Bedürfnis nach nachhaltigen Geschäftsbeziehungen zählt. Allerdings: Mit dem Bedürfnis, von der anderen Seite gemocht zu werden, gehen wir das Risiko ein zu reden, uns zu rechtfertigen und eventuell, wenn der Umgangston rauer wird, Zugeständnisse zu machen, auch wenn sie völlig überflüssig sind. Die Herausforderung beim Feilschen ist es, dass Sie Ihre persönlichen Bedürfnisse zur Seite legen und die Notwendigkeit erkennen müssen, einen für diese Art des Verhandelns geeigneten Prozess zu übernehmen. Dieser Prozess erfordert starke Selbstdisziplin, das nötige Selbstbewusstsein und die Akzeptanz der Ablenkungsmanöver, die stattfinden.

Handeln: 5.00 bis 6.00 Uhr

Die zeitliche Planung bis zum Abschluss eines Vertrags (beispielsweise bis zu einem frühen Vertragsschluss) mag ebenso viele Vorteile für mich wie Nachteile für Sie haben: Das Leistungsniveau, das Sie zum Beispiel erreichen müssen, um die aus dem Vertrag resultierenden Bonuszahlungen zu erhalten, kann für Sie hohe Kosten verursachen und die daraus resultierenden Bonuszahlungen verursachen im Endeffekt Kosten auf meiner Seite.

Auch wenn jeder Punkt in der Verhandlung der Zustimmung bedarf, muss daraus nicht unbedingt ein zusätzlicher Nutzen für eine der Seiten entstehen. Wenn Sie einer solchen Situation gegenüberstehen, in der Sie Vertragsbedingungen nur zustimmen, die nur wenig zu einer Gewinnsteigerung beitragen, dann ist es wahrscheinlicher, dass ein Klima für gegenseitiges Handeln existiert. Sie wollen Ihren Wert in der Verhandlung schützen und müssen daher jeden Handelsvorschlag wohlüberlegt, an Konditionen geknüpft und mit der angemessenen Härte in der Verhandlung präsentieren.

Der Vorgang beim Handeln besteht normalerweise aus Kompromissen und nicht aus einem Austausch von Dingen mit niedrigen Kosten, hohem Wert, so wie man es in Win-Win-Situationen vorfindet. Meist herrscht in einer solchen Verhandlungssituation Zeitdruck, wodurch die stattfindenden Bewegungen beider Parteien auf das »Notwendige« reduziert werden, primär dazu dienen, den Vertrag irgendwie zu einem Abschluss zu bringen und nicht auf die Schaffung von zusätzlichem Wert fokussiert sind. Obwohl sich beides nicht unbedingt ausschließt.

Da der Prozess des Geschäftsabschlusses nur ein paar Themen betrifft, kann der Stil und der Dialog eher wie beim Feilschen stattfinden, wenn auch zumeist etwas respektvoller. Der große Unterschied zum Feilschen besteht darin, dass man ein gewisses Maß an Zufriedenheit bei der anderen Partei erzeugt, da man sich bei einem Punkt unter der Bedingung bewegt, dass die andere Partei sich ebenfalls bewegt und dadurch den Abschluss des Geschäftes ermöglicht. Wie wir wissen, ist der Preis die umstrittenste und transparenteste aller Variablen. Wenn der Preis allein verhandelt wird, tendieren solche Verhandlungen eher zu den konkurrenzbetonten Formen der Verhandlung. Bei Verhandlung im Bereich von 5.00 bis 6.00 Uhr können drei oder vier Verhandlungspunkte betroffen sein, von denen jeder für sich genommen vollkommen transparent messbar ist, und die, obwohl sie einer Übereinstimmung bedürfen, nur in einem geringen Maß einen gemeinsamen Nutzen ermöglichen.

Zugeständnisse verhandeln: 6.00 bis 7.00 Uhr

Dies ist der erste kooperative Ansatz, bei dem beide Parteien erkennen, dass ein gewisses Maß an Zusammenarbeit erforderlich ist. Je mehr gemeinsame Interessen zwischen den zwei Parteien festgestellt werden können, desto größer ist das Potenzial für die Schaffung von Wert. Der Prozess kann bedingte Zugeständnisse über einen weiten Bereich von Diskussionspunkten auf einer zuvor gemeinsam beschlossenen Tagesordnung beinhalten.

Das Verhandlungsklima ist normalerweise konstruktiv, aber immer noch zurückhaltend. Wenn man beispielsweise sagt, »Wenn Sie den Auftrag noch heute erteilen, dann garantieren wir Ihnen, dass der Auftrag innerhalb eines bestimmten Zeitraums erledigt wird«, klingt dies so, als ob man intern Dinge bewegen muss, um dieses Angebot der anderen Partei zu ermöglichen.

Es könnte jedoch auch der Fall sein, dass Sie dies ohnehin tun würden, und es die Kosten nicht berührt, wenn Sie einen bestimmten

Zeitraum anbieten. Alternativ könnten Sie auch nur sehr wenige Aufträge haben, so dass sie jeden Zeitraum anbieten können, ohne dass sich daraus Konsequenzen ergeben. Am Ende spielt es nur eine Rolle, dass erkannt wird, dass Sie ein bedingtes Zugeständnis anbieten (in diesem Fall lautet die Bedingung, dass die andere Partei den Auftrag noch heute erteilt) und auch einen gewissen Wert bereitstellen (die Annehmlichkeit und die Sicherheit, dass der Auftrag innerhalb eines bestimmten und wichtigen Zeitraums erledigt wird). So hat die andere Partei die Genugtuung, dass sie mit Ihnen ein »gutes Geschäft« gemacht hat.

Nunmehr sind Sie also auf der linken, kooperativen Seite des Ziffernblatts und sollten »an diesem Geschäft« arbeiten. Nichts ist vereinbart, bis alles vereinbart ist. Das bedeutet, dass Sie nunmehr Themen oder Variablen parken können, wenn darüber noch keine Einigung erzielt wurde. Ein noch nicht gelöster Punkt bedeutet keine Blockade in der Verhandlung, sondern nur, dass andere Verhandlungspunkte untersucht werden müssen, um wieder aus dieser scheinbaren Sackgasse herauszukommen.

Welches sind nun die verhandelbaren Variablen, die dazu beitragen, dass auf der linken Seite des Ziffernblatts größere Gelegenheiten geschaffen werden können? Die meisten Verhandlungen, von 7.00 Uhr an, bestehen aus sechs grundlegenden Variablen: Preis, Menge, Lieferung, Vertragslaufzeit, Zahlungsbedingungen und Spezifikationen. Die meisten Variablen in Verhandlungen sind mehr oder weniger mit diesen sechs Variablen verbunden. Es könnte sein, dass Sie weitere vierzig Variablen einführen, die in irgendeiner Form mit den genannten sechs Variablen in Verbindung stehen. Ich habe in Kapitel 9 weitere Variablen dargelegt, die mit diesen Kern-Variablen verbunden sind.

Wie unterscheidet sich das Zugeständnisse verhandeln von Win-Win?

Im Geschäftsleben versuchen Manager oft, Beziehungen aufzubauen, innerhalb derer das Kräftegleichgewicht nicht ausgewogen ist (eine Partei braucht die andere Partei dringender). Eine Partei wird feilschen, die andere wird sich darauf konzentrieren, eine Reihe von Verhandlungspunkten abzustimmen, die alle miteinander verbunden sind. Kommt Ihnen das bekannt vor? Für viele Unternehmen ist das *Zugeständnisse verhandeln* die standardmäßige Position beim Verhandeln. Das mag nicht ideal sein und auch nicht die bevorzugte Art, wie sie Geschäfte machen, aber das Kräftegleichgewicht innerhalb der Beziehung bedeutet, dass ohne sorgfältige langfristige Planung die Abhängigkeit als natürlich oder normal angesehen wird und deshalb das Verhandeln von Zugeständnissen wahrscheinlich das Beste ist, worauf sie hoffen können. Eine solche Situation ist frustrierend und bedeutet für Sie deshalb eine noch größere Herausforderung. Das Wesentliche an einem guten Verhandler ist die Fähigkeit, mit Frustration zurechtzukommen, weil die andere Partei nur selten auf Ihren ersten Vorschlag eingehen wird.

Zugeständnisse verhandeln

In dieser Situation gibt die Partei mit weniger Macht in einigen Punkten nach, um zu einem Abschluss in der Verhandlung zu kommen

Win-Win: 8.00 Uhr

Win-Win unterstellt per Definition, dass beide Seiten in einer Verhandlung gewinnen oder mit einem Vorteil aus den Verhandlungen hervorgehen. Der rationale Vorgang des Handelns von Dingen mit geringen Kosten, hohem Wert, auf eine Art, dass der mögliche Gesamtwert gesteigert werden kann, wurde in den 1980er-Jahren in dem Buch *Getting to Yes* von Ury und Fisher populär gemacht. Das Konzept des Win-Win geht davon aus, dass beide Parteien ihre Entscheidungen auf Grundlage der Tatsache treffen, dass, wenn eine Partei Ihnen etwas von höherem Wert anbietet als sie dafür im Gegenzug erhalten möchte, Sie in Summe einen Ertragszuwachs erhalten und daher bereitwillig zustimmen. Wenn es Ihr Ziel ist, Wert zu schaffen, dann gibt es an dieser Theorie nichts zu rütteln. Allerdings, wie Ury und Fisher später in ihrem Buch *Beyond Reason* schrieben, spielt die emotionale Seite der Beziehung eine entscheidende Rolle, wie Vereinbarungen tatsächlich zustande kommen. Menschen sind in ihrem Verhalten nicht immer rational.

Später erkannte das *Harvard Programme on Negotiation* (an dem Ury und Fisher beteiligt waren) an, dass der Prozess des Verhandelns aus einem ersten Prozess der Wertschöpfung gefolgt von einem zweiten Prozess der Wertverteilung besteht. Wenn zwei Parteien zusam-

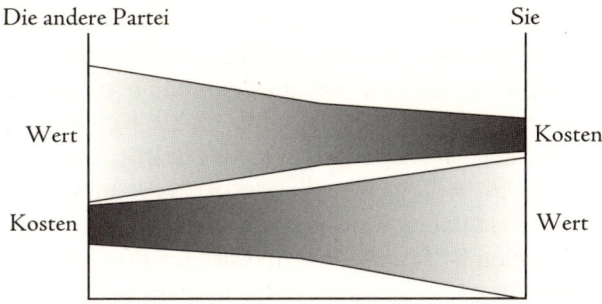

Abbildung 3 Geringe Kosten, hoher Wert, Win-Win-Austausch

menarbeiten, um durch Austausch von geringen Kosten, hohem Wert zusätzlichen Wert zu schaffen, so wird jede Partei immer noch ihre Macht einsetzen, um sich möglichst viel von dem gemeinschaftlich geschaffenen Wertzuwachs zu sichern. In der Theorie kommen in Win-Win-Verhandlungen Konflikte in geringerem Umfang vor und führen für beide Parteien zu einem besseren Geschäft, da die Verhandlungen auf kooperativen Bemühungen beruhen. Doch die Pflicht zur Maximierung der jeweiligen Gewinnmöglichkeiten für ihr Unternehmen bleibt immer noch auf beiden Seiten bestehen. Der geschaffene Wert wird aber nur selten in der Mitte geteilt, da der mit den einzelnen Punkten in der Verhandlung verbundene Wert meistens nicht für beide Seiten vollkommen transparent bewertet werden kann und es deshalb sehr schnell zu harten Diskussionen um die Verteilung des Wertes kommen kann. Dieser Prozess entspricht einem Start der Verhandlung im Bereich 8.00 Uhr und wird dann rein distributiv um 4.00 Uhr beendet. Das ist weder gut noch schlecht, es reflektiert nur, was oft geschieht.

Win-Win bietet die Gelegenheit, kreativ Tauschmöglichkeiten zwischen Dingen einzuführen und Themen wie die Langlebigkeit einer Vereinbarung, die relativen Risiken, die jede Partei einzugehen bereit ist, und oft auch immaterielle Punkte wie Verbraucherfreundlichkeit oder Flexibilität einzuführen. Den Wert, den Sie jedem dieser Punkte zumessen, resultiert aus Ihrer Einschätzung und der Einschätzung der Gegenseite. Daher können Sie von der anderen Partei nicht erwarten, dass sie Ihnen ganz einfach mit brauchbaren Vorschlägen entgegenkommt, wenn Sie Ihre Einschätzung des Werts für jeden dieser Punkte für sich behalten.

Von 8.00 Uhr an haben Sie die Option, einige Informationen und Ihre Einschätzungen mit der Gegenseite zu teilen, um ihr zu ermöglichen, Ihnen zu helfen. Das erfordert natürlich ein höheres Maß an Vertrauen, als ob Sie lediglich Zugeständnisse verhandeln. Es dauert oft lange Zeit, um Vertrauen aufzubauen. Dies kann leicht geschehen, wenn die Machtverhältnisse etwa ausgeglichen sind oder wenn die dominierende Partei ein aufrichtiges Motiv hat, sich Ihre Verbindlichkeit in der Umsetzung einer Übereinkunft zu sichern.

Partnerschaft/Gemeinsame Problemlösung: 9.00 bis 10.00 Uhr

Wenn Sie als kompletter Verhandler eine Agenda für eine Verhandlung im Bereich von 10.00 Uhr erstellen, sollte Ihre Denkweise darauf konzentriert sein, eine nachhaltige Vereinbarung zu erzielen, die alle Bereiche umfasst, einschließlich

- die zu erbringende Leistung,
- die Einhaltung der Vereinbarung und
- das Risiko.

Nehmen Sie das Konzept von Gesamtwert steigernden Vereinbarungen, die für Win-Win-Verhandlungen entscheidend sind, und erweitern Sie die Möglichkeiten zur Kooperation durch eine größere Abhängigkeit zwischen den Verhandlungsparteien. Zum Beispiel: Wenn uns dies einen Vorteil bringt, wird es auch für Sie von Vorteil sein. Wenn es uns schadet, wird es auch Ihnen schaden. Konzentrieren Sie Ihre Aufmerksamkeit auf die Themen, die während der Vertragslaufzeit für beide Parteien Probleme schaffen könnten. Nehmen Sie sich Zeit und schaffen Sie Klarheit über den Umfang der Risiken und die Verantwortlichkeiten, die Sie und die andere Partei bereit sind zu übernehmen. Erstellen Sie auf dieser Basis einen Abschluss, der sicherstellt, dass die Verantwortlichkeiten klar festgelegt sind und dass sich die Risiken eindeutig ausgleichen.

Wenn bereits eine etablierte Beziehung besteht, können die aus Verträgen resultierenden Probleme in manchen Fällen sogar dazu beitragen, die Übereinkunft zu stärken und den Wert des Vertrags erhöhen. Die Neuverhandlungen von Vertragsbedingungen, um einzelne Themen zu klären, bieten die Gelegenheit, die Umstände neu zu

Fallstudie

Graham wollte sein Haus in London verkaufen und ging zu einem dortigen Immobilienmakler, der das Anwesen vermarkten sollte. Die Provision für einen Hausverkauf betrug zu dieser Zeit zwei Prozent des Verkaufspreises. Der Markt war träge, es war ein Käufermarkt, aber Graham hatte keine andere Wahl. Er musste aus persönlichen Gründen verkaufen. Der Immobilienmakler nahm eine Besichtigung und Wertschätzung vor und schlug vor, das Haus solle für einen schnellen Verkauf für 1,5 Millionen Pfund angeboten werden. Graham machte sich wegen der finanziellen Auswirkungen Sorgen und glaubte, es würde Monate dauern, bis das Haus verkauft sei. Die Umstände verlangten, dass das Haus innerhalb von drei Monaten verkauft wurde. Als Verhandler war er versucht, die zwei Prozent Provision herunterzuhandeln, doch stattdessen erkannte er, dass es in seinem Interesse war, mit seinem Immobilienmakler eine Partnerschaft einzugehen. Sie trafen sich zu einer Besprechung und er nannte dem Manager des Immobilienbüros eine Reihe von Variablen. Der Grund, warum er die Diskussion auf Ebene des Managers führte, war, dass er sicher sein wollte, dass die Person auf der anderen Seite auch die Entscheidungsbefugnis hatte, auf seinen Vorschlag eingehen zu können. Er schlug vor, dass es bei der Provision von zwei Prozent bleiben solle. Zusätzlich sollte das Maklerbüro 20 Prozent von der Summe erhalten, die den Kaufpreis von 1,5 Millionen Pfund überstieg, aber unter der Bedingung, dass das Haus innerhalb von drei Monaten verkauft werden musste. Das Haus wurde für 1,75 Millionen Pfund angeboten und innerhalb von drei Monaten zu einem Preis von 1,7 Millionen Pfund verkauft. Die 160 000 Pfund, die Graham nach Abzug der Provision mehr für sein Haus erhielt, waren weit mehr, als er erzielt hätte, wenn er um einen Nachlass bei der Provision gefeilscht hätte.

bewerten. Dies ermöglicht eine neue Sicht auf die bisherige Übereinkunft, die Risiken können neu verhandelt werden und der Gesamtwert kann neu verteilt werden. Die meisten Abkommen beinhalten Konditionen und Bedingungen, die sich auf die mit dem Vertrag verbundenen Risiken beziehen. Doch Vertragsbedingungen können auch positive Anreize bieten. Beispielsweise können Bonuszahlungen vereinbart werden für den Fall, dass Teile des Auftrags innerhalb eines bestimmten Zeitrahmens erledigt werden oder wie die Konsequenzen zwischen den Vertragsparteien geteilt werden, falls die Lieferung nicht vertragsgemäß erfüllt wird.

Ausbau einer Beziehung: 10.00 bis 12.00 Uhr

Der Wert einer Partnerschaft im Geschäftsleben sollte nicht unterschätzt werden. Sie stellt oft die optimale Position für Vereinbarungen dar, wenn die Geschäftspartner voneinander abhängig sind und es im Rahmen der ständigen Zusammenarbeit eine klare Notwendigkeit gibt, einander zu helfen, um die Effizienz zu erhöhen, Synergien zu realisieren und Einsparungen zu erzielen. Es ist die »ideale« Situation, die in manchen Fällen funktioniert, es erweist sich aber oft als schwierig, sie zu erreichen und aufrecht zu erhalten. Weshalb? Leistungsveränderungen und Marktveränderungen verursachen eine sich ständig verändernde Umgebung. Manchmal wurden diese Veränderungen schon in die Vereinbarung einkalkuliert. Manchmal führen sie aber dazu, dass eine Partei der anderen ausgeliefert ist. Im Bereich von 10.00 bis 12.00 Uhr wurden Risiken als Teil der ursprünglichen Vereinbarung in Betracht gezogen. Wenn allerdings eine Partei unter den Folgen dieser Veränderungen leidet, könnte dies die Geschäftsbeziehung beeinträchtigen, und beide Parteien werden wahrscheinlich die Geschäftsvereinbarung neu bewerten und manchmal sogar neu verhandeln. Der Grad der bestehenden gegenseitigen Abhängigkeit bedeutet, dass beide Parteien betroffen sind, wenn eine von ihnen durch Veränderungen beeinträchtigt wird.

Wenn Sie im Bereich nach 10.00 Uhr verhandeln, sollte Ihre Agenda so gestaltet werden, dass sie Transparenz, Kreativität und neue Möglichkeiten fördert. Im Wesentlichen bedeutet dies: Je breiter die Agenda angelegt ist, umso größer sind der Raum und die Möglichkeiten, um stabile Abschlüsse zu erzielen, die zusätzlichem Wert generieren. Die Betrachtung von Dauerhaftigkeit, immateriellen Werten, Risiken, Nachhaltigkeit, Informationen, wirtschaftlichen Werten und so weiter ermöglicht, höchst kreative Vereinbarungen zu treffen, in denen all die Interessen, Bedürfnisse nach Flexibilität und potenziellen Geschäftsmöglichkeiten für beide Parteien enthalten sind. Doch dieses Ideal verlangt Verständnis und Geduld und in manchen Fällen die Akzeptanz, dass die reduzierten Risiken, die durch eine langfristige Vereinbarung erzielt wurden, zu Lasten der kurzfristigen Margen oder Gewinne gehen werden. Wenn das aber erstrebenswert ist, dann kann sich das Konzept der Partnerschaft sehr wohl als angemessen erweisen. Viel wird aber immer von den Umständen und Zielen der Beteiligten abhängen.

Zurück zum Tauschgeschäft

In seinem Buch *The Undercover Economist* erklärt Tim Harford, wie die Kosten und der Wert einer Tasse Kaffee variieren können und weshalb der normale Reisende bereit ist, am Bahnhof oder am Flughafen einen Aufpreis zu bezahlen, wenn die Zeit eine wichtige Rolle spielt und Angebot und Nachfrage zugunsten des gut gelegenen Kaffeestands ausfallen. Obwohl Sie auf dem Weg ins Büro zu einem Stammkunden des Kaffeestands geworden sein können und letztlich auch einer bestimmten Kaffeemarke treu geblieben sind, stellt Ihre Beziehung zum Betreiber des Kaffeestands keine Partnerschaft dar. Tatsächlich neigt sich das Machtgleichgewicht, als Resultat von Angebot und Nachfrage, immer noch stark zugunsten des strategisch gut positionierten Kaffeestands. Ihre Fähigkeit und Ihr Motiv, in aller Öffentlichkeit um einige Cents zu feilschen, wurde so beseitigt. Auch wenn Kaffeestände Kundenkarten für treue Kunden ausgeben, ist das tatsächlich nur ein Angebot, das loyalen Kunden gemacht wird: ein nachträglicher Rabatt, ein Anreiz zur Treue, mehr Kaffee und kein geringerer Preis, ein Tauschgeschäft und für den Kaffeestand ein billiger Anreiz mit hohem Wert für sie selbst, der uns auf dem Ziffernblatt über die 12.00-Uhr-Marke bringt, und damit wieder an den Punkt zurück, an dem wir gestartet sind: beim Tauschhandel.

Untersuchung der Realität von Partnerschaften

Partnerschaften bieten eine notwendige Fassade, die den Abschluss von vielen Verträgen in der Geschäftswelt ermöglichen – doch meistens sind sie eine Farce. Einige Unternehmen glauben so stark an Partnerschaft, dass sie ihre Werte und ihre Ethik nachhaltig kreuz und quer durch ihr Unternehmen verbreiten.

Ethische Partnerschaften vermitteln den Eindruck von Rechtschaffenheit. Sehr wenige Unternehmen würden offen eingestehen, dass sie auch noch den letzten Cent aus ihren Kunden und Lieferanten herauspressen. Sie müssen aber auch verkünden, dass sie den Wert für die Aktionäre maximieren. Auch das kann nicht immer erreicht werden, ohne dass jemand dafür bezahlt. Je größer das Unternehmen ist, desto größer ist meist sein Hebel, den es nutzen kann. Ich möchte damit nicht behaupten, dass es keine echte Partnerschaft gibt. Aber nach meinen Erfahrungen im Wirtschaftsleben, sind Partnerschaften selten so idealistisch oder besinnlich, wie es der wahren Definition einer Partnerschaft entsprechen würde. Eingegangene Partnerschaften nehmen eher die Form einer Union ein, einer Ehe, einer Genossenschaft, einer Gesellschaft, eines Bündnisses, einer Allianz, eines Interessenverbandes, einer Institution … und es gibt noch wesentlich mehr Gebilde, die auf gemeinsamen Interessen, Werten und Motiven für Investitionen beruhen. Aus der grundlegenden Natur einer Partnerschaft ergibt sich, dass die zwei oder mehr zusammenarbeitenden Unternehmen vor eine schwierige Aufgabe gestellt werden, da jedes Unternehmen auch unabhängige Interessen berücksichtigen muss. Diesen Punkt müssen Sie sich immer bewusst machen und sich über die damit verbundenen Konsequenzen im Klaren sein.

Wertschöpfung durch Partnerschaften erfordert Abhängigkeit, während man den natürlichen, auf Wettbewerb beruhenden wirtschaftlichen Druck dazu nutzt, letztlich das Bekenntnis zur Partnerschaft aufrecht zu erhalten und in die Partnerschaft investiert, anstatt ganz einfach kurzfristige Gewinne anzustreben. Zu wissen, in welcher Beziehung Sie konkurrieren und in welcher Beziehung Sie investieren sollten, sollte Ihnen helfen, die Entscheidung zu treffen, in welchem Bereich des Ziffernblatts Sie operieren wollen.

Dort, wo Partnerschaften funktionieren, sind sie von *strategischer* Bedeutung. Das heißt, dort, wo ein Geschäft beeinträchtigt werden könnte, wenn die Partnerschaft nicht funktioniert, oder die Investition von Zeit und Aufwand offensichtliche gemeinsame Vorteile liefert. Obwohl Partnerschaften mit Vertrauen besser funktionieren, kann es lange Zeit dauern, bis Vertrauen erworben wird, und es erfordert ein gewisses Maß von Abhängigkeit. Wenn eine Partnerschaft erst einmal etabliert ist, kann sie auch nachteilig wirken, weil sie dazu genutzt werden kann, zu besänftigen und Vertrautheit und Wohlgefälligkeit zu fördern. Um die Partnerschaft nachhaltig aufrecht zu erhalten, bedarf es eines ständigen Balanceakts, unterstützt durch klare Messgrößen und Leistungskontrollen. Diese Überlegungen sollten frühzeitig in die Verhandlungsagenda eingebracht werden, da sie für die Dauerhaftigkeit einer jeden Vereinbarung, die Sie womöglich eingehen, entscheidend sind.

Was macht eine starke Partnerschaft aus?

Viele Partnerschaften im Geschäftsleben sind solche von Unternehmen oder Personen, die auf derselben Seite mit identischen Zielen, Strategien und Werten gearbeitet haben. Die Realität sieht aber so aus, dass Ihr Unternehmen wahrscheinlich auf relativ kurzfristige Leistungen ausgerichtet ist. Aus dem Druck der Aktionäre, Leistungsverpflichtungen und wöchentlicher, monatlicher und vierteljährlicher Berichterstattung resultiert der Zwang, Gewinnerwartungen und Renditeanforderungen zu erfüllen. Der Fokus in den Geschäftsabschlüssen konzentriert sich daher auf möglichst sofort oder kurzfristig realisierbare Gewinne.

Ihr Kunde oder Ihr Lieferant unterrichtet Sie, dass er beabsichtigt, den Vertrag aufzukündigen, Ihre Produkte aus dem Programm zu nehmen, Sie abzumahnen und das Bestellvolumen zu reduzieren. Wenn das, was einmal sicher und ewig schien, plötzlich ein Ende findet, dann werden Fragen aufgeworfen. In Ihrer Bestürzung und Verwirrung stellen Sie sich Fragen wie diese:

- Weshalb haben sie nicht mit uns gesprochen?
- Weshalb habe ich das nicht kommen gesehen?
- Hätte ich mehr in diese Beziehung investieren sollen?

Sie glauben, es sei zu spät, oder Sie haben das Gefühl, dass Sie an einer offensichtlich schwächeren Position festhalten (obwohl die andere Partei sich möglicherweise verstellt). Sie versuchen das zu retten, was Sie als sicher betrachteten. Doch plötzlich realisieren Sie, dass die Partnerschaft nur wenig mehr war als ein zweckdienlicher Titel, den man Ihnen im Gegenzug für mehr Zugeständnisse von Ihrer Seite angeboten hat. Sie haben die kommerzielle Realität aus den Augen verloren und anfangs geglaubt, es sei eine gute Idee.

Das mag nicht das sein, was Sie im letzten Bereich 12.00 Uhr erwartet haben. Es gibt aber nur wenige Partnerschaften, die sich nicht an irgendeinem Punkt nach ihrem nützlichen Bestand selbst auflösen oder aufhören zu existieren. In der realen Welt gibt es meist einen dominanten Partner in einer Beziehung. Selbst in einer Ehe entwickeln sich zwischen Ehemann und Ehefrau unterschiedliche Kräfte, die die Art beeinflussen, wie Entscheidungen zu verschiedenen Themen gefällt werden. Denken Sie nur an die Zahl der Ehen, die keine fünf Jahre lang andauern.

In Partnerschaften gibt es keinen Raum für Bequemlichkeit, Vertrautheit oder Wohlgefälligkeit

Während meiner Reisen zu Kunden auf der ganzen Welt laufe ich durch Flughäfen auf dem Weg vom Flugsteig zum Ausgang oder umgekehrt. Viele Flughäfen sind so riesig, dass man eine halbe Stunde braucht, um von der Wartehalle zum Flugsteig zu kommen. Es gibt Schilder, auf denen die Zeiten angegeben werden, die benötigt werden, um zum Ziel zu kommen, und es gibt Laufbänder, die Tausende von Passagieren täglich entlasten. Immer wenn ich eines dieser Laufbänder betrete, mache ich die interessante Beobachtung, dass die Menschen, wenn sie eines dieser Laufbänder benutzen, langsamer weitergehen als zuvor. Manchmal bleiben sie auch stehen. Die Bewegung des Laufbandes vermittelt den Menschen das Gefühl, dass sie einen guten Fortschritt machen und sich deshalb nicht mehr so beeilen müssen, um zum Abflugterminal zu kommen. Relativ gesehen erreichen sie ebenso viel, aber mit weniger Aufwand. Ihre persönliche Produktivität sinkt, weil sie nunmehr »weitergetragen« werden, ohne sich um diejenigen zu kümmern, die hinter ihnen warten.

Partnerschaften, wenn sie erst einmal gebildet wurden, sind für einen ähnlichen Effekt bekannt. Sie können Selbstgefälligkeit und Vertrautheit fördern, aber dem Geschäft schaden und letztlich den Beginn des Endes einer Geschäftsbeziehung bedeuten. Die Partnerschaft sollte aber Grundlage für höhere Produktivität sein.

Geschäftspartnerschaften müssen verdient werden und sie müssen sich selbst auszahlen. Aus der Sicht des Verhandelns sollten die Partnerschaft und der verfügbare Wertzuwachs, wenn die Partnerschaft erst einmal gebildet wurde, gleichgültig ob formell oder informell, zum Zentrum der Aufmerksamkeit werden.

Wenn Sie versuchen, eine Partnerschaft zwischen Unternehmen zu begründen, dann müssen Sie eine gemeinsame Verständigung über Motive, Abhängigkeiten, Zeitrahmen und die Einstellung der Geschäftspartner herstellen. Die Aussicht, wirkliche Synergien zu erzielen, kann nur aus gemeinsamen Vorteilen resultieren, und dies muss allen eindeutig bewusst sein. Nur dann kann die anfängliche Motivation zur Investition von Zeit, Aufwand und Flexibilität genutzt werden, um eine Beziehung auszubauen.

Zusammenfassung zum Ziffernblatt des Verhandelns

Liebe und Hass werden als Gefühle betrachtet, die sehr nah nebeneinander liegen und dennoch das Gegenteil voneinander sind. Ebenso ist es mit der Position der Bereiche 12.00 Uhr und 1.00 Uhr auf dem Ziffernblatt des Verhandelns. Die Herausforderung für Sie als kompletter Verhandler besteht darin, sich voll auf den Wert eines Geschäfts zu konzentrieren und nicht auf sich selbst. Wenn Sie die Geduld aufbringen können, zu fragen, zuzuhören und andere mit Respekt zu behandeln, werden Sie nicht nur durch Wissen an Macht gewinnen, sondern Sie werden, durch den Respekt, den Sie bieten, ebenso respektiert werden und sich das Engagement in Geschäften sichern. Wenn Sie Ihre emotionale Energie in die richtigen Bahnen lenken können, werden Sie immer die Kontrolle behalten, wo auf dem Ziffernblatt des Verhandelns Sie verhandeln wollen, und Sie werden kein Opfer des Zeitdrucks und der Umstände, denen Sie ausgesetzt sind.

Kapitel 3
Weshalb Macht wichtig ist

> »Man hat nur Macht über Menschen,
> solange man ihnen nicht alles nimmt.
> Wenn Sie einem Menschen alles geraubt
> haben, dann haben Sie keine Macht mehr
> über ihn – er ist wieder frei.«
> *Aleksandr Isaevič Solženicyn*

Was verstehen wir unter Macht?

Sie sind so mächtig, wie andere Sie wahrnehmen. Doch ist diese Macht begrenzt, wenn Sie nicht verstehen, wie andere die Situation sehen. Macht kann real sein oder nur empfunden werden, aber auch so subjektiv wie sie objektiv ist, da sie nur in den Köpfen der Menschen existiert. Sogar dann, wenn die andere Verhandlungspartei von Ihnen abhängig oder unabhängig sein könnte. Macht kann sich verschieben, durch Zeit und Umstände geschaffen werden, kann genutzt werden, um Interessen zu fördern oder um andere auszubeuten. Deshalb muss der komplette Verhandler genau verstehen, was Macht ist.

Weshalb die Machtverteilung wichtig ist

Weshalb ist Macht in Verhandlungen so wichtig? Ganz einfach: Sie gibt Ihnen Optionen und, wenn sie richtig verstanden wird, verleiht Ihnen die Kontrolle zu bestimmen, in welchem Bereich des Ziffernblatts des Verhandelns Ihre Verhandlung stattfinden wird.
- *Das Gleichgewicht der Macht ist zu Ihren Gunsten.*
  Wenn in Ihren Beziehungen das Gleichgewicht der Macht auf Ihrer Seite liegt, dann haben Sie mehr Möglichkeiten, die Agenda und den Verlauf einer Verhandlung zu kontrollieren, und letztlich können Sie die Vertragsbedingungen zu Ihren Gunsten beeinflussen.
- *Die Macht, das Verhandlungsklima, den Verhandlungsstil, die Strategie und die Möglichkeiten zu beeinflussen.*
  Macht bietet Ihnen die Möglichkeit zu wählen, ob Sie konkurrenzbetont oder eher kooperativ in der Verhandlung sein wollen,

immer abhängig davon, was besser für das Erreichen Ihrer Ziele ist.

Letztlich geht es darum, einen Rahmen bereitzustellen, um objektiv festzustellen zu können, wie die Macht zwischen Beteiligten verteilt ist. Dies ist ein weiterer Baustein des im ersten Kapitel erwähnten Standards für den kompletten Verhandler.

Das Gleichgewicht der Macht ist zu Ihren Gunsten

Die Geschichte hat uns gelehrt, dass Mächtige ihre Macht zu irgendeinem Zeitpunkt ausüben werden. Deshalb ist es entscheidend, das Gleichgewicht der Kräfte zu verstehen, sich klar zu sein, wo auf dem Ziffernblatt des Verhandelns die Verhandlung wahrscheinlich stattfinden wird und sich entsprechend vorzubereiten. Die Art der Beziehung, die Sie zu demjenigen unterhalten mit dem Sie verhandeln, wird direkt beeinflussen, wie und wo auf dem Ziffernblatt des Verhandelns Sie verhandeln wollen.

Eine der wichtigsten Überlegungen, wenn man versucht, ein Machtverhältnis abzuschätzen, ist der Umfang an *Informationen*, die zu den Umständen der anderen Partei verfügbar sind. Das Maß, in dem die Umstände transparent sind, beeinflusst direkt das Gleichgewicht der Kräfte innerhalb der Beziehung und den Stil der folgenden Verhandlungen. Damit ist nicht gemeint, dass diejenigen, die aus einer schwächeren Position in eine Verhandlung gehen, wie ein Lamm zur Schlachtbank geführt werden. Sehr oft wird die stärkere Partei die Situation nutzen, um andere Formen von, beispielsweise Loyalität, Exklusivität oder größere Flexibilität zu erlangen, anstatt die schwächere Partei nur zu niedrigeren Preisen zu zwingen. An welcher Stelle des Ziffernblatts des Verhandelns Sie verhandeln, wird auf alle diese Möglichkeiten Einfluss nehmen und auf den Gesamtwert der Geschäfte, der durch Ihre Diskussionen geschaffen wird. Deshalb müssen wir mit Macht und Stärke respektvoll umgehen, wenn wir das Beste daraus machen wollen. Das Verstehen Ihrer Machtposition dient nicht dazu, danach gegen die andere Partei zu gewinnen oder diese zu besiegen. Die andere Partei in der Verhandlung ist nicht Ihre Konkurrenz. Es geht in den Verhandlungen, an denen Sie beteiligt sind, darum, so viel Wert wie möglich zu schaffen.

Wenn das Kräfteverhältnis eindeutig zugunsten einer Partei neigt, dann wird es in der Verhandlung wahrscheinlicher um die gehen.

Diese *Verteilung von Wert* bedeutet: »Was du bekommst, das verliere ich, und was ich bekomme, das verlierst du.« Diese »Win-Lose«-Verhandlungen befinden sich auf der rechten Seite des Ziffernblatts des Verhandelns. Sie haben nun die Wahl, dies zuzulassen oder proaktiv Einfluss darauf zu nehmen, dass die Verhandlung in einem anderen Bereich des Ziffernblatts stattfindet. Einige Menschen lassen es zu, Opfer von Zeit und Umständen zu werden, und geben die Schuld für schlechte Geschäftsabschlüsse dem Ungleichgewicht der Kräfte. Andere erkennen eine solche Situation und übernehmen die Kontrolle – trotz der externen Faktoren, die ihre Position schwächen, wie die Abhängigkeit von der anderen Partei.

Einschränkungen von Macht in Verhandlungen

Proaktiv den eigenen Ansatz zu verfolgen, ist nahezu immer die damit verbundene Zeit und die Probleme wert. Allerdings ist es auch wichtig, dass Sie schon vor Ihrer Verhandlung alle auferlegten Einschränkungen oder Parameter verstehen. Wenn Sie beispielsweise schon jemals in eine Bieter-Schlacht eingetreten sind, in der der Verlauf des Ausschreibungsverfahrens von den Organisatoren schon vorgegeben wurde und Ihre »Konkurrenten« Ihnen unbekannt sind, dann werden Sie wissen, wie es sich anfühlt, eingeschränkt und gewissermaßen entmachtet zu sein. *Das Ausschreibungsverfahren* wurde so gestaltet, dass alles ausgeschlossen wird, außer der Möglichkeit, ein Gegenangebot zu machen. Wenn das Bieten erst einmal begonnen hat, dann sind Sie tatsächlich entmachtet, außerhalb des Prozesses irgendetwas zu unternehmen. Der Auktionsprozess stellt sicher, dass die Macht ausschließlich durch den Konkurrenzdruck des Marktes ausgeübt wird. Alle Aspekte einer Bezie-

Verteilung von Wert

Wenn der Wert, der verhandelt wird, begrenzt oder fix ist, dann geht es in der Verhandlung nur noch darum, wer welchen Anteil von dem bekommt, was verfügbar ist. Dies steht im Gegensatz zur Schaffung von Werten, wenn zusätzlicher Wert durch den Austausch von geringen Kosten, hoher Wert geschaffen wird.

Das Ausschreibungsverfahren

Das Ausschreibungsverfahren, das vom Auktionator definiert und kommuniziert wird, gibt die zeitliche Abfolge der Gebote vor, entweder durch die Zeit, die zum Bieten verfügbar ist, oder durch die Anzahl der erlaubten Gebote, ob Mindestgebote oder ein Mindestmaß um das letzte Gebot erhöht werden muss, aber auch alle anderen Regeln, die ermöglichen, dass der Prozess unter den beteiligten Bietern ausgetragen wird.

hung der Verhandlungsparteien werden zweitrangig, da der Auktionator genauso mächtig wird wie die Interessen und der Wettbewerb, der in den Bieterprozess eingeführt wurde. Der Versuch, die besten Bedingungen innerhalb einer Auktion an sich zu ziehen, gleicht einer Verhandlung, in der Ihnen Handschellen angelegt wurden.

Macht und das Verständnis der einzelnen Person

Wenn Sie Ihren Markt, Ihre Optionen, die Auswirkungen von Veränderungen und so weiter verstehen, kann Ihnen das helfen, Ihre Marktmacht einzuschätzen. Wenn Sie aber in Verhandlungen mit einer anderen Person oder einem anderen Unternehmen stehen, dann müssen Sie auch die persönlichen Umstände kennen und natürlich auch den Charakter der Verhandlungspartner, mit denen Sie Geschäfte machen. Wie wir aus der Geschichte gelernt haben, korrumpiert in extremen Fällen einseitige absolute Macht vollkommen. Wenn Menschen über Macht verfügen, so ist die Versuchung groß, dass sie diese letztlich zu ihrem Vorteil nutzen werden. Der Druck und die Bedeutung mancher Punkte für die einzelne Person, können sich völlig von dem unterscheiden, was von dem Unternehmen, für das diese Person arbeitet, nahegelegt wird. Dies zu verstehen ist entscheidend, da das Verständnis von Macht innerhalb von Verhandlungen genauso wichtig ist wie Ihre Fähigkeit, am Verhandlungstisch überzeugend aufzutreten. Sie müssen Ihren Blick durch das Unternehmen auf die einzelne Person richten und diese verstehen. Sie verhandeln mit Menschen und nicht mit Unternehmen.

Macht und Verantwortlichkeit

Unternehmen haben Marken, Marktanteile, Kapital, Grundsätze und eine Hierarchie. Geschäftliche Verhandlungen werden allerdings immer von Repräsentanten der Unternehmen geführt, gleichgültig wie groß oder klein die Unternehmen sind.

Bei Verhandlungen sind die meisten Menschen auf irgendeine Weise anderen Personen gegenüber verantwortlich. Sie unterliegen der Verpflichtung, das Geschäft zu den »bestmöglichen Bedingungen« abzuschließen, selbst wenn dies bedeutet, flexibel und kreativ Differenzen zu beseitigen. Sie werden unter einem Zeitlimit arbeiten und bestimmte Ziele erreichen müssen, sich für ihre Handlungen rechtfertigen und innerhalb bestimmter Umstände handeln müssen, die oft nicht viel anders sind als diejenigen, denen Sie ausgesetzt sind. Sie beteiligen sich an den Verhandlungen, was bedeutet, dass sie in gewissem Umfang motiviert sind, ein Geschäft zu machen. Wenn diese Ihnen also beim nächsten Mal sagen, sie hätten kein Interesse an Ihrem Vorschlag oder daran, Vertragsbedingungen abzustimmen, dann fragen Sie sich: »Weshalb sind sie dann immer noch hier?« Das Wesentliche ist, in ihren Kopf zu kommen, ihre Gedanken zu lesen und ihre persönlichen Umstände zu verstehen.

- Welche Optionen haben sie?
- Welchem Zeitdruck sind sie ausgesetzt?
- Welchen Aufschlag würden sie für einen schnellen Abschluss akzeptieren?
- Welche Themen, außer dem Preis, haben für sie den größten Wert?

Vergessen Sie nicht: Wissen ist Macht.

Wie beeinflusst Macht Verhandlungen?

Einflussfaktoren

Die folgenden Faktoren haben den größten Einfluss in welchem Bereich des Ziffernblatts des Verhandelns eine Verhandlung stattfindet:

1. Der Grad der Abhängigkeit
2. Die Macht der Marke und die relative Größe beider Verhandlungsparteien
3. Die Vergangenheit und Präzedenzfälle
4. Die Aktivitäten der Konkurrenz und die Änderung der Marktbedingungen
5. Eine Partei hat mehr Zeit
6. Die Art des Produkts, der Dienstleistung oder des Vertrags
7. Die persönlichen Beziehungen

1. Der Grad der Abhängigkeit

Wer wen am meisten braucht oder das Ausmaß der Abhängigkeit zwischen beiden Parteien beeinflusst das Gleichgewicht der Kräfte zwischen Ihnen und denjenigen, mit denen Sie verhandeln, direkt. In der Wirtschaft versteht man darunter Angebot und Nachfrage.

- Wenn es einen Überfluss an Angeboten und wenig Nachfrage gibt, haben die Käufer, vorausgesetzt, sie haben einen Bedarf für das Angebot, mehr Macht.
- Wenn für das Produkt oder die Dienstleistung nur ein geringes Angebot besteht, die Nachfrage jedoch sehr hoch ist, dann hat der Verkäufer wahrscheinlich mehr Macht.

In den Rohstoffmärkten wird dieses ökonomische Grundprinzip genutzt, um die Preise für eine ganze Reihe von Produkten zu bestimmen: Diamanten, Autos, Öl und Bananen – und letztlich auch für Aktien von Unternehmen. Angebot und Nachfrage, und manchmal auch Knappheit, bestimmen den Spielraum, innerhalb dessen sich Verhandlungen bewegen. Das beeinflusst direkt die Optionen, die beiden Verhandlungsparteien zur Verfügung stehen und auch das Ausmaß der bestehenden Abhängigkeit.

Im Allgemeinen werden diejenigen, die Macht haben, sie nicht nur einsetzen, sondern normalerweise auch Möglichkeiten finden, sie auszunutzen. Macht dort aufzubauen, wo Sie damit Angebot und Nachfrage kontrollieren können, kann eine sehr effektive Möglichkeit sein, Ihre Verhandlungsposition zu stärken. Beispielsweise hat die Mineralölindustrie lange Jahre das Angebot durch die Festlegung einer Förderquote von X Millionen Barrel pro Woche festgelegt. Dies hatte direkten Einfluss auf den Benzinpreis.

Ungleiche Abhängigkeiten

Dies ist der Fall, wenn eine Partei stärker von der anderen Partei abhängig ist, was dazu führt, dass diese keine Verhandlungsmacht hat.

Wenn die Machtverteilung stark auf der Seite einer Partei liegt und Kooperation während der Verhandlungen erforderlich ist, kann die mächtige Partei sehr harte Verhandlungen führen. *Ungleiche Abhängigkeiten* können dazu führen, dass sich die Verhandlungen auf die rechte Seite des Ziffernblatts des Verhandelns (auf die konkurrenzbetonte Seite) bewegen.

Im Kontext von B2B-Verhandlungen, also Verhandlungen zwischen Unternehmen, führt absolute Abhängigkeit zu absoluter Macht, die Korruption

Fallstudie

Während des Wirtschaftsaufschwungs der 1990er-Jahre gab Mercedes Millionen von Euro für das Marketing seiner neuesten Baureihen der C- und E-Klasse aus. Die Nachfrage nach diesen qualitativ hochwertigen Autos war sehr hoch, da viele englische Unternehmen aufgrund von steuerlichen Veränderungen ihre Firmenwagenprogramme einstellten und dies den Autofahrern die Gelegenheit gab, selbst zu entscheiden, welches Auto sie fahren wollten.

Mercedes war mit seinen Finanzierungsoptionen sehr kreativ, wodurch diese »Traumautos« auch für diejenigen erschwinglich wurden, die früher – abhängig von einem Firmenwagenprogramm oder der Frage, mit welchem Hersteller ihr Unternehmen einen Leasingvertrag abgeschlossen hat – mit einem Ford oder Vauxhall vorliebnehmen mussten. Mercedes kontrollierte den Absatz der Autos, die nach England geliefert wurden, und die Aufteilung auf die Vertragshändler (Angebot und Nachfrage).

Die Wartezeit für viele Fahrzeuge betrug sechs Monate oder länger. Viele Autofahrer hatten sich bereits psychologisch auf eine Mercedes E-Klasse eingestellt und auch schon ihre/n Partner/in davon überzeugt, dass man sich ein solches Auto wegen der kreativen und einfachen Zahlungsbedingungen auch leisten konnte. Nun hatte man die Aussicht, um ein Fahrzeug zu verhandeln, das in den nächsten sechs Monaten aber nicht lieferbar war. Die Nachfrage war deutlich höher als das Angebot. Die Vertragshändler waren in einer starken Position, so dass sie über die angegebenen Preise nicht verhandeln mussten. In der Zwischenzeit wuchs in England ein Markt auf der Grundlage der Nachfrage nach qualitativ hochwertigen Autos. Bentley, Aston Martin, Ferrari und andere Marken, die manchmal eine zweijährige Warteliste hatten, lockten Händler an, die eine Anzahlung auf Autos leisteten, die sie gar nicht haben wollten. Weil die Nachfrage so hoch war, konnten sie ihren Platz auf der Warteliste zu einem späteren Zeitpunkt mit einem Aufschlag verkaufen.

fördert und zu schlechten Geschäften führen kann. Deshalb gibt es Wettbewerbs- und Kartellgesetze, durch die extreme Fälle von Marktmanipulationen durch nicht vorhandenen Wettbewerb verhindert werden sollen. Das Schaffen von Optionen oder von einem »Plan B«, bevor Sie in eine Verhandlung gehen, ist eine effektive Möglichkeit, die Abhängigkeit zu mindern und damit auch die Macht der anderen Partei zu schwächen. Deshalb ist die Schaffung einer *BATNA* ein wichtiges Element der Vorbereitung (siehe Kapitel 9). Solange Sie von einem Käufer oder einem Lieferanten völlig abhängig sind und davon ausgehen können, dass diese davon wissen, müssen Sie aus einer Position der Schwäche heraus verhandeln.

BATNA

Best Alternative to a Negotiated Agreement, sinngemäß die beste Alternative zu einer verhandelten Übereinkunft.

So schaffen Sie Optionen

Für den Fall, dass Sie sich einen Laptop kaufen wollen und sich für Dell entschieden haben, hat allein diese Entscheidung Ihre Optionen im Markt eingeschränkt. Entwickeln Sie Optionen und Möglichkeiten und stellen Sie sicher, dass die andere Seite sich darüber bewusst ist. Es könnte sein, dass Sie Ihre Entscheidung wegen der Zuverlässigkeit, des Preises des gesamten Pakets (inklusive Zubehör) oder der Anzahl der Extras, die Dell anbieten konnte, getroffen haben. Wenn Sie sich aber darauf eingestellt haben, einen Toshiba, IBM, Samsung *oder* einen Dell zu kaufen, vorausgesetzt Sie könnten vergleichbare Ausstattungsmerkmale und Zubehör bekommen, dann haben Sie Ihre Macht erhöht und damit die Wahrscheinlichkeit, ein besseres Geschäft zu machen.

Als kompletter Verhandler sollten Sie die Zeit nutzen, um proaktiv tätig zu werden und Ihre Optionen zu planen. Nehmen Sie sich die Zeit, um Alternativen zu schaffen, und Sie werden die Kräfteverteilung effektiver beeinflussen können.

Eine Herausforderung für Account-Manager, die nur einen Kunden betreuen, ist, dass der Kunde das weiß und somit genau weiß, wie wichtig er für den Account-Manager ist, der vor ihm sitzt. Einige Kunden sind so groß, dass ganze Teams diesen Account betreuen, und der Einkäufer auf Kundenseite weiß auch das nur zu gut. Wer hat nun die Macht in dieser Situation? Wie immer hängt dies von den anderen sechs Faktoren ab, die wir gerade erläutern wollen. Vorerst möchte ich in diesem Fall nahelegen, dass das Kräfteverhältnis nicht so einseitig ist, wie es den Anschein haben mag.

2. Die Macht der Marke und die relative Größe beider Parteien

Stellen Sie sich vor, Sie verantworten den Verkauf einer etablierten weltweit bekannten Limonadenmarke. Sie wissen, dass wirklich jeder Einzelhändler mehr von Ihrer Marke als von seiner Eigenmarke oder von der Marke eines weniger etablierten Limonadenherstellers verkauft. Der Einzelhändler akzeptiert, dass die Marge geringer ist, weil sehr viel in den Markennamen investiert wird und dadurch ausgeglichen wird, dass größere Mengen verkauft werden. Der Einzelhändler wird wahrscheinlich auch seine billigere Eigenmarke mit einer höheren Marge verkaufen, was zum Ergebnis führt, dass der Produktmix und der Margenmix optimiert werden.

In den Aufbau von Markennamen werden erhebliche Summen investiert. Um die Marke zu etablieren, haben manche Hersteller, über einen begrenzten Zeitraum hinweg, an den Zwischenhandel oder an die Einzelhändler ohne eine Marge oder sogar unter Herstellungskosten geliefert. Das Ziel ist hier, das Produkt im Markt zu positionieren und Nachfrage zu erzeugen, die Marke in das Bewusstsein der Verbraucher zu rücken und somit einen Marktanteil für sich zu gewinnen. Langfristig werden die Stärke der Marke und die Konditionen, die mit einer starken Marke ausgehandelt werden können, die Kosten des Markteintritts mehr als ausgleichen.

In manchen Fällen müssen die Einkäufer von Einzelhändlern bestimmte Produktlinien ins Programm nehmen, um ihren Kunden ein glaubwürdiges Produktsortiment anzubieten und um mit ihren Wettbewerbern konkurrieren zu können. Wenn sie das tun, nehmen sie Markenprodukte in ihr Sortiment auf, selbst wenn sie für diese Produkte nur eine geringere Marge verhandeln konnten. Und so sind hier beide Extreme im Spiel: Marken wurden aufgebaut und führen in Verhandlungen zu Macht, weil der Einkäufer sie braucht. Doch die gleichen Marken brauchen die Präsentation, um ihren Marktanteil zu behalten, und können deswegen nur begrenzte Macht haben. Wer braucht wen nun mehr und weshalb? Marken bieten Zuverlässigkeit,

Qualität und Kundentreue und das wird ein gewisses Gewicht in den Überlegungen des Einkäufers haben, wenn er versucht, seine Profitabilität zu maximieren und das Kräfteverhältnis innerhalb der Geschäftsbeziehung auszuwerten.

Die Macht der Marke

Wenn Macht erst einmal erworben wurde, wird sie im Geschäftsleben meist auch genutzt. Menschen oder Unternehmen mit Macht werden sie zu ihrem wirtschaftlichen Vorteil nutzen. Ich sage nicht, dass dies gut oder schlecht ist – es ist einfach so. Unternehmen investieren in ihre Marke oder in Innovationen, um sich eine Markt-

Fallstudie

Eine amerikanische Juwelierkette, die einen großen globalen Marktanteil hielt, entschloss sich, mit ihren Lieferanten längere Zahlungsziele zu verhandeln. Für die kleineren No-Name-Lieferanten fanden harte Verhandlungen, im Bereich 4.00 Uhr auf dem Ziffernblatt des Verhandelns, statt, in dem die Juwelierkette ihre ganze Macht ausspielte. Als die Kette jedoch mit den großen Uhrenmarken verhandelte, war das Kräfteverhältnis wesentlich ausgeglichener und das Ergebnis war, dass die Verhandlungen auf der wesentlich kooperativeren linken Seite des Ziffernblattes stattfanden. In einem Fall waren sie sogar im Bereich von 11.00 Uhr, als kreative Variable diskutiert wurden, etwa gemeinsame Investitionen in Expansionen in Übersee und exklusive neue Produktlinien.

Denken Sie unbedingt daran, dass Sie, trotz der Macht der Marke, immer noch mit Menschen verhandeln. Ihr persönlicher Druck, ihre Hoffnungen, Ziele, Optionen und Prioritäten unterscheiden sich oft stark von denen der großen Marken, die sie repräsentieren, und diejenigen Menschen, die verhandeln, empfinden diesen Druck als sehr real. Wenn das Kräfteverhältnis ausgeglichener ist, werden Verhandlungen wahrscheinlich eher zur linken kooperativen Seite des Ziffernblatts des Verhandelns tendieren.

position zu schaffen, und haben deshalb die Macht, die sie haben, verdient oder aufgebaut. Sie könnten ihre eigene Macht begründet haben, indem sie die Konkurrenz aus dem Markt vertrieben oder indem sie die Konkurrenz oder deren Marken gekauft haben.

Die Investition in die Markenentwicklung stattet die Marke mit »objektiver Macht« aus, was sicherstellt, dass in den Verhandlungen, als eine Art Rückzahlung für die Investitionen in die Marke, Vorzugsbedingungen erzielt werden können. Die Glaubwürdigkeit von Marken wird über alle Branchen hinweg aufgebaut: von Banken, Bauunternehmen und Automobilherstellern, bis hinunter zum Metzger um die Ecke. Unternehmen erkennen, wie der Aufbau einer differenzierten Marke und damit Kundentreue im Entscheidungsprozess der Verbraucher tatsächlich eine Macht darstellen kann. Mega-Marken wie Microsoft, Coca-Cola, Rolex, Rolls Royce und Dutzende anderer Marken haben davon profitiert, dass sie ihre Verhandlungsstärke direkt durch die Stärke der Marke aufgebaut haben.

3. Die Vergangenheit und Präzedenzfälle

Die Vergangenheit und Präzedenzfälle spielen ebenfalls eine Rolle, wie Menschen ihre Position zu begründen und zu legitimieren versuchen. »Letztes Mal haben wir uns auf einen Rabatt von 15 Prozent ab einem Umsatz von über 3 Millionen Euro geeinigt. Fangen wir also bei 15 Prozent an.« Die bestehenden Vertragskonditionen können als Begründung für eine *Ankerposition* dienen (siehe Seite 243, Kapitel 8). Wenn es nicht schon eine solch eindeutige und einvernehmliche Begründung gibt, werden viele verlangen, dass es zumindest einen Zusammenhang zwischen der alten und der neuen Vereinbarung geben muss.

Ankerposition
Eine Eröffnungsposition, die einen Anker setzt und damit die Erwartungen und Möglichkeiten des Verhandlungspartners einschränkt.

Dem können Sie entgegenwirken, indem Sie die vorherigen Verträge ganz einfach ignorieren und sagen, »Das war damals so«, wenn Sie ausreichend Macht haben, oder Sie ändern die Vereinbarung so, dass jegliche direkten Vergleiche erschwert werden.

Wenn alles andere gleich bleibt, dienen frühere Positionen dazu, Erwartungen zu wecken. Viele Unternehmen arbeiten hart daran, durch ständige Innovationen der Produkte oder der angebotenen Dienstleistungen den Vergleich von »Äpfeln mit Äpfeln« zu verhindern. Um dies zu erreichen, entschließen sich viele,

- die Person auszutauschen, die für die Beziehungen verantwortlich ist,
- bisherige Absprachen neu zu interpretieren,
- die angebotene Dienstleistung oder das gelieferte Produkt zu verändern.

Für Unternehmen ist dies ein normaler Bestandteil in ihrem Bemühen, die Art und Weise, wie sie handeln, wettbewerbsfähig zu halten.

Vereinbarungen aus der Vergangenheit und Präzedenzfälle dienen dazu, uns Bezugspunkte zu geben, von denen aus wir verhandeln. Wenn es zu Veränderungen kommt, zum Beispiel ein neuer Angestellter oder ein neues Team für einen bestimmten Account verantwortlich wird, oder wenn kürzlich eine Akquisition eines Konkurrenten stattgefunden hat und neue Personen ins Spiel kommen, können sich Ziele und Motive schnell ändern. Damit verbunden kann es auch zu Änderungen kommen, wie Geschäfte in der Vergangenheit gemacht wurden. Viele Unternehmen tauschen ihre Einkäufer systematisch aus, um sicherzugehen, dass Verträge aus der Vergangenheit leichter ignoriert werden können.

In anderen Fällen, etwa beim Firmenkundengeschäft in Banken, wird auf eine etablierte Beziehung und gemeinsame Erfahrungen großer Wert gelegt. Diese Beziehungen wurden über Jahre hinweg aufgebaut. Der Wert, den diese Beziehungen darstellen, kann zum kooperativen Verhalten beitragen, mit dem die Beziehung gepflegt wird. In jedem Fall weiß man, wie die Geschäfte in der Vergangenheit durchgeführt wurden, und das kann einen erheblichen Einfluss darauf haben, wie sie in der Zukunft geführt werden.

4. Aktivitäten der Konkurrenz und Änderung der Marktbedingungen

Während der Kreditkrise in den Jahren 2007 und 2008 machte sich eine bis dato noch nie dagewesene Unsicherheit in den meisten Branchen in den USA und in Europa breit. Die Preise für Gewerbeimmobilien, die Unternehmenswerte, Gewinnprognosen und letztlich auch das Gewinnwachstum wurden schwer getroffen. Unternehmen mit einem hohen Fremdkapitalanteil wurden verletzlicher und sogar Unternehmen mit vollen Auftragsbüchern sahen nicht mehr so sicher aus. Die Annahmen der Märkte hinsichtlich der Risiken wurden infrage gestellt. Bargeld wurde zum König erklärt, als die Rohstoffpreise zusammen mit dem Ölpreis Rekordhöhen erreichten und die Banken ihr Verhalten radikal änderten. Buchstäblich innerhalb von Monaten waren langfristige Verträge nur schwierig auszuhandeln, da Risikoscheu überlebenswichtig wurde. Diese Veränderungen stellten fast jede Prognose infrage. In Folge dessen wurden viele Verträge in einem völlig anderen Verhandlungsklima und -stil verhandelt oder nachverhandelt, das sich deutlich von denen der ursprünglichen Vereinbarungen unterschieden.

Die Unberechenbarkeit der Veränderung beeinflusst das Ausmaß, in dem Menschen bereit sind, sich zu etwas zu verpflichten ebenso wie das Ausmaß des Risikos, das sie einzugehen bereit sind. Mit anderen Worten: Stabilität und Sicherheit fördern die Grundlage für langfristige Vereinbarungen. In unserer sich ständig ändernden und schnellen Zeit spielt das Thema der Veränderung in jeder Verhandlung eine wichtige Rolle. Das betrifft das, was diskutiert wird, die Laufzeit eines jeden Vertrags und welche Partei dem Einfluss unkontrollierbarer Veränderungen stärker ausgesetzt ist.

Wenn Veränderungen Risiken und Werte beeinflussen, kann dies auch das Machtgefüge betreffen. Die Innovationen, das Marketing und die Strategie Ihrer Konkurrenten werden auf das, was Ihre Kunden als Optionen betrachten, Auswirkungen haben. Allein die Tatsache, dass Ihre Konkurrenten im Wettbewerb mitwirken, verleiht Ihren Kunden in Verhandlungen mehr Macht. Beispielsweise wird die Markteinführung eines neuen, qualitativ hochwertigen 60 Zoll HD-Fernsehgeräts, die etwa zehn Prozent der Endverbraucher direkt anspricht, einen direkten Einfluss auf den Absatz der Fernsehgeräte

Fallstudie

Ein in Italien lebender Student wollte für das folgende Jahr eine Urlaubsreise in die USA buchen. Die Wechselkurse und die Kerosinpreise schwankten. Darüber hinaus gab es Vermutungen, dass die italienische Regierung zum Zwecke des Umweltschutzes höhere Steuern auf Langstreckenflüge plane. Der Reiseveranstalter musste irgendwie einen Preis für diese Urlaubsreise anbieten, der auf bestimmten Annahmen beruhte. Nach den Geschäftsbedingungen war das Reisebüro berechtigt, im Fall von signifikanten Preiserhöhungen einen Aufpreis zu verlangen. Was wäre, wenn alle diese drei Veränderungen verursachten, dass der Student zum Reisezeitpunkt einen deutlich höheren Aufpreis bezahlen müsste und er sich die Urlaubsreise nicht mehr leisten könnte? Welche Absicherung hatte der Student und welche Risiken trägt er damit? In welchem Umfang hat das Reisebüro einige dieser Risiken in seinen Pauschalpreis einkalkuliert oder sich gegen diese Risiken versichert?

Mit einer ganz einfachen Transaktion wie der Buchung einer Urlaubsreise können Sie anfangen, die Risiken zu untersuchen, die mit Veränderungen in Verbindung stehen, die wir nicht kontrollieren können, die aber dennoch Auswirkungen auf die Gesamtkosten des Geschäfts oder des Angebots haben können.

der Konkurrenz haben. Dies wiederum wird ihren Absatz beeinflussen und damit auch die Stärke gegenüber ihren Großhändlern und dem Einzelhandel.

5. Eine Partei hat mehr Zeit

Zeit und Umstände stellen die größten Hebel für Macht in Verhandlungen dar. Wenn jemand sofort verkaufen muss, ganz gleich aus welchem Grund, dann wird er unter Zeitdruck stehen und wenn die Umstände ihm nur wenige Optionen gestatten, wahrscheinlich eher Zugeständnisse machen. Wenn es Ihnen gelungen ist, sich in seinen Kopf zu versetzen und seinen Zeitdruck zu erkennen, dann haben Sie mehr Macht, die Sie ausüben können. Wie Sie diese aber nutzen wollen, ist von Ihren Zielen abhängig, Ihrer Beziehung und der Art des Geschäfts.

Zeit und Umstände verändern sich ständig und deswegen ist auch der Wert oder der wahrgenommene Wert ständigen Veränderungen unterworfen. Deshalb sollten Sie niemals unterstellen, wie groß der Wert oder die Bedeutung irgendeiner Variablen im Geschäft für die andere Partei ist.

Ihre Aufgabe als Verhandler ist es immer, die Prioritäten und Interessen der anderen Partei zu prüfen und einzuordnen. Jedes Unternehmen, das unter Druck steht, eine Entscheidung treffen muss, ein Angebot machen muss, eine Lieferung erwartet oder ein Geschäft abschließen muss, wird durch Zeitdruck eingeengt und wird bereit sein, einen Aufschlag für das zuzugestehen, was erforderlich ist, um seinen Schlusstermin noch zu erreichen. Für Sie ist das Verständnis des Drucks, dem die andere Partei unterliegt, das offensichtlichste Mittel, um das Kräfteverhältnis innerhalb der Beziehung zu bestimmen. Allerdings ist eine Partei, die heute unter Zeitdruck bereit ist, mehr zu bezahlen, in der nächsten Woche möglicherweise nicht mehr in dieser Position. Wenn Sie also diese Gelegenheit zu lange hinauszögern, dann werden Sie die Macht, die Sie hatten, verlieren, da sich die Umstände der anderen Partei verbessern.

In einigen Fällen können Zeit und Umstände so beeinflusst werden, dass diejenigen, die proaktiv den Ablauf einer Verhandlung kontrollieren, an Macht gewinnen werden. Wenn Sie beispielsweise mit einer Reihe von Kunden oder Lieferanten verhandeln, dann wird die zeitliche Einordnung einer jeden dieser Verhandlungen und die Art und Weise, wie der Abschluss jeder dieser Verhandlungen den verbleibenden Kunden oder Lieferanten kommuniziert wird, deren Erwartungen, deren Macht und deren Verhalten beeinflussen.

In ihrem Buch *3D Negotiation* beschreiben die Autoren David Lax und James Sebenius, dass die dritte, sehr oft übersehene Dimension des Verhandelns die Reihenfolge von Ereignissen ist, die wie auf einer Karte aufgezeichnet werden können, was dazu beiträgt, das eigene Moment zu erhöhen und an Macht zu gewinnen. Sie beschreiben, wie sich das von der Art unterscheidet, wie Menschen normalerweise Verhandlungen nur durch Taktiken und Verhaltensweisen defi-

Fallstudie

Das Führungsteam einer Einkaufsgemeinschaft wollte unbedingt einen sehr leistungsstarken Einkäufer von einem Wettbewerber abwerben und entschloss sich, einen Versuch zu wagen. Sie hatten ein informelles Treffen, in dem der umworbene Einkäufer erklärte, dass ihm seine gegenwärtige Rolle gefiele und er zu einem Wechsel nicht bereit sei, insbesondere weil dies einen Umzug bedeuten würde. Der Direktor der Einkaufsgemeinschaft akzeptierte die Position des Einkäufers und am Ende der Besprechung verabschiedeten sie sich per Handschlag. Bei dieser Gelegenheit übergab der Einkäufer dem Direktor seine Visitenkarte. Auf der Rückseite stand handgeschrieben »Einkaufsdirektor« und das Wunschgehalt. »Rufen Sie mich an, wenn die Zeiten besser sind«, sagte der Einkäufer. Sechs Monate später erhielt er den Anruf. Tatsächlich hatten sich zu diesem Zeitpunkt die Umstände geändert und der Einkäufer war an einem Wechsel interessiert.

nieren. Die Festlegung einer Abfolge ermöglicht es Ihnen, Zeit und Umstände zu beeinflussen, und damit Bedingungen zu schaffen, die es Ihnen erlauben, die Machtverhältnisse in der Verhandlung zu kontrollieren.

6. Die Art des Produkts, der Dienstleistung oder des Vertrags

Das Verhandeln eines komplexen Bauprojekts oder einer Unternehmensübernahme ist, schon der Art nach, eine weitaus schwierigere Aufgabe, als vom örtlichen Automobilhändler ein Fahrzeug zu kaufen. Im Gegensatz dazu erfordert der Abschluss eines Vertrags über Dienstleistungen im IT-Bereich einen völlig anderen Ansatz und eine ganz andere Agenda als beispielsweise das Verhandeln der Abfindung nach dem Scheitern einer Ehe. Die unterschiedlichen Beziehungen, die eine Rolle spielen, und die verschiedenen gewünschten Ergebnisse in der Verhandlung führen in der Regel dazu, dass jede Verhandlung einzigartig ist.

Beispiel: Kauf eines Autos

Wenn Sie privat ein gebrauchtes Auto kaufen wollen, werden Sie wahrscheinlich mit dem derzeitigen Besitzer einen Preis festlegen wollen. Zwei Informationen würden Ihnen helfen, die Eckdaten für die Verhandlung zu bestimmen. Erstens der Preis, den der Besitzer fordert, der ganz offensichtlich die Eröffnungsposition ist. Zweitens, zu welchem Preis dieses Modell mit diesem Alter üblicherweise verkauft wird. Beide Parteien sind sich dessen bewusst und letztlich geht es nur noch um den Preis. Der Käufer wird versuchen, die Hoffnungen des Verkäufers zu senken, indem er auf einige Mängel verweist, die noch zu erledigen sind, bis das Auto in Ordnung ist. Der Verkäufer könnte versuchen, den Preis anzuheben, indem er die Zuverlässigkeit des Fahrzeugs hervorhebt und dass es aus erster Hand verkauft wird. Keines dieser Argumente wird die Verhandlungen beeinflussen, solange man nicht darauf hört. Es besteht keine Erwartung, dass es nach diesem Geschäft zu einer weiteren Beziehung kommen wird, wenige Themen, die man verhandeln kann, und deshalb ist zu erwarten, dass die Verhandlung in Form von Feilschen oder Handeln erfolgen wird (Bereich 4.00 bis 5.00 Uhr auf dem Ziffernblatt des Verhandelns).

Stellen Sie sich nun vor, Sie wären in einer Position, mehr Geld ausgeben zu können, und Sie würden sich entschließen, bei einem ortsansässigen Gebrauchtwagenhändler zu kaufen. Können die abgefahrenen Reifen ersetzt werden? Kann der Händler ein konkurrenzfähiges Finanzierungsprogramm anbieten? Sowohl die Möglichkeit einer Beziehung über den unmittelbaren Abschluss hinaus und eine breitere Agenda, die diskutiert werden kann, führen eher dazu, dass die Verhandlung in Form von Zugeständnissen verhandelt oder sogar in einer Win-Win-Umgebung geführt werden könnte (Bereich von 7.00 bis 8.00 Uhr auf dem Ziffernblatt des Verhandelns).

Betrachten Sie abschließend dieselbe Transaktion, doch nun beabsichtigen Sie, ein neues Auto bei einem Vertragshändler zu kaufen. Serviceleistungen, Preissenkung und künftige Inzahlungnahmen, Sonderausstattungen am Auto und sogar die Fahrzeugversicherung gehören nun zur Agenda Ihrer Diskussion. Der Gesamtwert gewinnt an Bedeutung und das Geschäft könnte sehr wohl in Form einer Partnerschaft oder sogar gemeinsamen Problemlösung erfolgen oder sogar im Aufbau/Ausbau einer Beziehung über die Bühne gehen

(Bereich von 10.00 bis 11.00 Uhr auf dem Ziffernblatt des Verhandelns).

In diesen drei Szenarien haben sich zum einen die Bandbreite der verhandelbaren Themen und die Möglichkeit einer Geschäftsbeziehung, die über eine reine Transaktion hinausgeht, verändert. Der Gegenstand, das Fahrzeug, bleibt weitestgehend gleich, doch in jedem Fall ändert sich die Form des Verhandlungsstils.

Beispiel: Das Outsourcing eines Reinigungsvertrags

Stellen Sie sich vor, sie wollten einen Reinigungsvertrag an einen Subunternehmer vergeben. Themen wie Anforderungen, Qualität, Zuverlässigkeit, Leistungsbeurteilung und Vertragslaufzeit würden ebenfalls verhandelt werden. Mit bis zu zwanzig Themen, die diskutiert werden müssen, und einer nachfolgenden Geschäftsbeziehung könnten Sie zur Auffassung kommen, dass eine Win-Win-Verhandlung im Bereich von 8.00 Uhr auf dem Ziffernblatt des Verhandelns der angemessene Verhandlungsstil sein könnte, der angewendet werden sollte.

Wenn allerdings das Kräfteverhältnis eindeutig auf Ihrer Seite liegt (beispielsweise, es gibt zehn Unternehmen, die alle gerne für Sie arbeiten möchten, die alle in der Lage sind, Ihren Anforderungen gerecht zu werden – und das zu einem sehr ähnlichen Preis), könnten Sie sich entscheiden, den von Ihnen ausgewählten Dienstleistern die Bedingungen zu diktieren und um den Preis im Bereich 4.00 Uhr zu feilschen. Sie könnten sogar die Gelegenheit nutzen, im Bereich von 2.00 Uhr eine Ausschreibung durchzuführen und alle Anbieter für den Vertrag bieten zu lassen. Das würde Ihnen sicherlich ein gutes kurzfristiges Geschäft einbringen, aber es könnte immer noch das Risiko bestehen, dass der »Gewinner« des Vertrags sich als nicht tauglich erweist, die Anforderungen des Vertrags bei der Umsetzung auch zu erfüllen. In diesem Fall könnte die Aussicht auf die Unannehmlichkeiten, den Dienstleister zu wechseln, und der Zeitverlust durch die Überprüfung und Auflösung des Vertrags Sie dazu bringen, über kreativere Möglichkeiten nachzudenken, wie die Verhandlungen geführt werden könnten. Dies könnte im Endeffekt dazu führen, dass das Reinigungsunternehmen auch motivierter ist, die angebotene Leistung auch wie versprochen zu erbringen.

Es gibt kein richtig und kein falsch. Ihre Verantwortung als Verhandler ist es, abzuwägen zwischen dem, was Sie erreichen wollen und welches Vorgehen in der Verhandlung am wahrscheinlichsten die möglichen Risiken und Vorteile abdeckt.

7 Die persönlichen Beziehungen

In jeder Kultur spielen Beziehungen und Vertrauen eine Rolle für das Klima in der Verhandlung. Das gegenseitige Verständnis der Position und der Bedürfnisse der jeweils anderen Partei durch Sondierungsgespräche ist sehr wichtig, wenn eine breitere Agenda verhandelt werden soll, die mehr als nur den Preis beinhaltet. So können beispielsweise Bereiche, in denen beide Parteien Risiken eingehen oder andere den Wert des Geschäfts erhöhende Möglichkeiten, wie etwa Spezifikationen, gemeinsame Investitionen oder das Management von Risiken, untersucht werden. Die meisten Menschen machen lieber Geschäfte mit Menschen, denen sie vertrauen und die sie respektieren. Das Ausmaß, in dem Vertrauen vorliegt, wird nahezu immer das Klima oder die Offenheit in der Verhandlung beeinflussen, aber auch die Position auf dem Ziffernblatt des Verhandelns, auf der die Verhandlung stattfindet.

Allerdings dürfen wir Vertrauen und Respekt nicht damit verwechseln, von der anderen Partei gemocht zu werden. Viele Menschen haben das Bedürfnis, gemocht zu werden, was, wenn sie nicht aufpassen, zu unnötigen und nicht an Bedingungen geknüpften Zugeständnissen führen kann. Diese Zugeständnisse können kurzfristig Wert vernichten, weil angenommen wird, dass sich die andere Partei irgendwann in der Zukunft mit einer Gegenleistung erkenntlich zeigen wird. Es ist durchaus möglich, auf diese Weise vorzugehen, aber nur dann, wenn die Beziehung stark genug ist, und nur dann, wenn die Folgen aus einem Bruch der Beziehung für den langfristigen Erfolg aller Beteiligten langfristig nachteilig sind.

Respekt muss man sich verdienen und wird eher gewährt, wenn man bestimmt, konsequent und zuverlässig ist, und eher nicht durch zu große Flexibilität oder durch bedingungslose Zugeständnisse. Selbst wenn Sie das Gefühl haben, dass andere unfair, rücksichtslos, unnachgiebig oder in ihrem Verhalten sogar arrogant sind, ist es Ihre

Aufgabe, hinter dieses Verhalten zu sehen und eine rationale, nüchterne und emotionslose Bestandsaufnahme des Kräfteverhältnisses anzustellen. Eine emotionale Reaktion auf die Position und die Forderungen der anderen Verhandlungspartei wirken sich nur zu deren Vorteil aus. Ganz ähnlich ist es, wenn Sie in einer Position der Stärke sind: Nutzen Sie diese, um Ihre Position durchzusetzen und die Verbindlichkeit der anderen Partei für die Übereinkunft zu gewinnen, nicht jedoch, um die Situation für die andere Partei zu erschweren. Denken Sie daran, dass es bei Verhandlungen nicht um das »Gewinnen« geht, im dem Sinne, die andere Partei »zu besiegen«.

Großzügigkeit führt zu Unterwürfigkeit: Unnötige Zugeständnisse werden zuweilen damit entschuldigt, dass man damit die Beziehung aufrechterhalten will. Manche Menschen lügen sich in die eigene Tasche, wenn sie glauben, dass dies notwendig sei, und rechtfertigen es, indem sie sagen, dass es ohne Zugeständnisse schwierig gewesen wäre, die Beziehung und die Kooperation der anderen Partei aufrechtzuerhalten. Allerdings habe ich in meinen Erfahrungen als Verhandler immer festgestellt, dass Großzügigkeit Gier erzeugt. Je mehr Sie geben, umso mehr wird die andere Partei haben wollen. Es bedarf nicht viel, den notwendigen gegenseitigen Respekt zu fördern, der erforderlich ist, um eine angemessene Geschäftsbeziehung zu pflegen.

Es ist richtig, dass Verhandlungen ohne ein gewisses Maß an Vertrauen wahrscheinlich nur das Gefühl von Transaktionen aufkommen lassen und somit auf die Dauer schwierig werden können. Gleichermaßen kommt mit zu viel Vertrautheit auch Nachlässigkeit auf und der Gesamtwert und die Gelegenheit, zusätzlichen Wert zu schaffen, werden gefährdet. Aus diesem Grund wechseln Unternehmen systematisch ihre Einkäufer aus, um sicher zu sein, dass eine persönliche Beziehung einem guten Geschäft nicht im Weg steht. Ihre Herausforderung ist es, die richtige Ausgewogenheit zwischen Förmlichkeit und Verständnis zu finden.

Umstände, die Einfluss auf Macht haben

Macht kann nur wirksam werden, wenn sie glaubhaft und anwendbar ist. Allerdings gibt es viele Lehren aus der Vergangenheit, die die

Ansicht stützen, dass die Wahrnehmung von Macht ebenso gut wie reale Macht funktionieren kann, die aus dem Wissen beider Parteien um Fakten abgeleitet wird.

Der Eindruck von Macht kann schon vor Beginn von Verhandlungen erzielt werden, wenn Gleichgültigkeit bekundet wird, alternative Optionen oder die derzeitigen Geschäftsbedingungen aufgezeigt werden. All dies dient dazu, Ihre Erwartungen zu beeinflussen und den Anschein zu erwecken, dass die andere Partei aus einer Position der Stärke verhandelt. Wenn Sie das versuchen, wenn die Diskussionen schon begonnen haben, wäre das durchschaubar und nutzlos. Verhandler nutzen die Fertigkeit des Positionierens über Jahre hinweg, um dies zu erreichen. Der komplette Verhandler kennt den Wert, die Fakten über die aktuellen Umstände um die Beteiligten herum eindeutig zu positionieren.

Die wichtigsten Faktoren, die das Kräfteverhältnis zwischen Ihnen und der anderen Partei beeinflussen, sind

- Bedarf und Abhängigkeit,
- Zeit und Umstände,
- Drohungen und Konsequenzen,
- Angebot und Nachfrage (Knappheit), und
- Informationen, Transparenz und Wissen.

Die Machtverteilung kann oft genauso so viel zu tun haben mit der Wahrnehmung von Macht wie mit objektiven und realen Maßstäben. Entscheidend für jede Machtverteilung bei Verhandlungen ist, wie Bedarf und Abhängigkeit gesehen werden. Wer braucht wen am meisten? Oder braucht einer den anderen überhaupt? Die Tatsache, dass beide Parteien an einem Tisch sitzen, weist darauf hin, dass es ein gewisses Interesse geben muss, miteinander Geschäfte zu machen. Doch Macht, oder die Wahrnehmung von Macht, wird eine entscheidende Rolle dabei spielen, welche Fortschritte die Verhandlung macht. Erst müssen wir allerdings Macht verstehen, sie danach aufbauen und dann entscheiden, auf welche Weise man sie anwenden will.

Bedarf und Abhängigkeit

Bedarf und Abhängigkeit sind der Kern der Machtverteilung. Wenn Sie kein Geschäft machen müssen und nicht von der anderen

Partei abhängig sind, wird Ihre Position der »Gleichgültigkeit« Sie mit viel Macht ausstatten, vorausgesetzt, dass Sie beide das wissen und glauben, dass es stimmt – der wichtigste Grund, weshalb Verhandler so hart daran arbeiten, während Verhandlungen gleichgültig zu bleiben. Jegliches Erfordernis, eine Vereinbarung zu erzielen, wird normalerweise durch persönliche Umstände beeinflusst, gleichgültig, welcher Art sie sein mögen. Was Bedürfnis und Abhängigkeit für Sie bedeuten, wird für jede Beziehung und jede Situation einzigartig sein.

Der professionelle Pokerspieler erkennt, dass sein Blatt nur so stark ist wie das Blatt, das er den anderen Mitspielern zugesteht. Dieses müssen die Spieler kalkulieren, bevor sie entscheiden, welches Spiel sie spielen werden. In ihrem eigenen Kopf könnten sie verletzlich werden, wenn sie über die Stärke ihres eigenen Blatts nachdenken. Deshalb richten sie ihre Aufmerksamkeit auf die Gewohnheiten und die Sprache der anderen Spieler, um die Stärke der anderen Blätter herauszufinden, bevor sie in Aktion treten.

Es ist wichtig, Macht zu verstehen und welchen Einfluss sie auf Ihre Erwartungen und die der anderen Partei hat. Die Art und Weise, wie die meisten Menschen Macht abschätzen, resultiert aus instinktiven subjektiven Wahrnehmungen, die aus der Beobachtung der anderen Partei abgeleitet werden, oder öfters auch aus eindeutigen sachlichen Markthinweisen. Wenn Sie der einzige Lieferant sind, der etwas liefern kann, ohne dass Ihr Kunde nicht auskommen kann, dann wird der Kunde wahrscheinlich so viel bezahlen, dass er bekommt, was er braucht. Natürlich sind nur wenige Beziehungen so einseitig oder bleiben sehr lange in einer solchen Situation. Macht wird oft sehr subjektiv gemessen, was heißen soll, dass Gefühle, Instinkt, Umstände und Verhalten bestimmen, wie Sie eine Situation bewerten.

In den vielen Fällen, in denen ich Planungen für Verhandlungsrunden mit verschiedenen Teams aus verschiedenen Unternehmen unterstützte, stellte ich immer die Frage nach dem Machtgefüge: »Zu wessen Gunsten ist die Macht in Ihrer Geschäftsbeziehung zwischen Ihnen und dem Käufer/Verkäufer verteilt?« In über 70 Prozent der Fälle lautete die Antwort: »Zu Gunsten der anderen Partei!« Weshalb? Weil die meisten von uns nur in ihrem eigenen Kopf leben. Es ist schwierig für uns, den Druck, unter dem die andere Partei steht, zu sehen, zu fühlen oder zu verstehen. Deshalb konzentrieren wir uns auf das, was uns betrifft, und dies untergräbt natürlich unsere eigene Machtposition. Wenn wir aus unserem eigenen Kopf heraus verhandeln, kann das gefährlich sein. Die Machtverteilung zwischen

Fallstudie

Carlos Silva betrieb ein Franchiseunternehmen, einen Autoverleih an einem regionalen spanischen Flughafen. An einem Abend war die Ankunft des letzten Flugzeugs verspätet und, als es letztlich eintraf, hatten die anderen Autovermieter schon geschlossen. Es war ein Freitag und Carlos hatte in dieser Woche nur wenig Umsatz. Er musste noch ein Auto vermieten, um sein Wochen-ziel zu erreichen, und das war auch der Grund, weshalb er sein Büro noch offen hielt. Er wusste, dass noch ein verspäteter Flug ankommen würde. Ein Geschäftsmann kam in sein Büro und sagte, er müsse hier und sofort ein Auto mieten. Der Geschäfts-mann sah sehr angespannt aus und sagte, dass dies die einzige geöffnete Autovermietung sei. Carlos wusste das bereits. Er wusste auch, dass für den Geschäftsmann keine anderen Reise-möglichkeiten verfügbar waren (Angebot und Nachfrage). Der Geschäftsmann hatte Bedarf, und Zeit und Umstände waren gegen ihn. Somit war Carlos in einer sehr starken Position. Hätte er nur mit seinem eigenen Kopf gedacht, hätte er den Auftrag sofort angenommen, erleichtert, dass er nun sein Ziel für diese Woche erreicht hatte. Carlos beschloss aber, einige Fragen zu stellen, um die Situation des Geschäftsmannes auszuloten, des-sen Umstände zu prüfen, dessen Optionen einzuschätzen, des-sen absolute Abhängigkeit zu definieren und dann vermietete er ihm das größte Auto seines Fuhrparks zum doppelten Preis eines Fahrzeugs dieser Preiskategorie. Er bot dem Geschäfts-mann nur begrenzte Informationen über die Optionen an, die er hatte, und maximierte so diese günstige Gelegenheit. Der Ge-schäftsmann war so erleichtert, dass er ein Auto bekommen hatte, dass Größe und Preis zweitrangige Themen wurden.

Fallstudie

Ein Lebensmittelgeschäft hatte den Geschäftsgrundsatz, wann immer es möglich war, Produkte aus der Umgebung einzukaufen und zu verkaufen. Die Kunden mochten das und die Landwirte in der Umgebung profitierten von diesem Prinzip. Es gab am Ort zwei landwirtschaftliche Betriebe als Lieferanten, von denen er Speck, Koteletts, Haxen, Würstchen, und sogar Schweineohren bezog. Einer der Landwirte entschloss sich, in den Ruhestand zu gehen und seinen kleinen Hof zu verkaufen. Der Käufer des Hofs war ein einheimischer Milchbauer, der aber entschied, die Schweinezucht nicht weiter zu betreiben und daher kein Schweinefleisch mehr zu liefern. Damit hatte der Lebensmittelhändler nur noch einen lokalen Lieferanten für Schweinefleisch. In den nächsten Monaten erhöhte der verbleibende Schweinezüchter seine Preise. Der Lebensmittelhändler bestellte weiterhin ordentliche Mengen, weil er ja Ware aus der Umgebung im Angebot haben wollte. Der Lebensmittelhändler, der zwanzig Läden betrieb, erkannte die Macht, die er eindeutig verloren hatte, weil es in der Umgebung für den Schweinezüchter keine Konkurrenz mehr gab und er immer noch an seiner Strategie festhielt, Ware aus der Umgebung zu verkaufen. Dann machte er dem Milchbauern einen Vorschlag. Er schlug ihm ein Gemeinschaftsunternehmen vor und garantierte ihm, in den nächsten drei Jahren 50 Prozent seines Bedarfs an Schweinefleisch bei ihm zu bestellen, und bot ihm an, auch ihm die hohen Preise zu zahlen, die er bereits dem einzigen anderen Schweinezüchter der Region bezahlte. Die Chance, eine so hohe Gewinnspanne zu erzielen, überzeugte den Milchbauern. Innerhalb von drei Monaten konnte der Lebensmittelhändler mit dem anderen Lieferanten von Schweinefleisch neu verhandeln und es gelang ihm, die Preise wieder auf das Niveau des Vorjahres zu senken. Dazu nutzte er die Drohung, sein Schweinefleisch ausschließlich von dem ehemaligen Milchbauern zu beziehen, mit dem er ein Gemeinschaftsunternehmen gegründet hatte, damit er eine dem Wettbewerb entsprechende Preisgestaltung sicherstellen konnte.

den Beteiligten ist in den meisten Verhandlungen wesentlich ausge-wogener als wir selbst glauben wollen.

Für den kompletten Verhandler ist es wichtig zu erkennen, dass selbst dann, wenn die Machtverteilung eindeutig gegen Sie gerichtet ist, Sie immer noch beginnen können, die Abhängigkeiten zwischen Ihnen und der anderen Partei mit der Zeit zu verändern und somit auch die Machtverteilung zu verschieben.

Zeit und Umstände

Viele Unternehmer haben bemerkt, dass erfolgreiche Verhandlun-gen meistens auf das richtige Timing zurückzuführen sind. Erken-nen Sie den richtigen Zeitpunkt, dann ist die Situation am Verhand-lungstisch zu Ihren Gunsten. Was aber ist, wenn der Zeitpunkt für einen Geschäftsabschluss für Sie ungünstig ist? Die andere Partei könnte viele Optionen haben und Ihre Ideen und Vorschläge zurück-weisen. Die Antwort ist: Gestalten Sie die Ereignisse so, dass Sie Macht aufbauen, indem Sie die Kontrolle der Zeit und der Umstände übernehmen. Wie aber können Sie dies bewirken?

Wenn Zeit und Umstände Optionen beeinflussen, dann können Sie, indem Sie die Umstände durch die Abfolge von Ereignissen be-einflussen, effektiv Macht zu Ihren Gunsten aufbauen. Mit anderen Worten: Sie können die Kontrolle über Zeit und Umstände übernehmen, wodurch Sie aus einer Position der Stärke heraus verhandeln können. Das kann auch die Entwicklung von Optionen einschließen (Ihre BATNAs – Best Alternative To a Negotiated Agreement), die Reihenfolge, in der Sie verhandeln, um Ihre BATNAs näher zu be-stimmen, insbesondere wenn Sie mit einer Reihe von Kunden oder Lieferanten eine Vereinbarung treffen müssen.

Diese Art von Ansatz wird in vielen Branchen angewendet, wenn bei der Entwicklung der Vorgehensweise für die Verhandlung bereits strategische Elemente einbezogen werden und proaktiv geplant wird. Wäre im Fall der Reifenfirma eine einseitige Forderung an alle Kun-den verschickt worden und hätte die Firma vollkommen ohne Plan den einzelnen Kunden geantwortet, dann wäre das Resultat weitaus unsicherer gewesen.

Fallstudie

Ein Reifengroßhändler in Brasilien hatte einen Vertrag, eine Reihe von Einzelhändlern und Spezialisten für Autoreifen und Auspuffanlagen zu beliefern. In Brasilien kann man Autoreifen im Lebensmittelgeschäft kaufen. Kürzlich, unter einem neuen Inhaber, ging der Reifengroßhändler in die alljährlichen Verhandlungen und hatte vor, gegenüber allen seinen Abnehmern eine Preissteigerung von acht Prozent durchzusetzen. Jeder Kunde wurde nach seiner Größe und nach seinem Vertriebskanal kategorisiert. Der Reifengroßhändler analysierte weiterhin, wo Bedingungen bestanden, die es ihm ermöglichten, schnelle Gewinne (Verträge) zu erzielen, und wo es auch wahrscheinlicher war, weiterhin ohne ernsthafte Konsequenzen zusammenzuarbeiten. Diese kleineren Kunden wurden der ersten Verhandlungsrunde zugewiesen, die etwa vier Wochen dauern sollte. Als diese Verhandlungen beendet waren, wurden die Ergebnisse über die Presse bekanntgemacht. Zu dieser Zeit begann die zweite Phase mit einigen schwierigeren Verhandlungen. Einige Präzedenzfälle waren schon unter Dach und Fach (die frühen Verträge aus der ersten Phase), die besagten, dass die Preise im Markt akzeptiert und an die Verbraucher weitergereicht würden. Die schwierigste Kategorie der Kunden sparte man sich für die dritte Phase auf, wobei die letzten drei Kunden in dieser Phase 30 Prozent des Marktanteils ausmachten. Da 70 Prozent des Marktes bereits unter Vertrag waren, stellten diese für den Reifengroßhändler eine größere Macht dar. Er war nun in einer glaubwürdigen Situation und konnte, falls erforderlich, drohen, mehr in die Kunden aus den ersten beiden Phasen zu investieren, wenn die Kunden der dritten Phase nicht bereit waren, den neuen Preisen zuzustimmen. Die Aufteilung der Verhandlungen in drei unterschiedliche Phasen hatte Macht und ein Momentum geschaffen, was es ermöglichte, mit allen Kunden neue Verträge abzuschließen.

Drohungen und Konsequenzen

Wenn Sie mit Drohungen und Konsequenzen konfrontiert werden, ist es wichtig, deren Glaubhaftigkeit zu überprüfen. Hat die andere Partei die Macht, die Drohungen wahr zu machen? Blufft sie oder handelt es sich um eine reale Drohung? Wird es ihr schaden, wenn sie die Drohung realisiert? Hat sie wirklich die Optionen, die sie zu haben behauptet?

Obwohl Transparenz dazu beiträgt, etwas von dem »Nebel« bei der Entscheidungsfindung zu vertreiben, ob eine Drohung real oder angedeutet ist, brauchen Sie so viel Klarheit wie möglich bei der Einschätzung der Situation. Ohne diese Klarheit müssen Sie von einer unklaren, wenn nicht sogar eingeschränkten Position aus handeln – gleichgültig, wie das Kräfteverhältnis innerhalb Ihrer Beziehung aussehen mag.

Wenn Sie mit Ihrer Familie verhandeln, gibt es allerdings einen Unterschied. Hier sind die meisten Drohungen transparent und Sie werden wissen, ob sie die notwendige Macht haben, um die Drohungen in die Realität umsetzen zu können oder nicht. Innerhalb Ihres eigenen Unternehmens ist es einfacher, die Wahrscheinlichkeit einzuordnen, mit der eine Drohung wahr gemacht werden könnte. Mit Kunden und Lieferanten allerdings, insbesondere in neuen Geschäftsbeziehungen, wird es wesentlich schwieriger sein, zwischen den gezeigten Signalen und der Realität zu unterscheiden.

Taktische Spielchen

Taktiken können genutzt werden, um eine Drohung oder Konsequenzen zu übermitteln, um so eine Situation zu manipulieren. Manchmal geschieht dies durch die Einführung falscher Zeitpläne oder durch Ultimaten, die von einer höher gestellten Autorität, etwa dem Chef der anderen Partei eingeführt wurden. Sie werden genutzt, um Druck auszuüben oder Dringlichkeit zu erzeugen. Falls die andere Partei versucht, diese einzusetzen, dann bewerten Sie diese Drohungen. Fragen Sie die andere Partei, was geschehen wird, und erkunden Sie, was als Nächstes geschehen würde, ohne jedoch solche Suggestivfragen zu stellen, die dazu führen würden, dass Sie sich selbst eine Grube graben, etwa »also haben Sie in dieser Angelegenheit keine andere Möglichkeit?« Die Idee hinter der Bewertung solcher Forderungen ist es zu versuchen, herauszufinden, ob man die Drohung wahr machen würde oder ob dies ein Ablenkungsmanöver ist. Natürlich wird die andere Partei niemals zugeben, dass dem so ist, und deshalb ist es Ihre Aufgabe, die Wahrscheinlichkeit einzuschätzen, allerdings unter Einbeziehung aller Umstände, denen Sie ausgesetzt sind.

Fallstudie

Ein Markenhersteller von Müsli wurde von einem seiner größten Einzelhändler in eine unangenehme Position gebracht, der von ihm höhere finanzielle Investitionen verlangte, um im Wettbewerb mithalten zu können. Der Einzelhändler schilderte die Konsequenzen, falls ihm nicht geholfen würde: Zuerst würde er das Sortiment des Herstellers in seinen Regalen verkleinern, danach keine neuen Produkte des Herstellers mehr in sein Sortiment aufnehmen, bis eine Vereinbarung erzielt war. Ein Zeitplan wurde erstellt, an dessen Ende die äußerste Drohung stand: die völlige Entfernung aller Produkte aus dem Sortiment. Der Hersteller war wegen dieser Aussichten zunächst extrem besorgt, analysierte aber danach die Situation. Ohne seine missliche Lage bekannt zu machen, sprach er mit allen anderen führenden Lebensmittelhändlern, bot ihnen an, seine Investitionen bei ihnen zu erhöhen, und forderte als Gegenleistung signifikante Wachstumschancen. In wirksamer Weise arbeitete er damit daran, eine BATNA zu erstellen, die dazu beitrug, das Gleichgewicht der Kräfte in der folgenden Verhandlung mit dem großen Einzelhändler wieder herzustellen. Der Hersteller wendete danach als Antwort auf die Drohung eine sehr entschiedene Strategie an, um auf die Entfernung aus dem Sortiment mit einem kompletten Lieferstopp aller anderen Artikel zu reagieren. Er war bereit, die Geschäftsbeziehung zu beenden (vorübergehend), falls es erforderlich würde. Die Verhandlung wurde schnell auf eine höhere Ebene in der Organisation des Einzelhändlers eskaliert. Innerhalb eines Monats gab der Einzelhändler nach und akzeptierte neue Geschäftsbedingungen, die denen sehr ähnlich waren, die der Lieferant ursprünglich hatte.

Außerdem ist es klug anzunehmen, dass Drohungen nicht immer nur leere Drohungen sind und tatsächlich zur Durchführung kommen können. In dem Film *Der Pate*, wurde Vito Corleone für seinen Vorschlag bekannt: »Ich mache ihm ein Angebot, das er nicht ablehnen kann.« Für die meisten war ihr eigenes Leben ein zu hoher Preis für jegliches Zugeständnis, und im Glauben, dass der Mafia-Boss seine Drohung wahr machen könne und dass die Familie Corleone eine stärkere Macht war, als dass man sie überwinden konnte, gab der Bedrohte nach. Wer diese Drohung als Bluff betrachtete, musste die Folgen tragen.

Im Geschäftsleben sind Drohungen selten so extrem, können aber immer noch verheerend sein und Folgen haben wie den Verlust des Unternehmens, den Verlust des Ansehens und so weiter. Wenn Sie jedoch über den Verhandlungspartner nur aufgrund einer Drohung Macht ausüben können, dann besteht die Macht nur so lange, bis die Drohung ausgeübt wurde. Ist das Opfer erst einmal frei von der Angst vor den Konsequenzen, kann es selbst durch sein Verhalten zur Gefahr werden. Schließlich findet niemand Gefallen daran, bedroht zu werden.

Angebot und Nachfrage (Knappheit)

Wenn Macht direkt durch Umstände beeinflusst wird, stellen Angebot und Nachfrage zwei der wichtigsten hierauf einwirkenden Themen dar. Ganz einfach: Wenn es einen Mangel oder Schwierigkeiten gibt, etwas zu kaufen, und unterstellt wird, dass die Nachfrage stabil oder stark bleibt, dann wird der Wert steigen. In Zeiten, in denen es keine Nachfrage gibt oder wenn das Angebot zu groß ist, wird der Wert oder der Preis im Allgemeinen sinken. Auch wenn dies in den meisten Marktsituationen der Fall ist, wird es nicht immer so offensichtlich. Wenn Sie die richtigen Fragen stellen, werden Sie Folgendes klären können:

- Wie gut geht es Ihrem Lieferanten im Allgemeinen und wie wichtig sind Sie für ihn?
- Wie viele Optionen hat er wirklich, um seine strategischen Ziele zu erreichen?

- Wenn die Nachfrage nach seinen Dienstleistungen nachließ, um wie viel wertvoller hat dies die Übereinkunft mit Ihnen gemacht?

Der Kauf und Verkauf von Rohstoffen bietet eine deutlichere Darstellung dessen, wie der Markt (diejenigen, die kaufen und diejenigen, die verkaufen wollen) tatsächlich seinen eigenen Preis festlegt. Der Benzinpreis an den Tankstellen, der Preis für Kaffee, Zucker, Gold und sogar von Bananen wird im Markt durch Angebot und Nachfrage geregelt. Durch die stark wachsende Nachfrage nach Stahl aus China ist der Stahlpreis in den letzten Jahren dramatisch gestiegen. Es entstand ein Wettbewerb zwischen China und den anderen Volkswirtschaften um das bestehende Angebot auf dem Markt. Die einfache ökonomische Wahrheit ist, dass Angebot und Nachfrage den Maßstab setzen, innerhalb dessen wir handeln und innerhalb dessen wir verhandeln können.

Fallstudie

Im Dezember 2009 lag in England ungewöhnlich viel Schnee. Unser örtliches Gartencenter hatte noch 250 Plastikschlitten aus dem Vorjahr auf Lager, als überhaupt kein Schnee gefallen war. Die Schulkinder waren gerade in die Weihnachtsferien entlassen worden, ihre Eltern beendeten ihre Arbeit und jeder Hügel in der Region war voller Familien, die das Beste aus dem Winterwetter machten. Sofort wurde am Eingang des Gartencenters ein Schild aufgestellt: »Schlitten zu verkaufen – 9,99 Pfund«. Innerhalb von zwei Tagen verkaufte das Gartencenter die Hälfte der Schlitten. Doch nun begann der Schnee zu schmelzen. Als die Nachfrage nach Schlitten sank, wechselte der Preis auf dem Schild auf 6,99 Pfund. Am dritten Tag senkte der Geschäftsführer den Preis auf 4,99 Pfund, weil er der Ansicht war, dass der Schnee weiter schmelzen würde und die meisten Einwohner bereits einen Schlitten gekauft hatten. Am vierten Tag, dem 23. Dezember, setzte unerwartet weiterer Schneefall ein. Der Geschäftsführer setzte den Preis wieder auf 9,99 Pfund hoch und am Weihnachtsabend waren die Schlitten ausverkauft. Der Preis, wie in jeder Marktsituation, spiegelte eher die Nachfrage wieder als den Einkaufspreis der Schlitten zuzüglich einer Marge.

Weshalb kauft ein Unternehmen seinen Konkurrenten auf? Um seinen Marktanteil zu vergrößern? Um Synergien auf der Kostenbasis und bei operativen Kosten zu schaffen? Vielleicht. Einen Konkurrenten aus dem Weg zu räumen, um so freier mit größerer Macht in seinem Markt zu handeln? Mit an Sicherheit grenzender Wahrscheinlichkeit. Wenn wir von Unternehmensfusionen hören, die nicht die zuvor beschriebenen Vorteile erbracht haben, dann wird meistens von den offensichtlichen, kurzfristigen Kosteneinsparungen geredet. Allerdings werden die bessere Marktposition und die größere Handelsmacht, die sich erst in einer langfristigen Betrachtung zeigen, oft als zu niedrig angegeben.

Deshalb haben Sie bei starker Nachfrage Optionen. Wenn eine Partei nicht interessiert ist, eine andere ist es sicher. Je mehr Nachfrage Sie schaffen können, umso mehr Optionen Sie haben, umso stärker wird Ihre Position in jeder Art einer Verhandlung.

Auch wenn es nicht immer möglich ist, ist die Entwicklung einer BATNA eine der effektivsten Möglichkeiten, Macht aufzubauen, denn Sie werden umso mächtiger, je mehr Optionen Sie haben.

Je klarer Ihre Optionen sind, umso klarer wird Ihr eigener Breakpoint sein.

Verständnis und der Aufbau von Optionen oder BATNAs sind entscheidend dafür, Macht zu etablieren. *Keine Optionen = keine Macht*, oder zumindest in Ihrem Denken.

Das Angebot von Geld an den Geldmärkten beeinflusst die günstigsten Hypothekenzinsen, die für einen Hausbau zur Verfügung stehen. Diese Zinsen werden regelmäßig in der Presse veröffentlicht, da die Banken darum konkurrieren, Geld gegen die Sicherheit von Immobilien zu verleihen. Einige Bauherren nehmen sich die Zeit, um mit einem Hypothekenmakler zu sprechen, der eine Reihe von Optionen anbietet, die auf ihren spezifischen Lebensumständen basieren. Einige werden zur Bank gehen oder die Baugesellschaft wird ihr neuestes Angebot unterbreiten oder man wird ihnen ganz einfach raten, das bestehende Hypothekendarlehen aufzustocken, ohne weitere Optionen anzubieten. Die Bauherren allerdings, die sich erkundigen, im Internet recherchieren und danach mit einer Reihe von Anbietern sprechen, werden wirklich ein Gefühl dafür bekommen, was das Beste auf dem Markt ist. Zusammen mit einer BATNA und dem Wissen, was man anderweitig bekommen kann, stellt das sicher, dass die investierte Zeit für die Recherchen sich auszahlt. Die besten Geschäfte sind nicht unbedingt diejenigen, die angeboten werden. In der Welt der Privatbanken stehen viele Geschäftsmöglichkeiten für den richtigen Personenkreis zur Verfügung, weit unterhalb der Preise der Großbanken, in Abhängigkeit von der richtigen Beziehung und den weiteren Umständen. Mit einer BATNA einer Großbank in der Hand lohnt es sich, in solche Diskussionen zu gehen.

Um die Optionen der anderen Partei abzuschätzen, und damit auch ihre Macht, müssen wir objektiv die Durchführbarkeit der Optionen, die sie zu haben behauptet, hinterfragen. In manchen Branchen sind mit der Umsetzung von Optionen hohe Kosten verbunden. Beispielsweise könnten die Kosten beim Wechsel eines Lieferanten beträchtlich sein: Neue Werkzeuge müssten hergestellt werden, neue Quellen für Rohmaterial müssten organisiert werden, Sicherheitsüberprüfungen müssten neu angestellt werden. Dazu könnten noch die Kosten für die Betriebsunterbrechung, die Ausbildung der Arbeiter sowie die notwendigen Dinge für den Aufbau einer neuen Beziehung kommen. Die Partei könnte ihr BATNA also einsetzen und den Lieferanten wechseln, aber sie könnte auch nicht bereit sein, es aufgrund der damit verbundenen Kosten auch umzusetzen.

Könnten Sie die Gedanken der anderen Partei lesen, dann wüssten Sie, welche Optionen wirklich zur Verfügung stehen, Sie würden deren genaue Kostenbasis verstehen, den Zeitdruck, unter dem die andere Partei steht und die wirklichen Auswirkungen, wenn es zu keiner Übereinkunft käme und so weiter. Leider gibt es eine derartige Transparenz nur sehr selten. Allerdings können Sie einige dieser Informationen auch erlangen, indem Sie Fragen stellen, untersuchen und einigen Akteuren der Gegenseite zuhören und so die Umstände der anderen Partei verstehen.

Stellen Sie sich die frühen Goldgräber aus der Zeit des Goldrausches vor. Sie saßen am Fluss und siebten Tonnen von Schlick, um die Nuggets zu finden, die sie eines Tages reich machen würden. In unserem Zeitalter, in dem Informationen eine so wichtige Rolle spielen, sollten Sie jedes Nugget an Information als ebenso wertvoll betrachten. Wenn Sie sich ein Bild machen und in den Kopf der anderen Partei versetzen wollen, erfordert dies Recherchen, Analysen, Sondierungsgespräche, das Studium früherer Präzedenzfälle und Fragen zu stellen, um die eigenen Annahmen überprüfen zu können. Die meisten großen Unternehmen verfügen über Quellen, die ihnen helfen können: Marktforschung, Meinungen von Verbrauchern und Abteilungen für Wissensmanagement, die für das Verständnis ihrer Kunden einen enormen Wert darstellen. Dieser Wert gleicht die Kosten dieser Abteilungen und derjenigen, die für diese Abteilungen arbeiten, mehr als aus.

Informationen über die Optionen einer anderen Person oder über deren Situation stellen sicherlich eine große Macht dar. Aus diesem Grund sollten Sie ernsthaft bedenken, wie viele Informationen und welcher Art angemessen sind, um sie mit der Gegenpartei zu teilen. Der Aufbau einer Machtposition verlangt von Ihnen, wie ein Anwalt zu denken und zu handeln – aber nicht wie in einem Verhör. Sie müssen Ihre Fragen so geschickt stellen, dass Sie die Nuggets in den Informationen ausfindig machen oder herausfinden, wo diese Informationen zu erlangen sind. Gehen Sie diese Themen von verschiedenen Seiten an. Es geht dabei nicht um ein Verhör, da Sie eine Beziehung pflegen wollen. In Wirklichkeit geht es darum, die gesamte Situation zu verstehen und unter Zuhilfenahme Ihrer Neugierde und Ihres Wunsches die Themen so zu erkennen, wie die andere Partei sie sieht. Je mehr Sie in das Verständnis ihrer Motive, Ziele und ihrer finanziellen Situation investieren, umso stärker wird Ihre Position. Doch dazu müssen Sie sich in Geduld üben.

Informationen, Transparenz und Wissen

Macht kann aus Informationen gewonnen werden. Ihr Motiv, um Informationen über eine andere Person zu gewinnen, ist es herauszufinden, welche Ansicht sie zum Kräfteverhältnis entsprechend der aktuellen Situation hat.

Zeit und Umstände, Angebot und Nachfrage und sogar die vollständige Abhängigkeit der anderen Partei können Sie nur dann mit Macht versehen, wenn Sie wissen, was diese Faktoren im Kopf der anderen Partei bedeuten. Verstehen Sie das nicht, dann bietet es Ihnen auch keine Macht und letztlich auch keinen Vorteil. Aus diesem Grund sind das Stellen von Fragen und das gute Zuhören entscheidende Verhaltensweisen von Verhandlern. In einem Vakuum zu verhandeln (wenn Sie den Markt, in dem Sie sich bewegen, nicht

Fallstudie

Nach zwei Jahren mit Bewerbungen und Gesprächsterminen sicherte sich ein Seminaranbieter für Change-Management einen Einjahresvertrag, in dem auch festgelegt wurde, dass man der bevorzugte Seminaranbieter der australischen Regierung sei. Als Teil eines geplanten Change-Programmes in der Regierung wären die Kurse damit für verschiedene Beamte in den unterschiedlichen Ministerien einfach zu buchen. Die Eigentümer des Seminaranbieters waren hocherfreut, sich den zwölfmonatigen Vertrag gesichert zu haben: Sie wussten, dass sie ein sehr starkes Produkt hatten, das auf die Bedürfnisse der Beamten maßgeschneidert wurde. Die Vertragsbedingungen waren sehr genau ausgehandelt worden und die Seminare begannen. Der Vertrag erwies sich als gut und nach neun Monaten wurde der Seminaranbieter eingeladen, ein Angebot zur Vertragsverlängerung abzugeben. Innerhalb weniger Wochen begannen neue Verhandlungen mit der Beschaffungsabteilung der Regierung, die alle Ministerien vertrat. Der Seminaranbieter hatte nicht verstanden, dass er der einzige spezialisierte Anbieter war, der die Anforderungen der Regierung erfüllte. Außerdem war er der Einzige, dem es jemals gelungen war, ständig die Leistungen zu erbringen, die im ursprünglichen Vertragswerk spezifiziert waren. Er war der einzige zuverlässige Anbieter im Markt, der diese Dienstleistung erbringen konnte, was die Regierung auch wusste. Der Seminaranbieter, der jedoch zu wissen glaubte, wer seine Konkurrenz sein würde, kannte diese Tatsache nicht. Er war so stark darauf konzentriert, den Vertrag zu verlängern, dass er seine Preise um 20 Prozent senkte, weil er verzweifelt versuchte, sich eine Vertragsverlängerung von drei Jahren zu sichern. Wäre er in der Lage gewesen, mehr Informationen über das Verhalten des Konkurrenten zu erlangen, ganz abgesehen von der Ansicht des Kunden über die Konkurrenz, hätte seine Sicht des Kräfteverhältnisses sehr wohl zu einem anderen Ergebnis geführt. Diese Informationen kamen erst Jahre später ans Licht, als der Seminaranbieter einen ehemaligen Beamten der Beschaffungsabteilung einstellte, mit der man damals verhandelt hatte.

verstehen), kann nur dazu führen, dass Sie ausschließlich aus Ihrem Denken heraus operieren und deshalb Ihre Chancen schmälern.

Ganz einfach: Information ist Macht.

Macht schaffen, die Kontrolle ermöglicht

Parallelen zwischen Physik und Psychologie

Selbst wenn Sie glauben, Macht zu haben, wird sie Ihnen nur nutzen, wenn sie auch eingesetzt wird. Es macht keinen Sinn, ein Kraftwerk zur Verfügung zu haben, mit dem man Millionen von Kilowattstunden bereitstellen kann, wenn niemand Lust hat, das Licht einzuschalten. Benutzt man Kraft, um eine Bewegung zu verursachen, so wird Kraft am besten verstanden, wenn man die drei Newtonschen Grundgesetze der Bewegung überdenkt, die sich leicht in die psychologischen Realitäten von Verhandlungen übersetzen lassen. Newtons Grundgesetze wurden über 200 Jahre lang in physikalischem Zusammenhang studiert, doch wenn sie auf Geschäftsbeziehungen angewendet werden, bieten sie höchst relevante Ähnlichkeiten mit den Situationen, die man in Verhandlungen vorfindet, und diese werden auch vom kompletten Verhandler verstanden und angewendet.

1. Newtonsches Gesetz (Trägheitsgesetz) – Proaktivität

Dieses Gesetz besagt: »*Ein Körper in Ruhe oder in gleichförmig geradliniger Bewegung verharrt in Ruhe oder in der gleichförmig geradlinigen Bewegung, wenn dieser Zustand nicht durch eine auf ihn einwirkende, ungleichmäßige Kraft geändert wird.*«

Sehr oft ist dies die Position, die in Verhandlungen von der mächtigen Partei eingenommen wird. In Verhandlungen müssen Sie proaktiv eingreifen, um Bewegung zu schaffen und diese wiederum in Verhandlungsstärke umzuwandeln. Wenn Sie eine Kraft ausüben, können Sie eine Bewegung oder eine Reaktion der anderen Partei provozieren, die aber so gestaltet sein muss, um die Trägheit der anderen Partei zu überwinden. Mit anderen Worten: Wenn Sie nichts tun, dürfen Sie nicht erwarten, dass sich etwas ändert. Die Ausübung der Macht, die Ihnen zur Verfügung steht oder die Sie schaffen können, bewirkt eine Veränderung.

Die Ausübung kann folgendermaßen aussehen:

- neue zeitliche Beschränkungen einführen,
- neue Alternativen anbieten,
- neue Vorschläge unterbreiten oder
- drohen, die Verhandlungen zu beenden.

Wenn die Trägheit der anderen Verhandlungspartei darauf zurückzuführen ist, dass sie annimmt, sich nicht bewegen oder flexibel sein zu müssen, dann wird Ihre proaktive Nutzung von Positionierung und der für sie daraus resultierenden Folgen (die aus Ihrer Machtposition abgeleitet werden) Ihnen helfen, deren Annahmen in Frage zu stellen.

Um Bewegung zu erzeugen, könnten Sie darauf bestehen, sich auf ein Vorgehen zur Entwicklung einer Verhandlungsagenda zu einigen:

- Fragen Sie, was dem Verhandlungspartner sonst noch wichtig ist?
- Welche Risiken kann er sich vorstellen?
- Was oder wer muss sonst noch einbezogen werden?

Proaktiv zu sein wird erstens sicherstellen, dass es zu einem fortlaufenden Dialog kommen wird. Zweitens zeigen Sie damit, dass Sie die Erwartung haben, dass auch andere Themen verhandelt werden. Eine feststehende Preisliste, frühere Vertragsbedingungen oder die Spitzenmarke, von denen man ausgehen könnte, dass sie nicht verhandelbar sind, sind dazu da, in der Verhandlung diskutiert zu werden. In dieser Situation können Sie die *Verhandlungsagenda* benutzen, um die Aufmerksamkeit der anderen Verhandlungspartei auf die weiteren Auswirkungen des Geschäfts zu lenken und zu signalisieren, dass selbst, wenn der Preis festgelegt ist, auch noch weitere Bedingungen verhandelt werden müssen.

Verhandlungsagenda
Eine Liste von Variablen, die den Verhandlungsrahmen abstecken und die Parameter für anstehende Verhandlungen beinhalten.

Wenn nichts vereinbart ist, bis alles vereinbart ist, dann ist die Agenda ein Hilfsmittel um sicher zu sein, dass alle Bereiche besprochen wurden, bevor der Vertrag unterschrieben wird. Ebenso können Sie, sobald man sich auf eine Agenda geeinigt hat, ganz legitim Themen ablehnen, die später in die Diskussion eingeführt wurden, da sie niemals Teil des Geschäfts waren und in Ihren Angeboten diese Themen bisher nicht in Betracht gezogen wurden. Mit anderen Worten: Eine beschlossene

Fallstudie

Ein italienischer Möbelhersteller, der sich auf den Nachbau von Holzmöbeln spezialisiert hatte, bezog seine Rohstoffe von fünf verschiedenen Großhändlern. Zwei dieser Großhändler hatten sich auf Eichenholz spezialisiert und den Hersteller in den letzten 15 Jahren beliefert. Einer der Lieferanten, ein großer nationaler Lieferant, entschloss sich zu einer jährlichen Preiserhöhung um 7 Prozent und begründete dies mit einer allgemeinen Verknappung französischen, amerikanischen und englischen Eichenholzes. Er war unerbittlich und sagte, er würde nicht von seinen neuen Preisen abweichen, die ab sofort gelten sollten. Der zweite der beiden Lieferanten von Eichenholz hatte dem Möbelhersteller ebenfalls geschrieben und teilte ihm eine Preiserhöhung um 2,5 Prozent mit, wie er das schon in den letzten fünf Jahren gemacht hatte, um sich den Marktpreisen anzupassen. Der Möbellieferant nahm diesen Brief zum Anlass und konfrontierte den ersten Lieferanten mit der sehr viel geringeren Preisanpassung und zeigte sich bereit, eine Preiserhöhung von 2,5 Prozent zu akzeptieren. Der erste Lieferant erklärte, dass die anderen Lieferanten wahrscheinlich mehr Holz auf Lager hätten und es nur eine Frage der Zeit sei, bis sie gezwungen seien, ihre Preise ebenfalls zu erhöhen. Der Möbelfabrikant blieb unversöhnlich und bewegte sich nicht von seinem Angebot, eine Preiserhöhung von 2,5 Prozent zu akzeptieren. Allerdings kannte er den Markt sehr gut und die Aussicht, nur über einen Lieferanten zu beziehen, würde ihn langfristig angreifbar machen. Als kurzfristige Maßnahme präsentierte er andere Lieferanten, die kurzfristig zu besseren Bedingungen liefern konnten als der erste Lieferant, der drohte, die Preise um sieben Prozent zu erhöhen. Die Aktionen des Herstellers brachten den ersten Lieferanten dazu, nachzugeben, und letztlich (innerhalb von zwei Wochen) stimmte er einer Preiserhöhung um 2,5 Prozent zu. Dies wurde allerdings auf der Grundlage anderer Geschäftsbedingungen verhandelt. Der Möbelhersteller stimmte schließlich zu, die Langlebigkeit der Kostenbasis des ersten Lieferanten zu verbessern, indem er einer längeren Laufzeit des Vertrags zustimmte. Darüber hinaus wurde eine

> dreimonatige Kündigungsfrist für alle künftigen Preisänderungen beschlossen und ein strategischer Plan diskutiert, um auch künftig die Belieferung zu konkurrenzfähigen Preisen sicherzustellen.

Agenda ermöglicht Ihnen, die Kontrolle über einige Parameter des Geschäfts zu gewinnen.

So beginnt die Verhandlung manchmal damit, was auf der Agenda stehen soll oder auch nicht, noch bevor die eigentlichen Verhandlungen beginnen. Dies findet man sehr oft bei Verhandlungen mit Gewerkschaften. Wenn Sie die Kontrolle darüber gewinnen, was verhandelt wird und was nicht, dann können Sie auch

- die Punkte festlegen, die diskutiert werden sollen, und die Punkte, die außerhalb der Diskussion bleiben sollen,
- den Diskussionsbereich verbreitern oder verkleinern und der Diskussion einzelner Themen sogar gewisse Zeitspannen zuordnen.

Honorare, Gewinnspannen oder Preise werden immer wichtige Verhandlungspunkte sein, aber die weitere Agenda muss die Themen reflektieren, die für Sie entweder Kosten verursachen oder Ihnen mehr Sicherheit oder Wert aus dem Geschäft bieten.

Auch durch die Abgrenzung der Themen und die Einladung der anderen Partei, etwas zur Agenda beizutragen oder Änderungswünsche einzubringen, fördern Sie die Gemeinsamkeit und gewinnen an Vertrauen und Akzeptanz, so dass man sich auf die Themen beider Parteien als Teil des Geschäfts einigt. Gelingt es, diese Kommunikation schon im Vorfeld eines Treffens zu beginnen, so wird es wahrscheinlicher, dass es Ihnen auch gelingen wird, die Agenda zu positionieren und die Prioritäten zu setzen, die Ihren Bedürfnissen entsprechen.

Letztlich wird die Verhandlungspartei, die proaktiv den Verhandlungsspielraum und die Kommunikation bestimmt, wahrscheinlich auch die Ereignisse kontrollieren. Hierdurch wird natürlich auch die Machtposition beeinflusst und das Risiko der Trägheit der anderen Partei während der Verhandlungen gemindert.

2. Newtonsches Gesetz (Beschleunigungsgesetz)

Dieses Gesetz besagt: »*Die Beschleunigung eines Körpers ist direkt proportional zu der gesamten unausgeglichenen Kraft, die sich auf den Körper auswirkt und ist umgekehrt proportional zu der Masse des Körpers.*«

Veränderungen einer Bewegung innerhalb eines Zeitrahmens sind von der anderen Verhandlungspartei abhängig. Oft wird damit eine Funktion aus Größe und Kraft wirksam, wenn Energie (Macht) übertragen wird. Je schneller Sie auf einen Gegner beim Rugby oder beim American Football loslaufen, umso mehr Kraft können Sie auf ihn ausüben. Je größer (schwerer) Sie sind, umso mehr Kraft können Sie (bei gleicher Geschwindigkeit) ausüben. Je mehr Schwung Sie als Partei in der Verhandlung entwickeln können, selbst wenn Sie nicht so groß oder stark sind, wie Sie es von der anderen Partei annehmen, umso wahrscheinlicher ist es, dass die andere Partei auf Ihre Anwesenheit reagiert.

Newtons Gesetz besagt auch, dass jeder Gegenstand, der mit Geschwindigkeit (Dynamik) auf einen anderen Gegenstand trifft, eine

Fallstudie

Eine Bank entschloss sich, gegenüber allen Kunden eine einseitige Preiserhöhung durchzuführen, und unterrichtete in einem Brief über die Veränderung der Geschäftsbedingungen und erklärte, dass die Preiserhöhungen ab sofort wirksam würden. Der Brief war als Tatsache formuliert, so dass er die Veränderungen lediglich bestätigte und unterstellte, dass alle Kunden nunmehr auf der Grundlage der neuen Bedingungen handeln würden. Obwohl die Bank nur zu 30 größeren Unternehmen Geschäftsbeziehungen unterhielt, war jedes einzelne Unternehmen für die Bank wichtig und die Positionierung und das Timing des Briefs gewährleisteten, dass über 90 Prozent der Kunden ohne weitere Verhandlungen den neuen Geschäftsbedingungen zustimmten. Die Direktoren der Bank waren sich später darin einig, dass eine wesentlich geringere Erfolgsquote erzielt worden wäre, wenn die Veränderungen mit allen Kunden in einem persönlichen Treffen vor der Bekanntgabe diskutiert worden wären.

Kraft entwickelt, die vielfach größer ist als seine ruhende Masse. In Verhandlungen kann das Kräfteverhältnis innerhalb der Beziehung beeinflusst werden, wenn der Ablauf und der Verlauf der Verhandlung durch Zeit, Optionen und Umstände kontrolliert wird.

3. Newtonsches Gesetz – Gesetz der Wechselwirkung

Dieses Gesetz besagt: »*Wenn ein Körper eine Kraft auf einen anderen Körper ausübt, übt der zweite Körper eine Kraft in derselben Größe und in umgekehrter Richtung auf den ersten Körper aus*«.

Wenn Sie mit dem Fuß gegen einen Ball treten, dann schwingen Sie zunächst Ihr Bein zurück und spannen Ihre Muskulatur an. Die Kraft der Bewegung, die den Ball über Ihren Fuß trifft, wird auf den Ball übertragen. Der Ball bewegt sich dann mit einer Geschwindigkeit, die der Kraft entspricht, mit der er getroffen wird. Wenn Sie in Verhandlungen ein Thema vorantreiben, dann könnte die Gegenpartei kapitulieren und sich bewegen, so wie der Ball, wenn er getroffen wird. Wenn die Gegenpartei allerdings stark ist (etwa wie ein gleich großer Ball aus Eisen), dann könnte es gut sein, dass Sie sich Ihren Fuß verletzen. Bevor Sie also Ihre Macht einsetzen, sollten Sie die erwartete Reaktion einschätzen und einen Realitätstest durchführen, ob sich die Reaktion nicht als zu schmerzhaft erweisen könnte.

Zusammenfassung

In Kapitel 2 betrachteten wir die drei Faktoren, die auf jede Verhandlung Einfluss nehmen:
1. Macht
2. Vertrauen
3. Verständnis des Gesamtwerts und gemeinsamer Chancen

Im Kapitel 3 haben wir die Dynamik der Macht in der Verhandlung in Einzelheiten erkundet (etwa Zeit und Umstände), und wie Vertrauen (Beziehung) mit dem Kräfteverhältnis in Verbindung gebracht werden kann. In den nächsten Kapiteln werden wir untersuchen, wie bestimmte Verhaltensweisen und Charaktereigenschaft die Resultate von Verhandlungen beeinflussen und wie deren Anwendung Ihnen helfen wird, als kompletter Verhandler aufzutreten.

Kapitel 4
Die zehn Charaktereigenschaften
des Verhandelns

Selbstwahrnehmung entwickeln Sie, wenn Sie sich selbst kennen und sich selbst gegenüber ehrlich sind, wenn Sie einschätzen, wer Sie sind, was Sie tun und was Sie leisten können.

Die meisten Menschen neigen dazu, sich für gute Verhandler zu halten. Wenn man sie aber fragt, weshalb sie glauben, gut verhandeln zu können, dann können sie normalerweise nur einige ihrer Stärken beschreiben oder etwas, von dem sie glauben, dass es ihre Verhandlungen verbessern würde. Wenn uns das Ziffernblatt des Verhandelns irgendetwas gelehrt hat, dann dass unterschiedliche Verhandlungsformen unterschiedliche Fertigkeiten erfordern. Mit anderen Worten: Feilschen im Bereich 4.00 Uhr erfordert Stärken, die sich von denen unterscheiden, die notwendig sind, wenn man im Bereich von 10.00 Uhr erfolgreich ein gemeinsames Problem zu lösen gedenkt. Bevor wir allerdings dazu übergehen, wie Sie Ihre Verhaltensweisen anpassen, wenn Sie rund um das Ziffernblatt verhandeln, sollten Sie wissen, wie Ihre persönlichen Charaktereigenschaften Ihre gesamten Fähigkeiten beeinflussen, wenn Sie versuchen, das beste Geschäft abzuschließen. Für einen Profisportler könnten beispielsweise Ausdauer, Wendigkeit, Schnelligkeit und Flexibilität relevante Eigenschaften sein. Diese sind jedoch, je nach Sportart, in unterschiedlichem Maß von Bedeutung. Diese Eigenschaften helfen, das Potenzial eines Sportlers zu definieren und auch die Bereiche, die weiter entwickelt werden müssen, um die Gesamtleistung zu verbessern. Einige Eigenschaften sind angeboren und einige können erlernt oder verbessert werden. Es ist wichtig, dass diese Eigenschaften die Fähigkeit des Sportlers unterstützen, damit er sich so verhält, dass er im Wettkampf Leistungen auf höchstem Niveau erbringt.

Unternehmen mit einem Standard für das Verhandeln auszustatten wurde vereinfacht durch den ganzheitlichen Ansatz, der durch den kompletten Verhandler symbolisiert wird. Das Verständnis von

Verhandeln – Das Buch   Steve Gates
Copyright © 2011 WILEY-VCH Verlag GmbH & Co. KGaA, Weinheim

Macht ist wichtig, wenn Sie Ihren Geschäftssinn in die Praxis umsetzen und das Ziffernblatt des Verhandelns anwenden wollen. Die Entwicklung von Verhaltensweisen (Kapitel 5) wird Ihnen helfen, richtig aufzutreten und Gelegenheiten zu Ihren Gunsten zu maximieren. Sich selbst zu verstehen und die persönlichen Charaktereigenschaften, die Ihnen bei Verhandlungen am meisten hilfreich sind, stellen eine weitere Dimension dar, die es Ihnen durch höhere Selbstwahrnehmung ermöglicht, Ihre Stärken auszuspielen.

Die zehn Charaktereigenschaften, die ich skizziert habe, beeinflussen direkt Ihre Aktionen und können durch einen bewussteren Ansatz, wie Sie verhandeln, entwickelt werden. Sie beziehen sich auf die Charaktereigenschaften, die für Sie natürlicher sind, aber auch auf diejenigen, zu denen Sie sich eher hingezogen fühlen. An dieser Stelle ist es wichtig, dass Sie darüber nachdenken, wie diese Charaktereigenschaften Sie und Ihre Leistung bei Verhandlungen beeinflussen. Diese zehn Charaktereigenschaften stärken Ihr Verhalten. Wenn Sie Ihre Nerven behalten ist das beispielsweise hilfreich für Ihr klares Denken, wenn Sie einem Konflikt gegenüberstehen oder wenn Sie eine Verhandlung mit einer extremen und dennoch realistischen Position eröffnen. Wenn Sie mit Druck gut umgehen können und die Nerven haben, Ihre Selbstkontrolle leicht aufrechterhalten zu können, wird Ihr Auftreten in härteren Verhandlungen, wenn Konkurrenzgebaren erforderlich ist, viel natürlicher wirken. Ihre Charaktereigenschaften sind weder gut noch schlecht; sie sind lediglich ein Spiegelbild dessen, was Sie selbst sind. Wichtig ist allerdings, dass Sie sich selbst gut genug verstehen, um das zu kompensieren, was nicht angeboren ist, und natürlich, um Ihre Stärken zu Ihrem Vorteil zu nutzen.

Die zehn Charaktereigenschaften

1. Nervenstärke
2. Selbstdisziplin
3. Hartnäckigkeit
4. Durchsetzungsvermögen
5. Instinkt
6. Vorsicht
7. Neugierde
8. Numerisches Denken
9. Kreativität
10. Bescheidenheit

1. Nervenstärke

Glauben Sie an Ihre Position, beleidigen Sie niemals jemanden und bleiben Sie immer ruhig

Gute Nerven helfen uns, geduldig zu sein und ruhig zu bleiben, wenn Druck ausgeübt wird. Jeder, der unter Druck handelt, ist darauf angewiesen, seine Nerven unter Kontrolle zu behalten, um Leistung zu bringen. Piloten, Profigolfer, Polizisten, Rechtsanwälte, um nur einige zu nennen, verlassen sich auf ihre Nerven, um ihre Aufgaben zu erfüllen – ebenso wie ein Verhandler.

In Verhandlungen Nervenstärke zu behalten bedeutet, mit dem wahrgenommenen und dem realen Konflikt zurechtzukommen, die Befindlichkeiten der anderen Partei in einer Situation zu erkennen und die Risiken zu kalkulieren, bevor man antwortet. In Verhandlungen geschieht nichts aus Versehen und deshalb ermöglicht ein klarer Kopf, wie ein *bewusster Verhandler* zu agieren, was wesentlich dazu beiträgt, die Kontrolle in der Verhandlung zu behalten. Gute Nerven ermöglichen es Ihnen auch, anspruchsvolle Eröffnungspositionen einzunehmen, wenn es angemessen ist. Sie müssen hierbei berücksichtigen, dass Sie damit ein Risiko eingehen, das die nachfolgenden Verhandlungen negativ beeinflussen kann. Nervenstärke ermöglicht es, der anderen Partei ohne große Probleme zu zeigen, dass Sie vollkommen von Ihrer Position, die Sie mit Zuversicht vertreten, überzeugt sind.

Mit einer extremen Position zu eröffnen und danach zu schweigen, wenn es angemessen ist, könnte in einigen Zusammenhängen als aggressiv oder sogar als arrogant empfunden werden. Wenn es jedoch mit Bescheidenheit kombiniert wird und man dabei ruhig bleibt, die Nerven im Zaum hält, kann das für eine sehr effektive, wenn nicht sogar kompromisslose Haltung sorgen. Ohne gute Nerven werden Sie wahrscheinlich ein

Der bewusste Verhandler

Ein bewusster Verhandler nimmt seine Umgebung sehr genau wahr und erkennt genau seine Auswirkungen auf die Beziehungen und das Geschäft. Jede Handlung ist absichtlich und durchdacht. Es herrscht ein hohes Maß an Bewusstsein und Entschlossenheit. Man erkennt, dass Verhandlungen unangenehm sind und man sich daran anpassen muss. Man gestattet nicht, sich zu entspannen und somit angreifbar zu werden.

Opfer des eigenen Unbehagens werden, Respekt verlieren und letztlich bereitwillig Zugeständnisse machen. Mit guten Nerven haben Sie die Fähigkeit, eine Position zu wechseln, wenn Sie dazu bereit sind und nur, wenn es angemessen ist.

2. Selbstdisziplin

Verstehen Sie, was Sie müssen, und tun Sie das, was angemessen ist

Selbstdisziplin ist ein Wort aus der Alltagssprache, doch in Verhandlungen ist es erforderlich, Ihr Verhalten von Ihren Gefühlen und Emotionen zu trennen.

Selbstdisziplin erlaubt Ihnen, das zu sein, was Sie sein müssen und was die Situation von Ihnen verlangt, anstatt sich so zu verhalten, dass Ihre eigenen Gefühle befriedigt werden. Selbstdisziplin verlangt nicht, dass Sie ein anderer Mensch werden, aber dass Sie eine erforderliche Rolle zur richtigen Zeit so ausfüllen, dass es Ihnen hilft, Leistung in der Verhandlung zu bringen. Beispielsweise kann es besser sein, dem Potenzial eines Vorschlags gegenüber gleichgültig zu bleiben als in Begeisterung auszubrechen. Wenn Sie die Selbstdisziplin haben und widerstehen können, Ihre Emotionen zu zeigen, dann trägt es dazu bei, dass es so aussieht, als würden Sie ruhig bleiben. Das soll nicht heißen, dass Sie gegenüber allen Vorschlägen, die in Verhandlungen gemacht werden, gleichgültig bleiben sollen, doch sollen Sie so diszipliniert bleiben, dass die andere Verhandlungspartei nur die Signale erkennen kann, von denen Sie wollen, dass sie diese erkennt.

Schauspieler wissen genau, wie man sich ganz bewusst verhält, wenn sie sowohl verbal als auch nonverbal eine Szene darstellen. Sie spielen bewusst das Verhalten in ihrer Rolle und können ihre Selbstbeherrschung bewahren. Der Unterschied ist, dass sie mit einem Drehbuch arbeiten, während der komplette Verhandler kein Drehbuch hat.

Geduld und die Fähigkeit, mit Frustrationen umgehen zu können, sind Eigenschaften, die man bei den meisten erfahrenen Verhandlern vorfindet. Es ist höchst frustrierend, zu versuchen, dass die andere Partei mit etwas einverstanden ist, dem sie nur zögernd zustimmen will. Das kann allerdings gelingen, wenn man Folgendes einsetzt:

- gute zeitliche Planung;
- Zusammenfassungen;
- Neuverpacken des Angebots;
- Wohlfühlen mit dem Schweigen; und
- die Selbstkontrolle, um seine Position gegenüber der andern Partei nicht anzupreisen oder unangemessen zu sprechen.

Wenn Sie das für sich selbst erreicht haben, müssen Sie natürlich sicherstellen, dass das Team in dem Sie gegebenenfalls verhandeln, über ebenso viel Disziplin verfügt.

3. Hartnäckigkeit

Die Entsprechung der Ausdauer des Verhandlers

Immer, wenn Sie die gefürchteten Worte »nein, das kann ich nicht« oder »das werde ich nicht« hören, haben Sie die Gelegenheit, dies in ein »wie oder unter welchen Umständen« zu verändern. Anstatt bei einem Thema einfach nachzugeben, sollten Sie versuchen, die Ablehnung aus unterschiedlichen Perspektiven zu betrachten. Ziel ist es hierbei herauszufinden, welche anderen Bedingungen oder Umstände Sie einführen könnten, um die Kontrolle zu behalten und dennoch auf die Erwartungen der anderen Partei einzugehen. Wenn beispielsweise Ihr Gegner beim Tennis Ihnen den Aufschlag abnimmt, dann geben Sie den Satz auch nicht auf, Sie strengen sich im nächsten Spiel mehr an, um Ihre Position wiederzuerlangen.

Es wird Gelegenheiten geben, in denen es richtig ist, standhaft zu bleiben und die Entschlossenheit des anderen Verhandlers zu testen. Wenn Sie sich wirklich in den Kopf der anderen Partei versetzt haben, werden Sie feststellen können, wann Sie selbst »nein« sagen sollten. Bei Hartnäckigkeit geht es nicht nur darum, an einer Position festzuhalten, sondern auch darum, bereit zu sein, sich durchzusetzen; *die Taktik der gesprungenen Schallplatte* anzuwenden. Dies ist eine Taktik, die angewendet werden soll, wenn Sie eine Antwort aus

Die Taktik der gesprungenen Schallplatte

Sich selbst zu wiederholen ist eine Möglichkeit, eine Position zu behaupten, ohne klein beizugeben oder die Kontrolle zu verlieren. Dies funktioniert bei Verhandlungen ebenso gut als Kontertaktik, wenn die andere Verhandlungspartei versucht, Ihre Position zu zermürben.

einem schwer zu fassenden oder rechthaberischen Gegenüber herauslocken wollen.

Menschen legen nur Wert auf Dinge, die schwer zu bekommen sind. In dieser Hinsicht sollten Sie in Verhandlungen die meisten Dinge als schwierig, aber noch immer für möglich betrachten.

Bei Hartnäckigkeit geht es darum, den Mut aufzubringen, zu Ihrer Überzeugung zu stehen, auch wenn die andere Partei Ihre Position anzweifelt. Dies erfolgt oft aus taktischen Motiven, damit Sie Ihr eigenes Urteil in Frage zu stellen.

Der *Duden* definiert die Bedeutung von hartnäckig als »auf seiner Meinung beharrend« oder »unnachgiebig« und in gewissem Maß (wo es angebracht ist) sind diese Eigenschaften für einen Verhandler von Vorteil, selbst wenn sie nicht angeboren sind. Bei Feilschen im Bereich 4.00 Uhr auf dem Ziffernblatt des Verhandelns müssen Sie ebenso hartnäckig sein wie in umfangreicheren Partnerschaftsverträgen im Bereich von 11.00 Uhr. Hartnäckigkeit hilft Verhandlern an einem Abschluss zu arbeiten und nicht davon geleitet zu werden, unbedingt zu einem Abschluss zu kommen und voreilig eine Übereinkunft abzuschließen. Je mehr Zeit Sie in ein Geschäft investieren, umso mehr Wert schaffen oder erhalten Sie daraus. Nur wenigen Menschen bereitet es wirklich Freude zu verhandeln und nur wenige können den Wert einer weiteren Diskussion erkennen, wenn das Geschäft scheinbar abgeschlossen ist. Einstellungen wie »Wir haben eine Übereinkunft erzielt, also besiegeln wir sie, solange wir im Vorteil sind«, haben diejenigen, die es nicht verstanden haben. Genau zu diesem Zeitpunkt sollte gefragt werden: »Wie können wir sonst noch sicherstellen, dass der Vertrag auch eingehalten wird?« Mit jeder weiteren Überlegungen darüber, wie das Geschäft verbessert werden kann, wird der hartnäckige Verhandler den zusätzlichen Wert finden, der ansonsten nicht bedacht würde.

Hartnäckigkeit hilft Ihnen, einer Kapitulation zu widerstehen: Sie ist der Teil von Ihnen, der es Ihnen ermöglicht, an einer Position festzuhalten, ohne von der anderen Partei zermürbt zu werden. Sie ist eine innere Einstellung, die Ausdauer erfordert und Ihnen dabei

Fallstudie

Der Verkäufer eines Anbieters von Alarmanlagen für Bürogebäude war emsig dabei, sein neuestes drahtloses Alarmsystem an den Verwalter eines Bürokomplexes zu verkaufen. Dieser war erst kürzlich mit der Aufgabe betraut worden, den neuen Teil eines Gebäudes abzusichern, für den er gerade die Verantwortung übernommen hatte. Der Gebäudeverwalter hatte zwei Wochen Zeit, um ein neues System zu installieren, und hatte die Firma angerufen, die für das Sicherheitssystem des Hauptgebäudes verantwortlich war. Das neue Sicherheitssystem musste mit dem bestehenden zentralen Schaltschrank des Hauptgebäudes und auch mit der Sprinkleranlage verbunden werden. Das alles war möglich und für den Anbieter der Alarmanlage war es eigentlich eine einfache Sache. Allerdings wies der Verkäufer darauf hin, dass dies innerhalb einer Frist von zwei Wochen nicht möglich sei und dass er dazu weitere Kollegen benötige, wenn eine Verbindung zur Sprinkleranlage notwendig sei. Der Gebäudeverwalter hatte keine anderen Optionen und stand deshalb unter Druck, damit diese Beziehung funktionieren würde. Er wurde daher im Verlauf des Treffens immer nervöser, da er allem Anschein nach nicht seinen Verpflichtungen bezüglich der zwei Wochen nachkommen konnte. Der Verkäufer beharrte auf seiner Position und beendete das Treffen mit dem Versprechen, sich alles noch einmal anzusehen und innerhalb von 24 Stunden einige Optionen anzubieten. Hätte er versucht, das Geschäft hier abzuschließen, dann wäre zweifellos eine Verhandlung über die Konditionen gefolgt. Am nächsten Tag rief er an und erklärte, es sei ihm möglich, die Frist einzuhalten, nachdem er in seinem Unternehmen einige Gespräche geführt habe. Das Ergebnis war, dass er auf alle Einzelteile die Listenpreise berechnete und das Geschäft mit einem erleichterten und dankbaren Gebäudeverwalter abschloss.

hilft, nach Werten zu suchen, bis Sie letztlich bereit sind, ein Geschäft abzuschließen.

4. Durchsetzungsvermögen

Sagen Sie, was Sie tun werden, und nicht, was Sie nicht tun werden

Die beste Möglichkeit, die Zukunft vorherzusagen ist, sie zu gestalten.

Wenn Sie die Kontrolle über Verhandlungen haben, dann kommt es in erster Linie daher, dass Sie proaktiv sind und Selbstvertrauen zeigen, weil Sie sich vorbereitet haben und eine gut definierte Strategie verfolgen. Genauso wichtig ist es aber, dass Sie am Verhandlungstisch Leistung bringen.

Der komplette Verhandler verbreitet den Eindruck von Standhaftigkeit und Kontrolle. Er ist nicht unausstehlich oder respektlos, sondern sagt ganz einfach mit Autorität das, was erforderlich ist. Die Glaubwürdigkeit, die dieses Verhalten mit sich bringt, führt zu Respekt und suggeriert durch die Art des Auftretens die Gültigkeit Ihres Angebots. Es geht nicht darum, in Ihrer Kommunikation bevormundend oder herablassend zu sein, sondern lediglich darum, dass Sie Ihrem Durchsetzungsvermögen vertrauen.

Dies gleicht einem feinen Balanceakt. Als ein durchsetzungsstarker Verhandler müssen Sie die Entwicklung der Verhandlungsagenda vorantreiben, Ihre Position klar herausstellen und dabei effektiv einen Anker werfen, von dem aus die andere Partei auf Sie zugehen muss. Sie sollten sich auf das Geschäft konzentrieren und für alles offen sein, was möglich oder unmöglich scheint. Sie müssen der anderen Partei aufzeigen, was es bedeuten würde, nicht zu einer Einigung zu kommen. Sie wissen aber genau, warum Sie das tun: nicht um das Geschäft zu blockieren, sondern um eine Position mit dem notwendigen Durchsetzungsvermögen darzustellen.

Es lohnt sich zu berücksichtigen, dass das Resultat einer jeden Verhandlung nur durch die Angebote und Vorschläge beeinflusst werden kann, die Sie einbringen. Stellen Sie deshalb sicher, dass Sie es sind, der die Vorschläge unterbreitet. Als durchsetzungsstarker Verhandler warten Sie nicht, bis die andere Partei ihre Vorschläge einbringt. Ja, natürlich hören Sie sich an, was sie zu sagen hat, um zu erkennen, wo Flexibilität besteht. Aber stellen Sie sicher, dass die andere Partei auf Ihre Vorschläge reagiert.

Als durchsetzungsstarker Verhandler sollten Sie auch der Versuchung widerstehen, sich nach der anderen Partei zu richten. Sie sollten sich als die Person sehen, die die Kontrolle über die Verhandlung innehat. Allerdings sollten Sie nicht so arrogant werden, dass Sie den Kontakt zu den inneren Einstellungen, den Gefühlen und den Ansichten derer verlieren, mit denen Sie verhandeln. Durchsetzungsvermögen in der Verhandlung hilft Ihnen dabei, Respekt zu erlangen.

5. Instinkt

Vertrauen Sie Ihrem Instinkt, er ist öfter richtig als falsch

Erfahrung und »Bauchgefühl«, manche nennen es auch den »sechsten Sinn«, sind eine Begabung, die erfolgreiche Verhandler als Instinkt bezeichnen. Instinkt hilft dem kompletten Verhandler

- nicht nur zuzuhören, was gesagt wird, sondern auch über die Bedeutung hinter den Worten nachzudenken und
- Ehrlichkeit einzuschätzen und zu bemerken, ob dieses Geschäft zu gut ist, um wahr zu sein, oder ob noch mehr Spielraum für Verhandlungen besteht.

Instinkt findet sich jenseits des rationalen Denkens, das die Dinge durcharbeitet und die Durchführbarkeit von unterbreiteten Angeboten versteht. Ihre Fähigkeit, eine Situation regelrecht »lesen« zu können, ermöglicht Ihnen, Ihre Reaktion und auch Ihre Gegenvorschläge zu beurteilen. Wenn es den Anschein hat, es sei zu gut, um wahr zu sein, dann ist es normalerweise auch so und Sie sollten Ihrem Instinkt oder Ihrer Intuition Vertrauen schenken, wenn Sie sich in einer derartigen Situation befinden.

Die meisten Menschen verfügen über gute Instinkte, doch unter Druck hören sie oft nicht auf diese. Stattdessen akzeptieren sie den Fall, der ihnen vorliegt, und passen sich an, anstatt etwas anzuzweifeln. Als effektiver Verhandler sollten Sie den Mut aufbringen, Ihren Überzeugungen zu folgen und alles anzuzweifeln, was sich nicht richtig »anfühlt«.

Instinkt hilft Ihnen auch Fragen abzuwägen wie: »Stimmen ihre Motive mit ihrem Verhalten überein?« Mit anderen Worten: Es sind genau die Fragen, die Sie und Ihr Team sich selbst stellen, wie Sie die

Situation sehen, allerdings auf der Grundlage von mehr als Zahlen allein. Wenn Sie beispielsweise in einer Partnerschaft im Bereich von 11.00 Uhr verhandeln, stammen die Beobachtungen bezüglich Vertrauen und Nachhaltigkeit der Partnerschaft aus den Ansichten, die Ihr Instinkt selbst entwickelt.

Fragen Sie sich selbst: »Glaube ich wirklich, dass ich eine funktionierende Beziehung aufbauen kann? Falls nicht, welchen Ausgleich müsste ich akzeptieren, um den einzugehenden Kompromiss einer Zusammenarbeit akzeptieren zu können?« Das ist eine Perspektive, aus der ein Ökonom die Situation sehen könnte. Manchmal wählen Unternehmen ihre Lieferanten auf der Grundlage ähnlicher Unternehmenswerte oder Unternehmensethiken, und nicht nur auf Basis rein finanzieller Grundlagen aus. Es gibt einige Bereiche in Beziehungen, die sich instinktiv richtig oder falsch anfühlen.

Vertrauen Sie Ihrem Instinkt. Ansonsten könnte ein zu enger Blick auf das finanzielle Ergebnis zu einem suboptimalen Abschluss führen. Preise können unglaublich verführerisch sein und alle anderen Betrachtungsweisen ausschließen, selbst wenn eine Gelegenheit sich als zu gut anfühlt, als dass sie wahr sein könnte. Preise können mit dem in Konflikt geraten, was Ihnen Ihr Instinkt sagt oder zu tun rät. Ihr Bedürfnis zu fühlen, man hätte ein großartiges Geschäft gemacht, kann ausreichen, Sie vom gesunden Menschenverstand abzulenken, nach dem Sie ansonsten handeln würden. Dies kann zu katastrophalen Ergebnissen führen. Großartige Geschäfte sind nur dann großartig, wenn sie so von der anderen Partei wertgeschätzt werden und auch entsprechend eingehalten werden. Instinktiv wissen Sie, wenn Ihnen eine billige Rolex von einem Fremden in einer Bar angeboten wird, dass diese kaum aus einer seriösen Quelle stammen kann. Wie sicher würden Sie allerdings sein, würde Ihnen in einem Büro von einem, in einem dezenten Anzug gekleideten Herrn ein Nutzungsrecht für ein Appartement in Panama angeboten? Immer noch misstrauisch? Gut, aber wie wäre es, wenn Ihnen ein seriös wirkender Makler aus einer renommierten Immobilienagentur sagt, er könne Ihr Haus innerhalb einer Woche verkaufen, wenn Sie ihm den Auftrag noch heute erteilen?

Instinkt resultiert normalerweise aus Erfahrung *und* Wissen, aber auch aus unterbewussten Beobachtungen. Die sofortigen Einschätzungen und Beurteilungen, die die meisten Menschen machen, wenn sie jemanden treffen, den sie noch nicht kennen, basieren auf der subtilen Beurteilung nonverbaler und verbaler Kommunikation. Ein effektiver Verhandler hat die Fähigkeit, diese Einschätzungen bewusster zu treffen, da er kühl das Verhalten der anderen Partei analysiert.

6. Vorsicht

Wenn es zu gut ist, um wahr zu sein, dann ist es wahrscheinlich so

Die »Handlung« oder Interaktion, wenn eine Verhandlung erst einmal begonnen hat, verläuft in der Form von Vorschlägen und Gegenvorschlägen, wenn das Geschäft Formen annimmt.

Stellen Sie sich die enorme mentale Energie vor und die Arbeit, die innerhalb der Köpfe einer Gruppe von Verhandlern am Verhandlungstisch abläuft. Beide Parteien versuchen in der Verhandlung, Werte zu schaffen oder zu verteilen. Dies geschieht mit dem Wissen, dass, wenn sie dabei zu voreilig sind, sie eine Auswirkung übersehen oder durch einen Preis verführt werden könnten und im Endeffekt in

Fallstudie

Zenni Print, eine Druckerei in Hong Kong, spezialisiert auf den Druck von großformatigen Bannern, wollte das eigene Unternehmen im Rahmen einer Messe der Zentralregierung vorstellen. Sechs Monate lang hatte man bei den Organisatoren viele Anträge gestellt und im Endeffekt beschlossen, dass die Gebühr von 10 000 Dollar für einen Stand auf der Messe zu teuer war. Als Konsequenz daraus entschloss man sich, nicht an der Messe teilzunehmen. Zwei Wochen vor Beginn der Messe erhielten sie einen Anruf von den Organisatoren, die Zenni Print einen Ausstellungsplatz von ähnlicher Größe für 4 500 Dollar anbieten konnten, wenn man sofort die Teilnahme bestätigen würde. Der Direktor von Zenni Print diskutierte kurz mit seinem Team, traf die Entscheidung, das Angebot anzunehmen und rief zurück,

> um die Teilnahme zu bestätigen. An dem Tag der Messe wurde ihnen ein Platz außerhalb der Haupthalle zugewiesen, weit entfernt vom Hauptstrom der Messebesucher und nicht der erstklassige Platz, über den man früher im Jahr diskutiert hatte. Sie mussten zusätzliche Stromanschlüsse anfordern, denn der Hauptverteiler für Strom und die Satellitenempfangsstation waren 100 Meter von ihrem Stand entfernt. Die Klimatisierung war auch schlecht, was die Arbeit an ihrem Stand jederzeit heiß und unangenehm machte. Ihre Reaktion auf ein Angebot, das zu gut war, um wahr zu sein, war zu nachlässig – sie hatten einen guten Preis erzielt, aber sie hatten sich nicht mit den Auswirkungen des daraus folgenden schlechten Geschäfts auseinandergesetzt.

einen Vertrag einwilligen, der sie langfristig teuer zu stehen kommen würde. Während dieses entscheidenden Zeitraums sollte ein kurzer Abgleich mit der Realität erfolgen. Dazu braucht man Geduld und man sollte sich die Zeit dafür nehmen, zu berechnen, was sich verändert hat.

7. Neugierde

Fragen Sie ›Warum?‹, weil Sie es wissen wollen

In Verhandlungen ist für Nachlässigkeiten kein Platz.

Fragen zu stellen und auf der Suche nach Klarheit Dinge näher zu bestimmen, sind natürlich Dinge, die mit der Charaktereigenschaft der Neugierde einhergehen. Für manche Menschen ist Neugierde so natürlich wie für Kinder, die die Welt, in der sie leben, verstehen wollen und deshalb ständig Fragen stellen. Informationen vor und auch während Verhandlungen zu sammeln ist der ultimative Weg, um Macht zu erzeugen. Selbst wenn Sie glauben, Ihren Markt gut zu kennen, oder wenn sie mit jemanden schon jahrelang Geschäfte gemacht haben, ist es immer möglich, viel zu viel zu vermuten. Einige Verhandler fokussieren sich viel zu sehr auf das, was sie erreichen müssen und unter welchem Druck sie stehen. Stattdessen sollten sie versuchen zu verstehen, was die andere Partei braucht oder wie sich deren Umstände in letzter Zeit verändert haben. Das effektive Stellen von Fragen, um Informationen zu erlangen und Fakten, Daten und Umstände aufzudecken, die nicht offensichtlich sind oder sogar verheimlicht werden, *müssen* die Vorstufe von jedem Angebot sein.

- Welches sind ihre Prioritäten und weshalb?
- Stehen sie unter Zeitdruck und weshalb?
- Welches sind ihre Optionen und weshalb?
- Wie könnten einige dieser Optionen verändert werden?

Eine Situation zu verstehen resultiert nicht nur aus dem Stellen von Fragen. Recherchen über die andere Partei, Gespräche mit anderen Personen und das Einholen von Referenzen sind Tätigkeiten, die Personen anstellen, die etwas wissen wollen und auch diejenigen, die von Natur aus neugierig sind. Es geht dabei nicht um ein Verhör, aber Wissen ist Macht, und ohne einen tiefen Einblick werden Sie ein schwächerer Verhandler sein.

Fallstudie

Im klassischen Schauspiel *The Price* (Der Preis) von Arthur Miller, das 1968 am Broadway Premiere hatte, geht Victor, ein New Yorker Polizist, der kurz vor seiner Pensionierung steht, durch das Mobiliar in einem nicht mehr genutzten Dachgeschoss eines Hauses, das abgerissen werden soll. Schränke, Schreibtische, eine zerstörte Harfe, ein Polstersessel … die Überreste eines vergangenen Lebens voller Überfluss, die er letztlich verkaufen soll. Seine Verkaufsversuche werden gebührend bezahlt, aber nicht, bis er die Situation des Käufers verstanden hat. Wiederholt stellt er fest: »Wie soll ich Ihnen einen Preis nennen? Ich weiß nicht einmal, wer Sie sind. Sagen Sie mir, weshalb Sie das brauchen.« Die Geschichte hinter diesem Schauspiel zeigt, dass der Preis nach dem Eröffnungsangebot des Käufers mehrmals ansteigt, als der wahre Wert des Mobiliars offensichtlich wird und die Geduld und die Neugierde des Verkäufers sich auszahlt. Diejenigen, die zu früh einem Geschäft zustimmen werden, oder die keine Geduld haben, werden wahrscheinlich unnötige Kompromisse eingehen.

8. Numerisches Denken

Wissen, was es wirklich wert ist, was es wirklich kostet

Numerisches Denken ermöglicht es Ihnen, leichter das »Was wäre wenn« zu betrachten und auf Vorschläge unter Zuhilfenahme von Logik und dem Analysieren des Wertes zu reagieren. Ihre Fähigkeit, den Wert durch schnelle Berechnungen zu kalkulieren, ermöglicht Ihnen, Chancen aufzudecken, die ansonsten übersehen würden. Dazu gehört auch, den Wert eines Risikos mit dem Wert einer Chance in Verbindung zu bringen und den daraus resultierenden Wertzuwachs zu berechnen, bevor man einen Vorschlag auf den Verhandlungstisch legt. Auch wenn es eine gute Idee ist, schon vor der Verhandlung einige Angebote vorzubereiten (nach einer anfänglichen Diskussion), Gegenvorschläge zu kalkulieren und alternative Lösungen mit ähnlichen oder sogar besseren Resultaten während der Verhandlung zu entwickeln, wird es Personen mit einem guten numerischen Denken sehr viel einfacher fallen.

Leider trifft dies auf viele Verhandler nicht zu. Einfache Umrechnungstabellen sind eine Möglichkeit, um die finanziellen Auswirkungen von Angeboten einfacher zu kalkulieren und sich so vorzubereiten. Wenn man beispielsweise die Auswirkungen von einem Rabattschritt von einem Prozent oder einer Terminverschiebung um eine Woche oder einer Erhöhung der Bestellung um 500 Einheiten mit einem Tabellenkalkulationsprogramm vorbereitet, kann dies helfen, sehr schnell Optionen und deren Auswirkungen zu berechnen und ebenso schnell auf Vorschläge der anderen Partei zu reagieren.

Numerisches Denken hilft Ihnen, Optionen oder Konsequenzen zu kalkulieren, sich vorzubereiten und sofort mit möglichen Alternativen reagieren zu können, ohne Zugeständnisse machen zu müssen. Es trägt dazu bei, dass Diskussionen schneller verlaufen und Ideen schneller dargestellt werden können, weil man so die Anzahl der Unterbrechungen zur Neuberechnung eines Angebotes minimieren kann. Wenn Sie Zweifel haben, ist es höchst empfehlenswert, eine Sitzung zu unterbrechen oder sogar zu vertagen. Wenn Sie jemals im Zweifel sind, wie sich der Wert eines Geschäfts aufgrund eines Vorschlags verändert hat oder verändern wird, dann sollten Sie sich alle

Fallstudie

Einer meiner Freunde, ein Fitness-Fanatiker, entschloss sich kürzlich, einen Heimtrainer zu kaufen. Er ging ins Internet, recherchierte und entschied sich für ein Gerät, das ihn 550 Euro kosten sollte. Versandkosten entstünden nicht und das Gerät würde innerhalb von 48 Stunden geliefert werden. Er entschloss sich aber, den Verkäufer zuvor anzurufen, weil er einige Fragen zu den Übungen hatte, die er mit diesem Gerät durchführen konnte. Seine Fragen wurden beantwortet und er gab seine Bestellung auf. Kurz vor dem Ende des Telefonats bot der Verkäufer meinem Freund noch eine Zusatzdienstleistung an: »Gegen einen Aufpreis von 170 Euro können wir das Gerät auch noch aufbauen. Soll ich den Aufbau auch noch buchen?« Das Gesetz der Verhältnismäßigkeit hatte eine sofortige Auswirkung auf die Entscheidung: »170 Euro! Das Gerät allein kostet schon 550 Euro. Nein, danke. Ich werde es selbst montieren.« Auch wenn 170 Euro eine Menge Geld zu sein scheinen, stellte es sich heraus, dass er ein ganzes Wochenende benötigte, um ein riesiges Gerät aus 288 Einzelteilen zu montieren. Das Verständnis von Zeit, Wert und Gesamtkosten Ihrer Entscheidungen ist in jeder Verhandlung entscheidend. Allerdings: Hätte er das Gerät auch gekauft, wenn es für 720 Euro, inklusive Montage, angeboten worden wäre?

erforderliche Zeit nehmen, um die Auswirkungen zu verstehen, bevor Sie auf einen Vorschlag eingehen.

9. Kreativität

Möglichkeiten untersuchen und schaffen

Kreative Lösungen helfen nicht nur, wenn es in Verhandlungen zu einer Blockade gekommen ist, sondern sind auch hilfreich, um Ideen auszutauschen, um mehr Wert in einer Verhandlung zu schaffen. Durch die Anwendung eines kreativen Ansatzes können Sie Variablen verknüpfen und in mehreren Schritten Zugeständnisse machen. Nichts ist vereinbart, bis alles vereinbart ist. Ein kreativer Verhandler fühlt sich daher mit einem gewissen Grad an Ungewissheit wohl, während ein Geschäft Formen annimmt. Kreativität gibt Ihnen die Gelegenheit, Optionen und Chancen einzuführen, anstatt die Agenda nur stur und linear abzuarbeiten.

In vielen Verhandlungen gibt es eine ganze Reihe von Variablen und verschiedene Möglichkeiten, wie diese miteinander verbunden und gegeneinander gehandelt werden können. Das bringt Raum für kreative Geschäftsabschlüsse. Selbst wenn es den Anschein hat, dass es nur wenige Variablen gibt, etwa den Preis, das Timing und die Spezifikationen, wird der kreative Verhandler weitere, den Wert erhöhende Aspekte überdenken und sie in Form von zusätzlichen Variablen in die Verhandlungen einbringen.

Stellen Sie sich vor, Sie kaufen von einem Landwirt Land. Der geforderte Preis für das Land wird sehr wichtig und für beide Parteien transparent sein. Der Zeitpunkt der Verfügbarkeit des Feldes wird es Ihnen ermöglichen, zu planen, wie Sie das Land nutzen wollen. Andere Überlegungen könnten den Zugang zum Land betreffen, die Einzäunung und wofür das Land zuvor genutzt wurde. Der kreative Verhandler wird aber eine Reihe weiterer Variablen betrachten als nur die möglichen gegenseitigen Abstimmungen. Was ist mit den Optionen, zukünftig benachbartes Land hinzuzukaufen? Wie steht es um die Entwässerung, die Bedingungen, unter denen das umliegende Land genutzt werden kann? Ist das Land möglicherweise kontaminiert? Könnte man das Land unter Umständen an den Landwirt wieder vermieten und den örtlichen Jägern Zugang gewähren, zu denen auch der Landwirt zählt und so weiter?

Der kreative Verhandler untersucht die Risiken, die Nachhaltigkeit, die Eigenschaften und die Interessen der anderen Partei, um das Maß der Gestaltungsmöglichkeiten während der Laufzeit eines Vertrags völlig zu erfassen. Der kreative Verhandler berücksichtigt auch die Variablen, an denen er nicht direkt gemessen wird, da er sich bewusst ist, dass der wahre Wert auch aus einem ganz anderen Bereich kommen kann.

10. Bescheidenheit

Es sind immer Menschen, die Vereinbarungen treffen, und Gelassenheit erzeugt Respekt

Es scheint dem gesunden Menschenverstand zu entsprechen, wenn Diplomatie und Einfühlungsvermögen verwendet werden, um ein geeignetes Verhandlungsklima zu erzeugen. Wenn es allerdings in Verhandlungen zu Spannungen kommt, dann hilft ein Maß an Bescheidenheit meist, um die Diskussionen wieder auf eine Ebene zu bringen, die Erwachsenen gerecht wird, wobei Taktiken und Ablenkungsmanöver unterbrochen werden. Bescheidenheit entfernt die Notwendigkeit, sein Ego präsentieren zu müssen, und hilft uns zu zeigen, dass wir mit und nicht gegen die andere Verhandlungspartei arbeiten wollen, da wir eine gemeinsame vorteilhafte Beziehung schaffen wollen. Gegenseitigkeit garantiert, dass dann, wenn eine Partei aggressiv wird, auch die andere Partei dieses Verhalten spiegeln wird, und das Ergebnis wird sein, dass man sich streitet, was in Verhandlungen immer kontraproduktiv ist. Die Bescheidenheit des kompletten Verhandlers ermöglicht es der anderen Partei, den Streit zu »gewinnen«, da er sich auf das Verhandlungsklima und auf den Gesamtwert des Geschäfts konzentriert.

Letztlich sind nicht Sie selbst wichtig; es geht um das Beste für die Beziehung und die Übereinkunft. Es geht nicht um das Gewinnen

Fallstudie

James ist in der Ölindustrie beschäftigt und Chef einer Verhandlungsdelegation. Eine Mineralölgesellschaft sicherte sich im Jahr 1997 die Genehmigung in Hobbs, New Mexico, nach Öl zu bohren und traf auf eine Ölquelle. Sie musste aber mit dem Bundesstaat New Mexico immer noch die Bedingungen zur Ölförderung verhandeln. Die Ölquelle lag in einer Region, die von amerikanischen Pima-Indianern bewohnt wurde, die in dieser Region bedeutende Rechte hatten. Zu dieser Zeit führte die Ölgesellschaft zufällig Gespräche mit Quest, einer großen Ölraffinerie, die sehr viel Erfahrung mit Vertragsabschlüssen in diesem Staat hatte.

Zunächst jedoch musste sich die Ölgesellschaft mit den Indianern auf Bedingungen einigen, um 300 Meilen Pipeline durch ihr landwirtschaftliches Gebiet verlegen zu dürfen.

Die Indianer wollten offensichtlich möglichst viel Geld für ihre Zustimmung. Der Vertrag sollte eine Laufzeit von zehn Jahren haben und würde die Region und deren Reichtum verändern. Allerdings war die Ölgesellschaft davon ausgegangen, dass der Preis entscheidend für den Vertrag war. Die an der Verhandlung beteiligten Parteien zeigten wenig gegenseitigen Respekt und nach sechs Monate langer Diskussion wurden die Verhandlungen beendet.

Quest, das daran interessiert war, für den Fall, dass der Vertrag der Mineralölgesellschaft Fortschritte machte, einen Raffinerievertrag abzuschließen, hatte auch wesentliche Erfahrungen in diesem Bereich gesammelt und bot Hilfe an. Viele ihrer Verhandler hatten Erfahrung in Verhandlungen mit den Pima-Indianern. Es stellte sich heraus, dass lediglich Respekt, Vertrauen und eine breiter angelegte Verhandlungsagenda erforderlich waren. Eine Reihe kommunaler Investitionen in Programme zur Bildung und Infrastrukturmaßnahmen wurden in den Verhandlungen präsentiert. Zusätzlich wurde den Stammesführern eine Beteiligung von 50 Prozent in der Beratungskommission, die sich auf den geplanten Verlauf der Pipeline konzentrierte, angeboten. Nach zwei Wochen war der Vertrag unter Dach und Fach, der wiederum die Dynamik der folgenden Verhandlungen zwischen Quest und der Ölgesellschaft veränderte.

Die Indianer mussten ihren Partnern vertrauen können und wollten einbezogen werden.

James schrieb mir, nachdem der Vertrag geschlossen war, und sagte: »Niemand wird dir Zugeständnisse machen oder bessere Bedingungen einräumen, weil er dich mag. Es gibt jedoch sehr viele Menschen, die keine Geschäfte mit dir machen wollen, weil sie dich nicht mögen«. An diese Sätze erinnere ich mich noch nach 14 Jahren, nachdem ich von dieser von Partnerschaft abhängigen Verhandlung hörte.

oder darum, wie Sie sich fühlen. Bescheidenheit verlangt die Beseitigung der persönlichen Betrachtungsweise, ausgenommen das Bedürfnis von gegenseitigem Respekt und die Konzentration auf die Übereinkunft. Die Verhaltensweisen, die mit der Schaffung des angemessenen Verhandlungsklimas im Zusammenhang stehen, sind im nächsten Kapitel gut dokumentiert. Bescheidenheit liegt dem Verhalten zugrunde. Sie ist eine Eigenschaft, die es Ihnen als Verhandler erlaubt, sich auf die Qualität der Vereinbarung zu konzentrieren und nicht durch Charakterzüge oder persönliche Ansichten voreingenommen zu sein.

Auch wenn es Risiken birgt, das Selbstvertrauen aufzubringen, um einzugestehen, dass man etwas nicht weiß (wodurch Ihre Glaubwürdigkeit keinesfalls völlig ruiniert würde), oder für andere Ideen offen zu sein, ohne den Eindruck zu erwecken, beeinflussbar zu sein und der anderen Verhandlungspartei das Gefühl zu vermitteln, dass diese wichtig sind: Das sind Hinweise darauf, dass Bescheidenheit im Spiel ist. Es ist keine Schande, nicht alle Antworten zu kennen. Wichtig ist, dass man die Fragen kennt, die man stellen muss, und dass man Integrität und Würde zeigt. Das ermöglicht dem bescheidenen Verhandler, angemessene Beziehungen für weitere gegenseitige Geschäfte aufzubauen.

Zusammenfassung

Die meisten von uns haben hinsichtlich dieser zehn Charaktereigenschaften relativ gesehene Stärken und daher per Definition Charaktereigenschaften, die weniger natürlich für uns sind. Sie helfen uns, unser Verhalten und unsere Kompetenz als Verhandler zu verbessern oder einzuschränken. Wenn Verhaltensweisen verändert werden können, müssen die Charaktereigenschaften verstanden werden, da es Ihre Selbstwahrnehmung ist, die letztlich auf Ihr Handeln Einfluss nimmt, darauf, wie Sie auftreten und ob Sie durch jede Verhandlung, an der Sie beteiligt sind, weiterhin lernen und wachsen. Wenn Sie nicht von Natur aus kreativ sind oder Hartnäckigkeit nicht unbedingt Ihre Sache ist, dann muss das nicht unbedingt ein Thema sein. Es sind die Menschen, die das erkennen, die zum kompletten Verhandler werden.

Kapitel 5
Die 14 Verhaltensweisen, die zum Erfolg führen

Der Rahmen für unseren Verhandlungs-Standard beginnt sich nun zu entfalten. Es ist an der Zeit, dass Sie sich selbst mit Ihren Fähigkeiten als Verhandler auseinandersetzen und den signifikanten Unterschied kennen lernen, den ein kompetenter Auftritt für das Endergebnis ausmachen kann. Das Ziffernblatt des Verhandelns legte die Basis dafür, die vielen möglichen Verhandlungsweisen zu unterscheiden. Das Verständnis der Machtverhältnisse hilft uns zu begreifen, wie Situationen und Beziehungen manipuliert oder beeinflusst werden können, was bedeutet, dass wir unsere Vermutungen ständig überprüfen müssen. Die zehn Charaktereigenschaften, die wir in Kapitel 4 untersucht haben, bieten eine Struktur zur Selbstwahrnehmung, was uns in die Lage versetzt, das zu tun, was angemessen ist. In diesem Kapitel stelle ich Ihnen die 14 Verhaltensweisen vor, die Sie in die Lage versetzen, das Richtige zum richtigen Zeitpunkt zu tun. Zusammengenommen unterstützen die Charaktereigenschaften und die Verhaltensweisen den kompetenten Auftritt des kompletten Verhandlers.

Ihre Verhaltensweisen und Eigenschaften

Das Großartige an Verhaltensweisen in Verhandlungen ist, dass sie entwickelt werden können. Werden Verhandler geboren oder dazu gemacht? Es ist fair, wenn man sagt, dass wir alle Charaktereigenschaften haben, die sich für einige Fertigkeiten besser eignen als für andere. Allerdings sind effektive Verhandlungen ein Ergebnis dessen, was Sie tun, und gerade deshalb ist die Entwicklung dieser 14 Verhaltensweisen so wichtig für Ihre Fähigkeiten und für Ihre Leistung als Verhandler.

Denken Sie an irgendeinen Profisportler, der eine ganze Reihe von Fertigkeiten auf höchstem Niveau ausüben muss. Ein Tennisprofi muss beispielsweise den Aufschlag beherrschen, den zweiten Aufschlag einschätzen können, er muss einen Lob spielen können, die Rückhand mit Spin schlagen können, den Volley am Netz, den Vorhand-Spin, den Slice, den Slice mit der Rückhand und so weiter. Der erforderliche Umfang an Fertigkeiten macht ihr gesamtes Spiel aus, ebenso wie die Fähigkeit, mit verschiedenen Situationen umgehen zu können. Das kann man auch über Golfprofis sagen, über Formel 1-Piloten, Basketballprofis und wirklich über jeden Profisportler, der in Wettkämpfen unter wechselnden Bedingungen herausragende Leistungen erbringen muss.

Eine weitere interessante Parallele zwischen Sportprofis und Verhandlern sind das Training und die Vorbereitung. Sportprofis haben ihre eigenen Trainer. Training ist ein ständiger Bestandteil ihres Lebens, wenn sie an der Weltspitze mitspielen wollen. Für Verhandler gibt es ähnliche Herausforderungen, die letztlich am Erfolg und den Ergebnissen ihrer Geschäfte gemessen werden. Diejenigen, die glauben, dass aufgrund ihrer Position der Stärke weniger Vorbereitung notwendig ist, oder dass die Fertigkeiten, die sie über Jahre hinweg entwickelt haben, ihnen auch in der Zukunft nützlich sein werden, wollen die Wahrheit nicht erkennen. Ein großer Schritt in die richtige Richtung ist das Verständnis der Fertigkeiten und der Charaktereigenschaften eines effektiven Verhandlers und die durch eine gesteigerte Selbstwahrnehmung gewonnene Erkenntnis, die sie für Sie bedeuten. Gleichgültig an welcher Art von Geschäft Sie beteiligt sind, die Zeit, die Menschen tatsächlich in Verhandlungen verbringen, ist im Vergleich zu allen anderen Tätigkeiten im Geschäftsleben relativ gering. Wenn Sie die Stunden addieren, die Sie am Verhandlungstisch verbringen, so können sogar die größten Geschäfte innerhalb weniger Tage zum Abschluss gebracht werden. Die meisten Vereinbarungen werden innerhalb von Stunden oder in noch kürzerer Zeit verhandelt.

Würden Sie den bei Verhandlungen auf dem Spiel stehenden Wert durch jede Minute, in der Sie verhandeln, dividieren, dann würden Sie wahrscheinlich zu dem Ergebnis kommen, dass Ihre Zeit unglaublich wertvoll ist. Stellen Sie sich vor, Sie würden einen Vertrag verhandeln, in dem es um die Lieferung von Baumaterialien an ein

Bauunternehmen geht, und der Wert des Vertrags für dieses Jahr liegt bei 5 Millionen Euro. In den nächsten drei Monaten nehmen Sie an drei Terminen teil, in denen eine Reihe von Themen untersucht wird. Insgesamt verbringen Sie dabei fünf Stunden in direkten Verhandlungen mit der anderen Partei. Die Marge für dieses Geschäft muss gesichert sein und Sie diskutieren die Lieferzeitpunkte, den Bestellprozess und eine Reihe anderer Variablen. Die Rendite des Geschäfts wird voraussichtlich bei 1 Million Euro liegen, also bei 20·Prozent des Gesamtwerts. Im Verlauf der Verhandlungen, wenn Sie die Bedingungen diskutieren, schwankt die Rendite des Vertrags, weil Sie die einzelnen Variablen durcharbeiten, einschließlich der Zahlungsbedingungen, Rabatte und anderem. Die Rendite des Geschäfts schwankt auch je nachdem, welcher Teil des Vertrages an Ihre Leistungen gekoppelt ist. Nehmen wir einmal an, dass die Rendite im Bereich von 15 bis 20 Prozent liegen könnte. Das entspricht einer Rendite zwischen 750 000 Euro und 1 000 000 Euro, womit 250 000 Euro auf dem Spiel stehen, die von Ihrem Auftreten abhängig sind. Dividieren Sie diesen Betrag durch fünf Stunden, die Sie in die Verhandlungen investiert haben. Dies entspricht 50 000 Euro pro Stunde oder ungefähr 830 Euro pro Minute, die Sie durch Ihre Leistung beeinflussen können!

Die Fertigkeit, gut verhandeln zu können, bietet wahrscheinlich die Gelegenheit, je investierter Minute mehr Wert zu schaffen als jede andere Fertigkeit, die Sie in Ihrem Beruf nutzen. Stellen Sie sich nun einmal vor, das Geschäft hätte einen Wert von 1 Milliarde Euro. Wie wertvoll wäre Ihre Zeit dann? Das ist der Grund, weshalb Verhandler, ebenso wie Profisportler der Weltklasse, ihre Fertigkeiten immer überprüfen und regelmäßig trainieren müssen.

Definieren, was Sie in Verhandlungen tun

Die 14 Verhaltensweisen des Verhandelns definieren das, was Sie tun, wenn Sie verhandeln. Es sind die verschiedenen Fertigkeiten, die in den verschiedenen Bereichen auf dem Ziffernblatt des Verhandelns erforderlich sind, um Leistung zu erbringen. Diese Verhaltensweisen ermöglichen es Ihnen aber auch, ausreichend wandlungsfähig zu sein, um sich in allen Situationen richtig zu verhalten. Diese

14 Verhaltensweisen werden seit mehr als zehn Jahren als der Rahmen gesehen, um Verhandlungen in über 500 Großunternehmen auf der ganzen Welt zu beurteilen, zu entwickeln und zu unterstützen. Dabei wurde das Ziffernblatt des Verhandelns von ihnen als das »Standard«-Referenzwerk für Verhandlungen übernommen.

Die ersten fünf Verhaltensweisen werden üblicherweise, obgleich nicht ausschließlich, auf der rechten Seite des Ziffernblatts des Verhandelns benutzt (bei Verhandlungen in den Bereichen zwischen 1.00 Uhr und 6.00 Uhr). Sie dienen aber auch als Grundlage für die Verhaltensweisen in den anderen Bereichen des Ziffernblatts.

Die nächsten drei Verhaltensweisen basieren auf Zuhören, Planen und auf das Stellen von Fragen. Dies ist in allen Bereichen auf dem Ziffernblatt von größter Bedeutung.

Die letzten sechs Verhaltensweisen, die auf den vorhergehenden Verhaltensweisen aufbauen, helfen dabei, sich in komplexeren Geschäften richtig zu verhalten, wenn Beziehungen und Abhängigkeiten wichtiger werden.

Fallstudie

Der Account-Manager eines südafrikanischen IT-Outsourcing-Dienstleisters arrangierte ein Treffen mit seinem größten Kunden, um die Leistung des Accounts zu diskutieren. Er plante auch Verbesserungen anzusprechen und Diskussionen anzustoßen, die ihre Geschäftsbedingungen für das kommende Jahr betrafen. Er glaubte, die Beziehung zum Kunden habe sich gut entwickelt, das geforderte Service-Niveau sei erreicht worden und die Beziehung sei so gut, dass die Zusammenarbeit fortgeführt werden könne. Er arbeitete für Sedex-Serve, ein Unternehmen, das auf seine kooperativen Beziehungen zu den Klienten und auf seine langfristigen Verträge stolz war. Er hatte die zwischenmenschlichen Umgangsformen und den freundlichen Umgang seines Personals verfeinert, was Sedex Serve und auch den wichtigen Kunden gefiel, die er betreute. Auf dem Weg zu dem Treffen erhielt er einen Anruf seines Kunden, der ihn darüber informierte, dass der normalerweise zuständige Ansprechpartner des Auftraggebers (der IT-Controller) sich krank gemeldet habe und deshalb nicht am Treffen teilnehmen könne. Allerdings stand der IT-Direktor zur Verfügung und konnte zum Treffen kommen. Der Account-Manager war einverstanden.

Innerhalb von wenigen Augenblicken nach Beginn des Treffens stellte der IT-Direktor eine Reihe von Forderungen nach Rabatten, Innovationen und Leistungsverbesserungen. Hinzu kamen Abgabetermine und ein Ultimatum. Er sagte, in den Account sei nicht genügend investiert worden und sein Unternehmen sei für Sedex-Serve zum »Goldesel« geworden. Außerdem behauptete er, dass das schlechte Service-Niveau in seinem Unternehmen dazu geführt habe, dass es seinen Vorteil gegenüber der Konkurrenz verloren habe.

Der Kundenbetreuer hörte sich das Feedback an und versuchte, den Direktor zu beruhigen. Er fühlte sich zu einer Reaktion verpflichtet und tat dies auch mit allem, was ihm zur Verfügung stand. Er versprach zusätzliche Mittel, schnellere Reaktionszeiten, einen Stammkundenrabatt von 15 Prozent und sogar eine Verlängerung der Zahlungsfristen. Druck, das Risiko von Konsequenzen und die Tatsache, dass der Direktor berechtigt war, den Account zu kündigen, führten zu einer völligen Kapitulation. Aber er war ein intelligenter und erfahrener Account-Manager und stolz darauf, gute Geschäfte aushandeln zu können. Doch nur selten hatte er ein so forderndes Umfeld erlebt wie dieses. Das hatte er nicht erwartet, war deshalb nicht darauf vorbereitet und nicht in der Lage, sich dem angespannten Umfeld anzupassen. Letztlich verlor er die Fassung, versäumte es, Notizen zu machen oder das Treffen zu unterbrechen. Er gab klein bei. Durch sein Verhalten verlor er Respekt und Sedex Serve verlor jährlich Gewinne von 2 Millionen US-Dollar bei diesem Kunden.

Die Erfahrung in diesem Fall mag für die meisten Manager kein übliches Ereignis sein. Allerdings war es eine der vielen Veranschaulichungen, die ich erlebt habe, wenn Manager mit Entscheidungsgewalt, ohne all die notwendigen Fähigkeiten, um alle Situationen zu meistern, sich in einer so kompromittierenden Situation wiederfinden.

Obwohl die meisten Unternehmen, die untereinander verhandeln (B2B, business to business), gern glauben, dass ihre Verhandlungen auf der linken Seite des Ziffernblatts stattfinden (eher kooperativ), zeigt die Realität, dass nur wenige Verhandlungen ständig in einem Bereich bleiben. Tatsächlich benötigen Verhandler *alle* Verhaltensweisen, wenn sie wandlungsfähig, anpassungsfähig und letztlich erfolgreich sein wollen.

Auf der linken Seite des Ziffernblatts befinden sich die Bereiche, in denen die größten Chancen zur Wertschöpfung liegen. Es ist ein schwierigeres Umfeld, weil hier die Verhandlungen auf Beziehungen beruhen und die Übereinkünfte meist einen breiteren Bereich von Variablen abdecken. Die Chancen auf zukünftige Geschäfte bestehen, was gegenseitige Abhängigkeit fördert, aber auch ein gewisses Maß an Vertrauen und Zusammenarbeit erfordert.

Allerdings ist die Welt nicht immer rational und nur weil unter zwei Beteiligten eine Abhängigkeit besteht, bedeutet das nicht, dass diese beiden Menschen deshalb kooperieren. Macht kann Menschen und Unternehmen unvorhersehbar verändern. In allen Arten von Verhandlungen ist es das Ego der Menschen, das ein unglaublich konkurrenzbetontes Umfeld erzeugen kann. Dies ist der Grund, weshalb wir alle Aspekte einer Verhandlung verstehen und beherrschen müssen, wenn wir zu nachhaltigen Übereinkünften kommen wollen.

Die 14 Verhaltensweisen

1. Denkt bei Konflikt klar

Bei allem, was Sie in Verhandlungen tun, müssen Sie denken: Wenn Sie nicht klar denken, dann wird Ihre Leistung darunter erheblich leiden. In seiner Definition gleicht es der ersten Charaktereigenschaft (Nerven zu haben) (siehe Kapitel 4, Seite 111). Das Ausmaß des Konflikts – gleichgültig ob real oder gefühlt – innerhalb einer Verhandlung wird, abhängig von der von beiden Parteien angewendeten Strategie, schwanken. Die Fähigkeit, klar zu denken, wenn man sich einem solchen Konflikt gegenübersieht, wird jedem Verhandler in jedem Bereich des Ziffernblatts des Verhandelns von großem Nutzen sein.

Wenn Sie in einer Verhandlung feilschen (4.00 Uhr auf dem Zifernblatt des Verhandelns), kann es sehr schwierig sein, einen klaren Kopf zu bewahren und sich auf das Geschäft zu konzentrieren, wenn die Gegenseite versucht, Sie aus der Konzentration zu bringen oder bei Ihren Überlegungen zu stören.

Dennoch ist es gerade diese Fähigkeit, die es Ihnen erlaubt, angemessen reagieren zu können. Wie können Sie Optionen abwägen, kreativ denken oder sich bemühen, ein kooperatives Verhandlungsklima herzustellen, wenn Sie durch die Tatsache abgelenkt sind, dass die andere Partei gerade ein Ihnen lächerlich gering erscheinendes Eröffnungsangebot auf den Tisch bringt und Sie emotional unter Druck stehen? Die Verhandlung zu beenden wäre so, als ob ein Boxer, der einmal zu Boden gehen musste, sich nicht wieder aufraffen würde. Sie müssen Ihre Gedanken sammeln und alle Emotionen so gut wie nur möglich aus Ihrem Denken verdrängen.

Zu klarem Denken gehört auch, dass Sie der Gegenpartei nicht erlauben dürfen, in Ihnen das Gefühl zu wecken, Sie würden den Markt nicht verstehen und Sie müssten sich deshalb bewegen. Wenn Sie sich über ein Geschäft nicht im Klaren sind oder was daraus werden kann, dann unterbrechen Sie die Verhandlung. Sie können immer noch an den Verhandlungstisch zurückkehren, nachdem Sie sich die erforderliche Zeit genommen haben, um über Ihre Optionen nachzudenken. Stimmen Sie niemals etwas zu, das Sie nicht verstanden haben. In Verhandlungen ist nichts vereinbart, bis alles vereinbart wurde. Deshalb stellen Sie sicher, dass Sie nichts übersehen haben, bevor Sie einwilligen.

Wenn Sie einem Konflikt gegenüberstehen, bedeutet klares Denken auch, sich allen entgegenzustellen, die arrogant sind und damit versuchen, Ihre Gedanken zu manipulieren – außer Sie wollen, dass die andere Partei dies glaubt und weil es Ihren Interessen dient. Betrachten Sie Arroganz oder Irrationalität als das, was es ist, und kontrollieren Sie die Verhandlung, indem Sie Ihre Position noch einmal zum Ausdruck bringen und ihnen das Reden überlassen. Vielleicht fühlen Sie sich unbehaglich, aber es wird Ihnen Respekt einbringen und Sie werden sich nicht in einer Position befinden, in der Sie nach dem Geschäft bedauern, dass Sie zugelassen haben, dass etwas so passiert ist.

Sie können die Verhandlung nicht allein dadurch kontrollieren, dass Sie einen »kühlen Kopf« behalten. Verlangen Sie Klarheit als Bedingung, die Verhandlung fortzusetzen. Kontrollieren Sie das Tempo der Verhandlung durch das Stellen von Fragen, verlangsamen Sie den Verlauf und demonstrieren Sie ihnen Ihre *Machtaussage*. Beispielsweise: »Ich verstehe, dass Sie bis zum Ende des Monats verkauft haben müssen?« Die andere Partei wird mit einer Verneinung antworten, mit einer Bestätigung oder einer Rechtfertigung. Jede dieser Möglichkeiten wird Sie mit Einsichten versehen und wird sicherstellen, dass Sie es sind, der das Treffen kontrolliert.

Machtaussage

Eine Annahme, die von Ihnen als Tatsache geäußert wird und dadurch nahelegt, dass die andere Partei von Ihnen abhängig ist.

Wenn größere Konsequenzen oder ernsthafter Zeitdruck im Spiel sind und Sie Leistung zeigen müssen, dann werden Sie Stress verspüren. Abhängig davon, wie hoch das Stressniveau ist, wird Ihre Fähigkeit klar zu denken möglicherweise in Mitleidenschaft gezogen werden. Die Fähigkeit mit diesem Druck zurechtzukommen, wird einen klaren Unterschied bei Ihrer Leistung, insbesondere beim Feilschen bringen. Klares Denken beinhaltet auch, dass Sie auf Ihre Ziele konzentriert bleiben. Ohne diese erste Verhaltensweise werden alle anderen Fertigkeiten negativ beeinträchtigt werden.

2. Lässt sich nicht durch eigenen Sinn für Fairness leiten

Dies ist die umstrittenste oder am leichtesten missverstandene Verhaltensweise, und dennoch bietet sie eine wirkliche Realitätsüberprüfung für jeden, der glaubt, dass wir alle gleich sind und über die gleiche Macht verfügen, die gleiche Ethik oder die gleichen Motive haben.

Der Verhandlungsprozess ist genau das, ein Prozess, und als solcher muss er kontrolliert und geleitet werden. Wäre jeder offen und fair, dann gäbe es keinen Anlass für Verhandlungen.

Fairness hat in Verhandlungen keinen Platz. Wenn man sich in Verhandlungen auf ein Ziel konzentriert, verlangt dies eine geistige Einstellung, die von dem Wunsch, fair zu bleiben, nicht verzerrt werden darf. In gewissem Umfang sind wir alle durch die Werte konditioniert, nach denen wir unser Leben führen. Sowohl gesellschaftliche Werte als auch Unternehmenswerte beinhalten Fairness. Selbst die

Politiker sprechen über eine »fairere Gesellschaft«. Aber Fairness kann man nicht messen. Was für Sie fair sein mag, kann für die andere Verhandlungspartei unfair sein und deshalb kann man sich nicht auf Fairness als Grundlage für den Wunsch nach einer Übereinkunft verlassen.

Allerdings ist die Wahrnehmung von Fairness durch die andere Partei wichtig, wenn Sie eine ausgeglichene Partnerschaft mit ihr benötigen und wenn Sie mit ihr dauerhaft zusammenarbeiten wollen. »Fair« ist allerdings ein subjektiver und relativer Begriff. Sie bieten jemandem einen Preis von 40 Euro an und er glaubt, es sei ein fairer Preis. Bieten Sie einer anderen Person 40 Euro an, könnte diese den Preis für unfair halten. Der erste war es gewohnt, anderweitig 45 Euro zu bezahlen, und glaubt, er habe ein gutes Geschäft gemacht und der Preis sei fair. Die zweite Person hat niemals gekauft, einen Preis von 35 Euro erwartet und ist deshalb nicht glücklich. Relativität kann in allen Bereichen von Verhandlungen beobachtet werden: eine Preiserhöhung, Veränderungen von Bedingungen oder wenn eine Gewerkschaft für ihre Arbeiter neu verhandelt, da die geforderten Änderungen unfair sind.

Aufteilung einer Differenz?

Kapitalismus wurde nicht gestaltet, um fair zu sein, obwohl die meisten Menschen naiv glauben, dass dem so sei. Es mag vielleicht hart klingen, aber nur wenige Dinge im Leben sind fair und nur selten bekommt jemand das, was er verdient. Sie bekommen genau das, was Sie verhandeln. Wenn Sie in Verhandlungen erwarten, dass jemand unter dem Druck des Markts fair ist, dann werden Sie enttäuscht sein. Wenn Sie vorhaben, fair zu sein, nur, weil Sie auf diese Weise Geschäfte mit anderen machen wollen, dann werden Sie dafür bezahlen. Allerdings kann in einigen Geschäftszweigen Fairness gegenüber der anderen Partei, von der Sie wissen, dass auch sie fair handelt, ausschlaggebend dafür sein, dass man Vertrauen gewinnt und man dieses aufrechterhalten kann. Damit will ich keinesfalls sagen, dass Sie unfair handeln sollten. Allerdings sollten Sie es vermeiden, dass Ihr Sinn für Fairness Ihr Denken dominiert.

Fairness ist keine Antwort auf Konflikt. Wenn Sie beispielsweise immer vorhaben, die Differenz zwischen zwei Angeboten genau in der Mitte zu teilen, dann ist das nicht verhandeln, sondern das Eingehen eines Kompromisses. Wenn die andere Partei anbietet, sich in der Mitte zu treffen, dann bedeutet das normalerweise, dass sie bereit ist, das zu akzeptieren und dass sie wahrscheinlich auch weniger akzeptieren würde, wenn sie dazu gedrängt würde. Ganz wichtig ist: Anstatt das Geschäft mit einer Aufteilung von 50 : 50 abzuschließen, weshalb sollten Sie nicht ein weiteres bedingtes Angebot machen, das Sie weniger kostet als eine hälftige Aufteilung? Die Notwendigkeit, Fairness zu zeigen, führt unerfahrene Verhandler oft dazu, ein 50 : 50-Angebot zu akzeptieren. Der Grund dafür ist, dass es sich fair anfühlt. Stattdessen sollte man weitere Gegenvorschläge machen, um eine preisgünstigere Lösung zu erzielen.

Gewinnmaximierung muss nicht bedeuten, dass dies zum Schaden der anderen Partei ist. Das würde ja bedeuten, dass Sie nur deshalb mehr bekommen, weil die andere Verhandlungspartei weniger bekommt.

Sind wir in der Lage, Fairness außen vor zu lassen, dann ermöglicht uns das, sich auf andere Fertigkeiten zu konzentrieren, anstatt den einfachen Weg zu wählen, der bedeutet, dass man unnötige Zugeständnisse macht, die man damit rechtfertigt, dass diese nur fair gewesen seien. Verhandlungen sind harte Arbeit und sollten es auch sein und sie sollten sich lohnen. Der einfache, faire Weg, die Differenz zwischen Angeboten einfach aufzuteilen, ist nur selten der optimale Weg zum besten Geschäft für alle Beteiligten.

Bewahren Sie Ihre Werte

Kontrolle, Selbstwahrnehmung und die Dinge zu tun, die auch unangenehm sind, sind in Verhandlungen notwendig und resultieren aus dem Verständnis, welche Rolle Fairness spielt, wenn man sich auf Bedingungen eines Geschäftes einigt. Den emotionalen Druck, dem wir in Verhandlungen ausgesetzt sind, zu verstehen und ihm Rechnung zu tragen, hilft bei der Suche nach einer optimalen und nicht nur nach einer fairen Lösung. Effektive Verhandlungen erfordern nicht, dass Sie Ihre Werte ändern, da sie ja den Rahmen für Ihr tägliches Leben darstellen – Sie sollen nur verstehen, wie diese Werte Ihre Gefühle, Ihre Emotionen, Ihr Verhalten und Ihre Leistung während Verhandlungen beeinflussen.

Je mehr Sie versuchen, fair zu sein, umso mehr wird Ihre Großzügigkeit ausgebeutet werden. Wenn Sie ein wenig geben, wird die andere Verhandlungspartei sich ein großes Stück »vom Kuchen« abschneiden. Deshalb sollten alle Angebote von Bedingungen abhängig gemacht werden. Die meisten Menschen werden nicht nach den Werten leben, die für Sie gelten. Sie könnten auf das Geschäft mehr angewiesen sein, ganz einfach gefühlloser oder in ihrem Handeln irrational sein. Eines aber ist sicher: Sie wollen ihren Gewinn maximieren und wenn Sie ihnen das leicht machen, dann wird es zu Ihrem Nachteil sein.

Es ist pervers, aber Menschen, die sich in Verhandlungen fair verhalten, können tatsächlich als unfair wahrgenommen werden. Wenn sich beispielsweise jemand in einer Situation des Feilschens im Bereich 4.00 Uhr entschließt, nicht mehr zu verlangen, als im ersten Moment erwartet wird und ein vernünftiges Eröffnungsangebot unterbreitet (siehe Kapitel 2, Seite 51), dann will er die andere Verhandlungspartei nicht beleidigen. Der Sinn für Fairness führt dazu, dass sie sich unwohl fühlt, ein sehr hohes beziehungsweise niedriges Angebot zu unterbreiten, was sehr wahrscheinlich von der anderen Partei zurückgewiesen wird. Die andere Partei jedoch möchte die Zufriedenheit haben, dass sich ihre Gegenseite von ihrem Eröffnungsangebot bewegt. Die Gegenseite hat nun zwei Möglichkeiten: Entweder sie verschenkt Wert, was sie sich nicht leisten kann (da ihr Eröffnungsangebot ohnehin schon auf ihrem Breakpoint lag) oder sie muss »nein« sagen und wird sich nicht bewegen. Das führt zum Eindruck von Sturheit, von Unfairness und möglicherweise zur Blockade der Verhandlungen.

Standfest zu sein ist keine Unverschämtheit, hart zu sein ist nicht gemein. Gemocht zu werden, bedeutet nicht, dass man respektiert wird. Wenn gefeilscht wird, machen nette Menschen keine guten Geschäfte.

3. Behält Selbstkontrolle, nutzt Schweigen und kann mit Unbehagen umgehen

Im Verlauf eines Feilschens im Bereich 4.00 Uhr auf dem Ziffernblatt des Verhandelns kommt es unweigerlich zu einem Konflikt zwischen den beiden Positionen: »Was du bekommst, verliere ich, und was ich bekomme, das verlierst du.« Es ist ein Nullsummenspiel.

Wenn man sich beispielsweise nach dem Eröffnungsangebot auf zueinander extremen Positionen befindet und es nur wenige weitere Themen zu diskutieren gibt, dann wird die Eröffnungsposition abgelehnt. Danach folgen normalerweise Spannungen und manchmal sogar emotionale Ausbrüche. Diese Reaktionen werden manchmal vorgespielt, sind zuweilen aber auch ein ganz natürlicher Wutanfall.

Selbstkontrolle ermöglicht Ihnen,

- die Nerven zu behalten,
- kompromisslos zu bleiben,
- den Vorschlag zurückzuweisen.

Diese Verhaltensweisen könnten als arrogant und unkooperativ beschrieben werden. Dieses konkurrenzbetonte Verhalten könnte in vielen Kundenbeziehungen als inakzeptabel gelten, wenn es außerhalb des Feilschens gezeigt wird. Aber wenn Sie versuchen, einen Verhandlungspartner von seiner Position zu bewegen, dann sind Selbstkontrolle und Schweigen die mächtigsten Verhaltensweisen, die man einsetzen kann. Verhandeln hat weniger mit Unterhaltungen zu tun, wesentlich mehr jedoch mit Zuhören. Der Grund für Ihr Zuhören ist es, zu verstehen, was man Ihnen sagt, wenn Sie versuchen festzustellen, wie weit die andere Partei gehen wird. Lassen Sie die andere Verhandlungspartei

- ihre Position verkaufen,
- ihre Position erklären,
- alle Vorteile anbieten und
- erklären, weshalb sie die Übereinkunft »heute« braucht.

»Sagten Sie heute?« An genau diesem Punkt machen Sie ein extremes, aber dennoch realistisches Angebot, ein Angebot, das darauf abzielt, die Erwartungen der anderen Partei zu korrigieren. Verhandlungen bestehen aus Schweigen, und dieses Schweigen zu beherrschen, erfordert Selbstkontrolle und das daraus entstehende Unbehagen in den Griff zu bekommen. Sie können nicht denken (Verhaltensweise 1: Denkt bei Konflikt klar) und gleichzeitig sprechen, ohne etwas an Kontrolle über die Botschaft zu verlieren, die Sie vermitteln wollen. Wenn Sie nicht bereit sind, Ihr Angebot zu unterbreiten, dann stellen Sie entweder eine Frage oder Sie schweigen. Wissen ist Macht und je mehr die andere Partei spricht, umso mächtiger werden Sie werden.

- Überlassen Sie der anderen Partei das Sprechen.
- Konzentrieren Sie Ihre Aufmerksamkeit zunächst auf das, was die andere Partei sagt, und denken Sie nicht zu sehr an das, was Sie antworten wollen.

Das ist ein ganz einfacher Vorgang, mit dem viele Menschen Schwierigkeiten haben, weil man sich unbehaglich fühlt und es unseren gesellschaftlichen Werten – entgegenkommend zu sein oder gemocht zu werden – widerstrebt.

4. Eröffnet extrem und steuert damit die Erwartungen der Gegenpartei

Verhandlungen extrem zu eröffnen ist ziemlich einfach, wenn Sie nur Ihr Angebot unterbreiten. Die Furcht vor einer vorhersehbaren Ablehnung des Angebotes jedoch führt bei vielen Menschen dazu, dass sie sich unbehaglich fühlen, wenn sie ihren Vorschlag zuerst unterbreiten sollen. Wegen dieser Furcht vor Zurückweisung, die wir erwarten, riskieren wir, unsere Selbstbeherrschung zu verlieren. Anstatt zu sagen: »Mein Preis ist 50 Euro«, sagen wir letztlich etwas Ähnliches wie »Ich hätte gerne ungefähr 50 Euro«. Das signalisiert sofort, dass dieser Preis verhandelt werden kann. Wenn es Ihnen 100 Euro wert ist, dann bieten Sie 50 Euro. Wir wissen zwar, dass die Gegenpartei das Angebot ablehnen wird, aber dies ist eben ein Teil des Verhandlungsprozesses.

Sie können dieses Gefühl des Unbehagens nicht verändern und auch nicht beseitigen. Also müssen Sie sich daran gewöhnen oder Wege finden, sich daran anzupassen. Um das zu tun, denken Sie daran, dass Verhandeln ein Prozess ist, an dem Sie beteiligt sind. Diese Denkhaltung wird für Sie drei Dinge tun:

1. Sie wird Ihnen behilflich sein, Ihr Angebot in angemessener Weise zu unterbreiten.
2. Sie wird Ihnen helfen, der Position der anderen Partei entgegenzutreten.
3. Sie wird sicherstellen, dass Sie der anderen Partei die Genugtuung geben zu glauben, sie hätte ein besseres Geschäft gemacht, als sie es ursprünglich für möglich gehalten hatte.

Wenn der Verhandlungspartner weiterhin schweigt und Sie sich verpflichtet fühlen zu reagieren – tun Sie es nicht! Zahlen Sie nicht den Preis dafür, sofort nachzugeben und damit Ihr Unbehagen zu beseitigen, denn wenn Sie zu früh sprechen, wird genau dies geschehen. *Wenn Sie nichts zu sagen haben, dann sagen Sie nichts.* Die andere Partei wird denken. Lassen Sie sie denken. Wenn Sie sprechen, um die Pause zu füllen, dann werden Sie wahrscheinlich Ihrer Position schaden, indem Sie weitere Informationen bereitstellen oder sogar den Eindruck vermitteln, es gäbe noch Bewegungsspielraum.

In kreativeren Verhandlungen ist Selbstdisziplin entscheidend, um zu vermeiden, dass Sie Ihre Position verraten. Denken Sie daran: Die andere Partei versucht, ihre Position zu maximieren und wird oft bis zum Letzten gehen, um dies auch zu erreichen. Lernen Sie, sich beim Schweigen wohlzufühlen. Beobachten Sie die andere Verhandlungspartei und warten Sie, bis sie sich bewegt. Sehen Sie sie an und verdeutlichen Sie damit, dass sie es ist, die sich zuerst bewegen muss.

In hartem Verhandeln um 4.00 Uhr auf dem Ziffernblatt des Verhandelns ist es Ihre Aufgabe, die Vereinbarung auf den *Breakpoint* der anderen Partei zu bringen, oder zumindest so nahe, wie es Ihnen möglich ist. Der erste Punkt, dieses Ziel zu erreichen, ist Ihre Eröffnungsposition, die Sie im Voraus geplant und vorbereitet haben sollten. Damit legen Sie den Grundstein für die Verhandlungen. Ihr erstes Angebot oder Ihr erster Vorschlag sollte so extrem sein, dass er nicht akzeptiert werden kann, allerdings nicht so extrem, dass die Gegenpartei sofort den Verhandlungstisch verlässt und die Verhandlungen auf der Stelle beendet sind, bevor sie eigentlich begonnen haben. Wenn Ihre Eröffnungsposition zu extrem ist, liegt für die andere Partei die Vermutung nahe, dass sie nur ihre Zeit verschwendet und nicht ernst genommen wird. Ihr Angebot muss so realistisch sein, dass es die Erwartungen der anderen Partei ändert.

Breakpoint

Das ist der Punkt, an dem die andere Partei die Verhandlungen oder die Diskussionen beenden, aber keinesfalls zustimmen wird; der Punkt, an dem eine bessere Option oder BATNA existiert und es daher keine Notwendigkeit für einen Abschluss mit Ihnen gibt.

Wenn Sie beispielsweise etwas für 200 Euro kaufen wollen und die andere Partei 300 Euro verlangt, könnten Sie versuchen, den Preis durch Verhandlungen zu senken, abhängig von den Umständen. Sollten Sie aber mit einem Angebot von 25 Euro beginnen, dann wird es überhaupt nicht zu Verhandlungen kommen. Es ist zu weit entfernt, als dass es in Bezug zu den Erwartungen der anderen Partei stünde. Extreme und dennoch realistische Eröffnungspositionen sollen auf Erwartungen einwirken, doch wenn sich die andere Partei herablassend behandelt oder beleidigt fühlt, wird sie keine Verhandlungen beginnen. Natürlich hängt dies sehr von den Umständen ab: Wenn Ihr erstes Angebot 105 Euro lautet, sich über 135 auf 150 Euro bewegt und das letzte Angebot bei 155 Euro liegt. Relativ gesehen wird die andere Partei dies wesentlich realistischer erachten, obwohl es anfangs nicht besonders attraktiv war. Natürlich hängt alles von den Umständen ab und wie Sie diese interpretieren.

Ihre Position sollte genügend Handlungsspielraum bieten, da Sie die Antwort der Gegenpartei prüfen müssen, aber nicht so extrem, dass Sie jegliche Möglichkeit, in einen Dialog einzutreten, zunichtemachen, denn ohne einen Dialog wird es nie zu einem Abschluss kommen. Der Zweck eines extremen Eröffnungsangebots ist es, eine Ankerposition zu schaffen, von der aus Sie sich bewegen können. Wenn Sie die Kontrolle über Ihr eigenes Gefühl für Fairness haben und auch das Unbehagen aushalten können, dann werden Sie in der Lage sein, dies zu schaffen. Angenommen, die andere Partei spricht noch mit Ihnen, dann können Sie die Initiative ergreifen, vorausgesetzt, Sie haben eine Eröffnungsposition eingenommen, die außerhalb ihres Breakpoints liegt.

Natürlich muss die Eröffnungsposition realistisch sein, weil Sie ansonsten jegliche Kooperation unmöglich machen würden. Die Gegenpartei würde Sie nicht ernst nehmen und das Gespräch auf der Stelle beenden. Deshalb müssen Sie eine Position abschätzen, die zwar inakzeptabel ist, aber dennoch nicht ihre Gefühle verletzt oder sie dazu bringt, überhaupt nicht verhandeln zu wollen. Dazu gehört

- sich selbst bei der Präsentation eines Angebots unter Kontrolle zu haben,
- Ihr Angebot und Ihren Betrag zu nennen und dann zu schweigen.

Die Entschlossenheit Ihres Preises oder Angebots wird gewährleisten, dass die andere Partei ihre Position neu beurteilt. Denken Sie daran, Ihre Position glaubwürdig zu vertreten, indem Sie weiche, verräterische Sprache vermeiden: Vermeiden Sie es, Worte zu benutzen wie »etwa«, »im Bereich von«, »Ich hoffte auf …«, »wir erwarteten …«. Wenn Sie Ihre Position verkaufen oder rechtfertigen, wird sie dadurch lediglich untergraben.

Eine nonverbale Reaktion auf das Erstangebot der anderen Verhandlungspartei wird in der Fachterminologie als »*Profizucken*« bezeichnet, was der anderen Partei klar mitteilt, dass man über deren Position überrascht ist. Körpersprache ist eine stärkere Möglichkeit, die Erwartungen der anderen Verhandlungspartei zu beeinflussen als »ganze Romane« zu erzählen. Ihr Ausdruck wird mehr aussagen als Worte. Über den Preis der anderen Partei zu lachen, ist zum einen vorhersehbar und man kann sich damit leicht jemanden zum Feind machen.

Profizucken

eine nonverbale Reaktion auf das Eröffnungsangebot der anderen Verhandlungspartei

Sie können extreme Eröffnungsangebote Ihres Verhandlungspartners vom Tisch wischen, indem Sie ähnlich lächerliche Bedingungen an den Preis knüpfen. Stellen Sie sich vor, ein Verkäufer sagt Ihnen: »Der Preis ist 150 Euro.« Ihre Antwort ist: »Damit kann ich einverstanden sein, vorausgesetzt, Sie akzeptieren eine Ratenzahlung über eine Laufzeit von drei Jahren, und dass die Garantiezeit sich über die gesamte Laufzeit erstreckt.« In Verhandlungen müssen Sie niemals »nein« sagen. Sie können zuerst immer nach einer anderen Möglichkeit suchen. Verbinden Sie ganz einfach Bedingungen mit dem Geschäft, die die Folgen ausgleichen würden, falls Sie zustimmen würden. Außerdem müssen beziehungsweise sollten Sie in Verhandlungen niemals lügen. Es gibt dafür keine Notwendigkeit, wenn Sie den Prozess verstehen, an dem Sie beteiligt sind. Der Prozess einer extremen Eröffnungsposition ist ganz einfach das – ein Prozess – und normalerweise kommt er im Zusammenhang mit Feilschen zum Einsatz. Wenn Sie 50 Euro anbieten, dann lügen Sie nicht, Sie machen lediglich ein Angebot, mit dem Sie der anderen Partei zeigen, welchem Preis Sie zustimmen werden.

Im Verlauf harter eindimensionaler Verhandlungen ist es wichtig zu erkennen, dass Sie einen sehr guten Preis erzielen können und damit dennoch ein lausiges Geschäft machen. Vertiefen Sie sich niemals so weit in die Position der anderen Partei, dass Sie andere Themen aus dem Blick verlieren, was zu einem schlechten Geschäft führen könnte. Ein Sammler von antiken Uhren verhandelte auf einem Antikmarkt einen erstaunlich niedrigen Preis für eine Uhr. Der Verkäufer sagte, es bedürfe einiger Wartung, da sie nicht laufe. Allerdings wurde der Käufer von dem niedrigen Preis verführt und er kaufte die Uhr. Das war vor fünf Jahren. Die Uhr hat nun drei verschiedene Reparaturen hinter sich, deren Kosten den Angebotspreis des Verkäufers mehrfach übersteigen. Nach jeder Reparatur lief die Uhr nicht länger als eine Woche. Nun steht sie ganz hinten in seinem Arbeitszimmer.

Wenn es den Anschein hat, es sei zu gut, um wahr zu sein, dann ist es normalerweise auch so.

5. Liest den Breakpoint der Gegenpartei

Beim Feilschen sollten Sie zuerst Ihren Breakpoint festlegen. Das bedeutet:
- Der Punkt, an dem Sie andere Optionen haben, die Sie wahrnehmen könnten.
- Der Punkt, an dem das Geschäft nicht realisierbar ist.
- Der Punkt, an dem Sie die Verhandlung abbrechen anstatt das Geschäft zu tätigen.

Es ist nicht Ihr Ziel oder Ihr Maßstab, sondern eine Position, die, wenn sie angenommen wird, keinen Schaden nach sich zieht. Der einzige Zweck ist es zu verhindern, dass Sie einem Geschäft zustimmen, das, nüchtern betrachtet, einfach nicht brauchbar ist. Beim Feilschen ist es Ihre Aufgabe, das Geschäft so nahe wie nur möglich am Breakpoint der anderen Partei abzuschließen. Deshalb ist es Ihre erste Aufgabe herauszuarbeiten, wo Sie glauben, dass dieser Punkt liegt und dann Ihr erstes extremes und dennoch realistisches Angebot jenseits dieses Punktes abzugeben. Die Gegenseite kann Ihrem Angebot nicht zustimmen und es deshalb ablehnen. Das können Sie erwarten und ist so auch in Ordnung. Es gehört einfach zum Prozess. Lassen Sie sie Ihr Angebot angreifen, die andere Seite kann darüber sprechen, es verreißen und wegen Ihrer Realitätsferne auch emotional werden. Je mehr die andere Seite macht, umso stärker wird Ihre Ankerposition, weil die andere Seite bereits darüber nachdenkt, wie man Sie in eine Position bringen kann, die sie akzeptieren kann.

Wenn Sie im Bereich von 4.00 Uhr auf dem Ziffernblatt des Verhandelns verhandeln, ist es die Aufgabe des Verhandlers, den Breakpoint der anderen Seite herauszuarbeiten und sie auf diesen Punkt hinzutreiben. Dieser Punkt kann finanziell bestimmt sein, aber auch durch andere Bedingungen. An diesem Punkt werden sie sich von der Verhandlung zurückziehen, aber nicht widerstrebend zustimmen. Die Herausforderung für jeden Verhandler ist es, festzustellen, wo genau diese Grenze liegt. Sich in den Kopf der anderen Partei hineinzuversetzen, um diesen Punkt zu erkennen, kann eine eher instinktive Aufgabe eines Verhandlers sein (somit nutzt er die Charaktereigenschaft 5, Instinkt, Seite 117). Allerdings bedeutet Instinkt auch zu wissen, wie weit man gehen kann, da jeder Mensch ganz individuelle emotionale Schwellen hat. Ein ungeübter Verhandler wird wahrscheinlich nicht einmal einen eigenen Breakpoint haben und deswegen Spontanentscheidungen treffen, nur auf der Grundlage dessen, was er persönlich zu akzeptieren bereit ist.

Den Breakpoint zu erkennen, hat damit zu tun, die Situation auf der Grundlage einer Kombination von Informationen, Fragestellungen und des Verhaltens zu erkennen. Dies alles sollte Ihnen behilflich sein festzustellen, wie dringend die andere Seite dieses Geschäft braucht und wie weit sie gehen wird. Auch die Zeit kann in dieser Hinsicht eine wichtige Rolle spielen. Wenn sich Verhandlungen über Wochen und Monate hinziehen, werden manche Angeboten zustimmen, die in den ersten Phasen der Verhandlung völlig inakzeptabel gewesen wären. Manchmal dient eine lange Verhandlung auch dazu, den Verhandlungsgegner zu zermürben. Es könnte sein, dass andere Optionen, die er zu haben glaubte, sich in Luft aufgelöst haben oder dass die Zeit und die Energie, die bereits in die Verhandlung investiert wurden, anderweitig besser genutzt hätten werden können, und er deshalb das Geschäft abschließt.

Unter großem Druck haben einige bereits kapituliert und ihren Breakpoint ganz vergessen. Wie oft haben Sie schon von Menschen gehört, die aus einer Auktion kamen und weit mehr bezahlt haben als das Limit, das sie sich selbst gesetzt hatten, weil sie sich in der Hitze des Gefechts verfangen hatten?

So können Sie die Grenzen der Gegenpartei erkennen:

• an der Art der Vorschläge, die sie macht,
• an der Sprache, mit der sie ihre Bewegungen rechtfertigt,
• an dem Zeitplan, nach dem sie arbeitet und
• am Umfang und der Häufigkeit ihrer Zugeständnisse oder Gegenvorschläge.

Dies wird Ihnen helfen, ihren Breakpoint zu erkennen. Ihre Eröffnungsposition und die Reaktion hierauf werden Ihnen helfen, herauszufinden, an welchem Punkt Sie glauben, dass die Gegenseite einem Geschäft zustimmen könnte. Unter Druck sagen Menschen oft (ohne dass sie es bemerken) das genaue Gegenteil von dem, was sie wirklich sagen wollen. Wenn die Gegenseite beispielsweise sagt, sie hätte dafür schon einmal 60 Euro pro Stunde bezahlt und würde es nicht wieder tun, dann führt sie eventuell Selbstgespräche. Und, selbst *sie* glaubt es nicht. Es ist ihre Ablehnung, die sie zu diesem Verhalten bringt. Also hören Sie, was sie sagt. Wäre sie nicht bereit, 60 Euro pro Stunde zu akzeptieren, hätte sie nicht das Gefühl gehabt, dies erwähnen zu müssen.

Oft wird die Gegenseite Ihnen sagen, man sei an Ihrem Vorschlag nicht interessiert, und fordert, dass Sie Ihr Angebot verbessern. Sie wird sagen, dass sie andere Optionen hat, was sich auch glaubhaft anhören könnte. Die Art, wie Sie fragen, um einordnen zu können, was sie sagt, und die Antworten oder Begründungen, die Sie erhalten, werden Ihnen helfen, neue Erkenntnisse über deren Situation zu erlangen (siehe Seite 152, Verhalten 8, Stellt zielgerichtete Fragen).

Definieren Sie Ihren eigenen Breakpoint

Die Definition des eigenen Breakpoint ergibt sich aus der Überlegung, was die beste Alternative ist, für den Fall, dass die Verhandlung fehlschlägt. Ihre beste Alternative zu einer verhandelten Übereinkunft (BATNA) ist eine Möglichkeit, Ihren Breakpoint zu bestimmen. Eine andere Möglichkeit könnte das Timing sein, wobei Sie warten, bis sich der Markt verbessert und veränderte Umstände eintreten, die Ihre Position stärken – vorausgesetzt, dass Sie selbst nicht unter Zeitdruck stehen. Der anderen Partei könnten die Marktbedingungen, die Aktivitäten ihrer Konkurrenz, andere Lieferanten oder ihre möglichen Kunden helfen, ihr eigenes BATNA zu formulieren, vorausgesetzt natürlich, dass sie sich mit dieser Fragestellung überhaupt beschäftigen. Sie können auch feststellen, wo ihr Breakpoint liegt, wenn Sie frühere Vereinbarungen untersuchen, die Sie mit der anderen Partei schon einmal ausgehandelt haben. Sie können Marktrecherchen vornehmen, mit deren Konkurrenten sprechen und letztlich vorhersehen, an welchem Punkt sie wahrscheinlich auf das Geschäft mit Ihnen verzichten wird.

Themen identifizieren

Denken Sie in Verhandlungen daran, dass Sie mit einem Menschen verhandeln, nicht mit einem Unternehmen. Sie werden sich in einer Reihe von Situationen befinden, die einzigartig sind. Zeitpläne, Verfügbarkeit, Quantität, Bequemlichkeit, Timing und so weiter werden einen Einfluss darauf haben, was er heute zu akzeptieren bereit ist. Auch das kann sich von einem Tag zum nächsten unterscheiden, weil Umstände sich ändern können. Wenn Sie eine Reihe von Themen verhandeln müssen, versuchen Sie den Wert eines jeden Themas entsprechend seiner aktuellen Umstände zu verstehen. Stellen Sie fest, wie sensibel oder empfindlich er für Ideen rund um ein Thema ist.

Stellen Sie fest, welche Themen eine große Bedeutung haben. Versuchen Sie die Themen festzustellen, bei denen er sich auf eine größere Flexibilität vorbereitet hat, um sich ein genaues Bild davon machen zu können, wo sein Breakpoint liegt. Das können Sie feststellen, wenn Sie seine Reaktion auf Ihre Vorschläge beobachten. Sie können auch Ihre eigenen Annahmen überprüfen, indem Sie diese als Fakten in den Raum stellen und auf seine Antwort warten.

6. Hört zu und versteht die Bedeutung hinter den Worten

Beobachten Sie Ihren Verhandlungspartner, achten Sie auf *Signale*. Dazu gehören auch Sätze wie »Nun, das war nicht so viel, wie wir erhofften« oder »So weit kann ich nicht gehen« oder »Ich hatte eigentlich eine höhere Summe erwartet«. Diese Sätze lassen vermuten, dass der Verhandlungspartner gerade seine Erwartungen überarbeitet.

Die Signale

Was die andere Partei sagt oder macht und was das im Zusammenhang mit der Diskussion zu bedeuten hat.

Als kompletter Verhandler verstehen Sie seine Position, seine Interessen, seinen Druck und seine Bedürfnisse, und das ist der entscheidende Punkt Ihrer Aufgabe. Diese Dinge haben den größten Einfluss auf den Wert, den er bei den Themen sieht, die Sie gerade verhandeln.

Wissen ist Macht und dies ist eine sichere Möglichkeit, sich Macht zu verschaffen: Hören Sie zu und interpretieren Sie die wahre Position Ihres Verhandlungspartners. Wie sehr braucht er dieses Geschäft? Wie viele Optionen hat er wirklich? Wie abhängig ist er von einer schnellen Entscheidung? Es gibt so vieles, das man erfahren kann, wenn man nur genau hinsieht und gut zuhört. Der Begriff »sich in den Kopf der anderen Partei versetzen« hat sehr viel damit zu tun, dass man erst einmal aus »seinem eigenen Kopf herauskommt«. Anstatt uns auf die eigenen Gedanken und Gefühle zu konzentrieren, müssen wir unsere Aufmerksamkeit ganz bewusst dem Kopf und den Gedanken des Verhandlungspartners widmen.

Zuhören, was die andere Partei sagt, ist nur ein Teil der Fertigkeit, die andere Partei zu »lesen« und sie verstehen zu können. Achten Sie auf Ungereimtheiten in der Art, wie sie ihre Position rechtfertigt. Je mehr sie spricht, umso schwächer fühlt sie sich. Wenn sie im Verlauf der Verhandlung beginnt, die Vorteile ihres Angebots hervorzuheben, fühlt sie sich schwach. Denken Sie daran, dass dies natürlich auch umgekehrt gilt und sie versucht, aus Ihrem Verhalten zu »lesen«.

- *Stellen Sie fest, wie haltbar das Angebot oder der Vorschlag der Gegenseite ist.* Versuchen Sie, die »weiche verratende Sprache« zu beobachten: »Ich wollte etwa 500 Euro, ist das in Ordnung?«
  Das ist kein festes Angebot; es ist ein sehr offensichtliches Beispiel dafür, dass sich jemand mit der Eröffnungsposition, die er auf den Verhandlungstisch bringt, nicht wohlfühlt. Oft erhalten wir weniger offensichtliche Hinweise, doch gibt es innerhalb der Vorschläge immer noch Anhaltspunkte, wenn Sie darauf achten, wie der Vorschlag vorgetragen wird. Versuchen Sie zu hören, was und wie etwas gesagt wird. Der Wert des Zuhörens ist weitaus höher als das, was Sie mit dem erreichen können, was Sie selbst sagen.
- *Ein weiterer Bereich, auf den Sie sich konzentrieren sollten, sind die Fragen, die gestellt werden.* Wenn die Gegenpartei beispielsweise fragt, ob es noch heute verfügbar ist, oder ob Sie bar bezahlen können, dann sollten Sie nicht einfach die Frage beantworten, sondern darüber nachdenken, weshalb sie diese Frage stellt, und vielleicht stellen Sie die Gegenfrage, weshalb das so wichtig für sie ist. Wenn Sie sich nur mit Ihren eigenen Gedanken befassen, werden Sie die Gelegenheit versäumen, das richtig einzuordnen, was für die Gegenpartei wichtig ist.

- *Haben Sie zugehört, dann halten Sie ein und interpretieren, was diese Informationen Ihnen bieten.* Das sollte stattfinden, bevor Sie sich verpflichtet fühlen zu reagieren. Für viele fühlt sich diese Pause unangenehm an, aber die neue Information benötigt Zeit, um durchdacht zu werden. Wenn die Gegenpartei verkaufen will und mit einer Forderung von 500 Euro beginnt, wo mag dann ihr Breakpoint liegen? Denken Sie darüber nach, bevor Sie antworten. Die Fähigkeit, aktiv zuzuhören, um Informationen zu erhalten, die Ihnen im Verlauf der Verhandlungen helfen können, anstatt in der verfügbaren Zeit darüber nachzudenken, was Sie als Nächstes sagen, gleicht sehr stark der Neugierde eines Verhandlers (Charaktereigenschaft 7, Kapitel 4, Seite 120).

Der Versuchung zu sprechen, wenn man unter Druck steht oder wenn geschwiegen wird, können viele nicht widerstehen. Ihre Fähigkeit, dem zu widerstehen, wird im Arsenal für Verhandlungen eine Schlüsselrolle einnehmen. Lernen Sie, den Mund zu halten, und sprechen Sie nur, wenn Sie etwas Überlegtes sagen oder wenn Sie bereit sind, die Verhandlung voranzubringen – immer bewusst und mit einer bestimmten Absicht.

7. Plant, bereitet sich vor, nutzt alle verfügbaren Informationen

Es gibt eine direkte Korrelation zwischen erfolgreichen Verhandlungen, gleichgültig, woran das gemessen wird, und der Zeit, die in die Vorbereitung investiert wird. Planung kann so einfach sein wie eine Agenda, die zusammengestellt wird, aber auch so komplex, dass man für viele Beteiligte, die auf der ganzen Welt in Verhandlungen stehen, eine detaillierte Strategie und eine taktische Analyse entwickelt. Es ist wichtig zu betonen, wie entscheidend Planung als Disziplin, aber auch als Verhaltensweise ist, weil so wenige Manager sauber planen und die innere Einstellung haben, sie würden auch ohne Planung gute Leistungen erbringen. Dies wird im letzten Kapitel dieses Buchs noch eingehender untersucht werden.

Der komplette Verhandler erkennt, dass dies ein Bereich ist, der, wenn er ignoriert wird, große Gefahr in sich birgt. Erkenntnisse, Optionen, Selbstvertrauen, Führung, Wissen und Kontrolle können aus der Vorbereitung gewonnen werden, wenn man dazu alle verfügbaren Informationen nutzt. Verhandler sollten darauf niemals verzichten, doch vielen steht ihr Ego im Weg und sie versuchen zu improvisieren. Dies führt zu einer inneren Einstellung, dass man mit einer Situation oder Beziehung vertraut sei und man deshalb keine oder nur wenig Vorbereitung benötige. Wir alle arbeiten unter Druck und die Zeit zum Planen wird oft minimiert oder zugunsten »dringenderer Aufgaben« sogar gestrichen. Es hat sich aber immer wieder gezeigt, dass effektive Verhandler planen.

Die Planung umfasst,
- was sie fragen wollen,
- womit sie die Verhandlung eröffnen,
- welche Agenda sie nutzen wollen,
- wie sie die Verhandlung eröffnen,
- wie sie reagieren,
- welche Informationen sie benötigen,
- wann und wo die Verhandlung stattfinden wird,
- wer beteiligt werden muss, und
- wann die Diskussion beendet sein wird und manches mehr.

Die Zeit, in der Sie versuchen sollten, sich in den Kopf der anderen Partei zu versetzen, ist während der Vorbereitung. Finden Sie heraus, welchen unterschiedlichen Wert die verschiedenen Themen für Ihre Verhandlungspartner haben oder prognostizieren Sie den Wert. Überlegen Sie, wie veränderte Umstände ihre Perspektiven hinsichtlich der Vereinbarung beeinflussen könnten.

Konzentrieren Sie Ihre Aufmerksamkeit auf jede Variable, die Sie wahrscheinlich diskutieren werden, und achten Sie auf die Genauigkeit der Informationen, die Sie benötigen, oder der Fragen, die Sie stellen wollen, bevor Sie zur Verhandlung gehen. Vernachlässigen Sie das nicht, denn es wird sich für Sie vielfach auszahlen.

Machen Sie Notizen, um künftige Planungen zu vereinfachen. Überlegen Sie gut, wen Sie in Ihre Verhandlung einbeziehen werden. Beteiligen Sie andere an Ihren Vorbereitungen, wenn Sie das Gefühl haben, dass sie etwas dazu beitragen könnten, und erlauben Sie ihnen, Ihre Annahmen zu überprüfen. Wenn Sie andere Personen einbeziehen, dann stärkt das nicht nur Ihre Disziplin sich wirklich vorzubereiten, sondern Sie erhalten auch Ideen und Konzepte, an die Sie selbst vielleicht nicht gedacht haben.

Planen Sie die Agenda und skizzieren Sie die Themen, die Sie unter Bedingungen verhandeln können. Stellen Sie sicher, dass Sie die zur Debatte stehenden Werte verstehen, wenn sie gegen andere Werte gehandelt werden sollen, so dass Sie für die Verhandlung bereit sind. Beispielsweise könnten Sie Ihre Planung mit Ihrer Eröffnungsposition beginnen oder bereits bestehende vertragliche Vereinbarungen überprüfen. Breiten Sie die Themen vor sich aus, um die möglichen Variablen und Gegengeschäfte besser visualisieren zu können, was Ihrem Selbstvertrauen und Ihrem Auftreten zuträglich sein wird, wenn die Verhandlung beginnt.

Einige Verhandlungen bedürfen Wochen oder sogar Monaten zur Vorbereitung. Selbst Routineverhandlungen sollten die erforderliche Vorbereitungszeit erhalten, um die Themen, die Werte und Möglichkeiten durchzuarbeiten. Dies verschafft Einsichten, Selbstvertrauen und Struktur. All das wird Ihnen behilflich sein, Ihre Verhandlung zu kontrollieren. Die Planung ist ein Teil der Verhandlungen und sollte deshalb keinesfalls ignoriert oder unterschätzt werden.

Auf strategischer Ebene sollten Ihre Planungen und Vorbereitungen auch die Abfolge der Ereignisse beinhalten, die Kommunikation zwischen den verschiedenen Akteuren, die Präsentation Ihrer Vorschläge und, abhängig von Ihrer Strategie, auch das Erzeugen einer Ankerposition, worüber wir in Kapitel 9 noch ausführlich sprechen werden.

8. Stellt zielgerichtete Fragen, um die Prioritäten der Gegenpartei zu verstehen

Im März 2007 gestand ein höherer Regierungsbeamter in England, er bedauere am meisten, dass er die Unterstellungen über die Existenz von Massenvernichtungswaffen vor der Invasion des Iraks nicht angezweifelt habe. Er gab zu, dass mehr Fragestellungen zu mehr Antworten geführt hätten, was den Verlauf der Geschichte verändert hätte.

STROB

Scope (Umfang), Terms (Bedingungen), Risk (Risiken), Options (Optionen), Barriers (Hindernisse).

Zum Entwickeln von offenen Fragen, die dazu dienen, die andere Verhandlungspartei besser verstehen zu können, kann STROB verwendet werden. STROB ist ein Teil des Ansatzes des kompletten Verhandlers, der sicherstellen soll, dass wirklich jeder Stein umgedreht wurde. Dieser strukturierte Ansatz ermöglicht es Ihnen zu planen, wie Sie mehr Informationen erlangen können, als es anderweitig möglich wäre.

- Scope (Umfang – Überprüfung der Parameter, Annahmen und der Ebene der Entscheidungsbefugnis).
- Terms (Bedingungen – Untersuchung der minimalen Anforderungen der anderen Partei und welchen Motiven sie unterliegen).
- Risks (Risiken – Erkennen der Chancen, um Risiken bewerten und verteilen zu können).
- Options (Optionen – Definition der Optionen der anderen).
- Barriers (Hindernisse – Prognose von Bedenken oder sensible Bereiche der anderen Partei, in denen Widerstand erwartet wird).

Für jeden dieser Bereiche wird der komplette Verhandler als Teil seiner Planung fünf offene Fragen vorbereiten, die ihm helfen werden, sein Wissen und sein Verständnis zu vertiefen.

1. Erstellen Sie eine Liste potenzieller *Umfänge*, die bestehen könnten, um Ihre Beziehung zu erweitern oder zu schmälern. Dazu könnten die Betrachtung der Langlebigkeit der Beziehung, die Abhängigkeiten, die Risiken oder andere Faktoren zählen, die einen größeren Bereich zur Schaffung von Werten ermöglichen.
2. Erstellen Sie eine Liste von Änderungen der *Bedingungen*, von denen Sie glauben, sie hätten für die andere Partei einen hohen Wert. Dazu könnten ihre grundsätzlichen Anforderungen, ihre Themen oder Ähnliches zählen, etwa wie die Leistungen des Verhandlers individuell bewertet werden.
3. Erstellen Sie eine Liste aller Themen, die von der anderen Partei als *Risiko* eingeschätzt werden könnten. Dazu könnten neue Vereinbarungen, erweiterte oder rückwirkende Vereinbarungen zählen.
4. Erstellen Sie eine Liste jeglicher/aller *Optionen*, von denen Sie glauben, dass sie für die andere Partei bestehen, falls Ihre Verhandlungen in Schwierigkeiten geraten. Was würde sie im Fall einer Blockade der Verhandlungen tun?
5. Erstellen Sie eine Liste aller potenziellen *Hindernisse*, die wahrscheinlich präsentiert werden.

Die STROB-Technik wird dazu benutzt, Ihre Fragen der Bedeutung nach zu ordnen, indem Sie Ihre zehn wichtigsten Fragen aufschreiben und diese während der Orientierungsgespräche in Ihren Diskussionen benutzen.

Offene Fragen, geschlossene Fragen, rhetorische Fragen und annehmende Fragen sind in Ihrem Arsenal. Doch seien Sie vorsichtig – wenn man bemerkt, dass Ihre Fragen einem Verhör gleichen, dann werden Sie wahrscheinlich auf Misstrauen und Widerstand stoßen.

Stellen Sie in Sondierungsgesprächen Fragen, die mit »Was wäre, wenn …« beginnen, um festzustellen, wie die andere Partei auf andere Szenarien reagieren würde, und um ihre Risikotoleranz zu testen. Sie können auch genutzt werden, um Prioritäten zu erkennen und den Wert, den die andere Verhandlungspartei auf bestimmte Themen legt. »Was wäre, wenn wir 50 000 Exemplare bestellen würden?«, »Was wäre, wenn wir 100 000 Exemplare bestellen würden?«, »Und was wäre, wenn wir danach weitere 600 000 Exemplare bestellen würden?« – das sind die Fragen, die Ihnen helfen, Skaleneffekte zu verstehen. Gehen wir einen Schritt weiter und Sie können mit »Was wäre, wenn …« anfangen, Fragen nach dem Timing, nach den Zahlungsbedingungen und allen anderen Variablen zu stellen. So können Sie etwas über die Kostenbasis der anderen Partei in Erfahrung bringen, wo sie leicht zustimmen kann und bei welchen Punkten Flexibilität besteht.

Wenn Sie also grundsätzlich planen, bemühen Sie sich ganz bewusst, mit verschiedenen Arten von Fragen zu arbeiten. Es wird Ihnen helfen, die Kontrolle zu behalten. Wenn Sie die Fragen stellen, dann führen Sie die Diskussion, ohne verpflichtet zu sein, der anderen Seite Informationen zu geben. Wenn sie nur zögerlich antwortet, versuchen Sie, die Frage auf eine andere Weise zu stellen, seien Sie sich aber bewusst, dass Sie manchmal unbeabsichtigt auch Ihre eigenen Interessen verraten können, wenn Sie sich auf die Reihenfolge Ihrer Fragen konzentrieren.

Der komplette Verhandler wird über das Selbstbewusstsein verfügen, flexibel zu sein, und eine Kombination der verschiedenen Fragemöglichkeiten anwenden, um die nützlichsten Informationen zu erhalten (siehe unten).

Fragemöglichkeiten

- *Kontaktfragen* tragen dazu bei, eine Verbindung herzustellen: »Wie ist es Ihnen ergangen, seit wir uns zuletzt gesehen haben? Hatten Sie einen angenehmen Urlaub? Wie laufen die Geschäfte?«
- *Sondierende Fragen* sind hilfreich, wenn Sie weitere Informationen erhalten wollen: »Was denken Sie über die aktuellen Aktivitäten Ihres Mitbewerbers?«
- *Interrogative Fragen* ermutigen die andere Partei, über eigene Lösungen nachzudenken: »Weshalb ist das für Sie wichtig?«
- *Vergleichende Fragen* sind hilfreich, um Details herauszufinden. »Wie ist Ihr Geschäft seit der Einführung von Produkt A gelaufen? Wie haben sich die Dinge entwickelt, seitdem Sie Ihr neues Angebot eingeführt haben?«
- *Herausfordernde Fragen*, um jemanden herauszufordern: »Was meinen Sie damit? Wie sollten wir das sonst bewerkstelligen? Was halten Sie speziell davon? Was meinen Sie, wenn Sie sagen …? Wie können wir dessen sicher sein?«
- *Fragen nach einer Meinung*, um das Wissen und das Denken der anderen Partei abzufragen: »Welches Gefühl haben Sie …? Was halten Sie von …? Was ist Ihre Ansicht über …?«
- *Hypothetische Fragen* sind hilfreich, um das Wissen und das Denken der anderen Partei zu prüfen: »Was wäre, wenn wir 500 Einheiten bestellen würden? Was wäre, wenn wir alle Kosten berücksichtigen würden? Was wäre, wenn wir im Voraus zahlen würden?«
- *Nachfassende/zusammenfassende Fragen*, um Ideen zusammenzufassen und deren Verständnis zu überprüfen. Zusammenfassen, was gesagt wurde: »Sie glauben also, dass wir diesen neuen Bereich einführen müssen? Sie glauben, dass das Produkt X erreichen wird? Wenn ich es richtig verstehe, dann rechnen Sie damit, dass Sie es liefern können?«
- *Abschließende Fragen* helfen, um eine Übereinkunft zu sichern. »Wann sollten wir beginnen – im Mai oder Anfang Juni? Ich kann in der ersten oder zweiten Woche dieses Monats liefern; was wäre Ihnen lieber? Wie viel sollen wir liefern?«

- *Spiegelnde Fragen* dienen dazu, die Frage umzukehren und den und den Standpunkt zu bestätigen: »Wir glauben, dass wir Ihnen das liefern können. Sie glauben, Sie könnten liefern?«
- *Leitfragen* sind hilfreich, um eine erwünschte Antwort festzumachen. »Sie können nicht leugnen, dass ...? Ist es nicht eine Tatsache, dass ...? Sie würden nicht sagen, dass ...? Das ist ein großartiges Angebot, nicht wahr?«
- *Rhetorische Fragen* sind hilfreich, um zu verhindern, dass die andere Partei etwas sagt. Es sind Fragen, die keine Antwort erfordern: »Wollen wir das wirklich tun? Und wie ist das passiert?« *Wobei Sie andeuten, dass Sie es bereits wissen.*
- *Mehrdeutige Fragen* sind hilfreich, wenn man eine Übereinkunft über ein Auftragspaket erhalten will: »Sie sagten, dass Sie den Schlusstermin einhalten können? Und Sie werden auch unseren Anforderungen entsprechen und, ganz nebenbei, Sie können das für uns tun, nicht wahr?«
- *Geschlossene Fragen* sind hilfreich, um spezifische Fakten/Informationen zu etablieren. »Werden Sie das tun? Haben Sie die Fähigkeit zu liefern? Können Sie unsere Anforderungen erfüllen? Brauchen Sie bei diesem Angebot Hilfe?«

9. Verhandelt Zugeständnisse wirksam und immer unter Bedingung

Jeder Handel, den Sie eingehen, sollte überlegt und an Bedingungen geknüpft sein.

Das Ziel des Handels ist es, dass Ihr Unternehmen bei jedem Handel letztlich mehr Wert erhält. Da es für Verhandlungen keine Regeln gibt, können Sie theoretisch alles anbieten, was für die andere Partei einen Wert hat – vorausgesetzt, es wird eine Gegenleistung erbracht. Sie können haben, was immer sie wollen, allerdings im Gegenzug zu etwas, das Sie wollen. Jeder Handel sollte einen Nettogewinn einbringen.

Stellen Sie sich einen internationalen Profifußballer vor, der auf dem Transfermarkt ist und seinen Verein wechseln will. Die Verhandlungen führen der Agent des Spielers und der Vereinsvorsitzende. Die Agenda besteht aus einer Transfergebühr, der Vertragsdauer, dem Gehalt und Prämien, einer Reihe leistungsabhängiger Anreize und aus Verpflichtungen, die der Spieler einhalten muss. Zu den Variablen könnten auch die Vereinbarung von Zahlungen pro Einsätzen des Spielers zählen, die Anzahl der erzielten Tore oder ob der Spieler auch für seine Nationalmannschaft antritt. Jede Variable wird als Teil eines bedingten Tauschgeschäfts angesehen. Der Club, der diesen Spieler ausgesucht hat, möchte sicher sein, den maximalen Wert von seiner Verpflichtung zu erhalten. Der Spieler jedoch möchte möglichst viel Geld verdienen oder innerhalb des Vertrags möglichst flexibel sein. Jede der Variablen kann in den folgenden Verhandlungen angepasst werden und der folgende Verlauf ist ein Handel mit Zugeständnissen.

Wenn Sie um Zugeständnisse verhandeln, müssen Sie deshalb durch Ihre Planung und durch Ihre Fragen erfahren, was der anderen Partei wichtig ist. Das wird Ihnen helfen, Vorschläge und Zugeständnisse auszuarbeiten, die für Sie geringe Kosten bedeuten, für den Spieler und seinen Agenten aber sehr wertvoll sind. Im Gegenzug ist Ihre Bedingung, dass sie ein Zugeständnis machen, was den Wert des Vertrags für Sie erhöht. Das hört sich rational, fair und transparent an, ist es aber normalerweise nicht, denn was sie anbieten, wird nicht mehr sein, als sie unbedingt anbieten müssen, und normalerweise entstehen ihnen dabei kaum Kosten.

Die Implikationen ihres Angebots zu verstehen ist entscheidend, wenn Sie das einschätzen sollen, was Sie im Gegenzug haben wollen. Ihre Kreativität kann Wunder wirken, wenn Sie sich nur vom Preis entfernen und sich auf die Gesamtkosten oder den Gesamtwert konzentrieren.

Denken Sie daran, Ihre Bedingungen zuerst zu stellen, da sie nur das hören, was sie hören wollen. Wenn die Zugeständnisse gemacht werden, bevor die Bedingungen festgelegt sind, dann könnten sie alles blockieren, was danach kommt. Man kann sagen: »Wenn Sie ... dann ... wir ...«

Wahrscheinlich werden Sie auch seltener unterbrochen, da sie noch nicht gehört haben, was für sie noch in diesem Geschäft steckt.

Zugeständnisse und Bedingungen handeln und die richtigen Fragen stellen

Auch hier können Sie Tauschgeschäfte mittels »Was wäre wenn«-Fragen untersuchen. Beispielsweise: »Was wäre, wenn wir Ihnen einen flexibleren Starttermin anbieten würden? Würde Ihnen das helfen, die erforderlichen Anforderungen an die Belegschaftszahl erfüllen zu können?« Sie bieten es nicht an, sondern erforschen damit nur den Wert und schätzen die Reaktion der anderen Partei auf den Vorschlag ein. Wenn sie sagt, sie würde es akzeptieren, dann können Sie dies von Bedingungen zu weiteren Zugeständnissen abhängig machen, die Sie erwarten.

Versuchen Sie kreativ zu sein, wenn Sie Optionen für Tauschgeschäfte erkennen. Oft kann es helfen, lediglich die Form des Geschäfts zu verändern. Sie können ganz einfach fragen: »Was würde Ihnen helfen?« oder »Was müsste ich tun, damit dieses Geschäft für Sie rentabler würde?« Es scheint offensichtlich zu sein, aber dennoch verfangen sich so viele in einem Positionskampf oder konzentrieren sich auf etwas, das sie nicht tun können, dass sie das Wesentliche übersehen. Die Antworten können natürlich Hinweise darauf enthalten, wie Ihr nächster Vorschlag positioniert werden könnte.

Sie können nur effektiv handeln, wenn Sie den Wert einer Sache verstehen oder den Wert für die andere Partei abschätzen können. Teilweise können Sie es wissen, wenn Sie Ihren Markt verstehen und teilweise vielleicht aus einer gemeinsamen Vergangenheit mit der anderen Partei ableiten. Erinnern Sie sich: Tauschgeschäfte von geringen Kosten gegen hohen Wert sollten als Teil Ihrer Vorbereitungen vor den Verhandlungen durchgearbeitet werden. Arbeiten Sie an den Tauschgeschäften. Arbeiten Sie Ihre potenziellen Angebote aus.

Denken Sie daran: Großzügigkeit erzeugt Gier. Auf dieser Welt gibt es nichts gratis. Und wenn Sie Tauschgeschäfte ohne Bedingungen anfangen, dann wird die andere Seite entweder misstrauisch oder ganz einfach gierig.

10. Nutzt analytische Fähigkeiten um in jeder Verhandlungsphase den Wert des Deals zu erkennen

Wenn eine Verhandlung fortschreitet, werden der Gesamtwert oder die Kosten eines Geschäfts komplexer, da die Anzahl der Verhandlungsthemen zunimmt. Das ist besonders bei Verhandlungen der Fall, die eine Reihe miteinander verbundener Variablen enthalten. Über einzelne davon muss Einigkeit hergestellt werden und viele sind voneinander abhängig. Nehmen wir an, Sie schließen einen Vertrag über das Mobiliar Ihres Büros. Auch hier gibt es eine Reihe von Themen, die vereinbart werden müssen. Sie machen den Vorschlag, die Zahlungsbedingungen zu verbessern und deshalb eine geringere Vorauszahlung zu tätigen. Um den Fortschritt der Verhandlung verfolgen zu können, müssen Sie die Kosten oder den Wert einer jeden Variablen für Sie und für die andere Partei verstehen.

Sie müssen die Ersparnis des Möbelhändlers kalkulieren, wenn die Zahlung innerhalb eines kürzeren Zeitraums erfolgt und wie er eine geringere Vorauszahlung bewertet, manchmal buchstäblich erst dann, wenn sich die Verhandlung entwickelt. Natürlich geht dies Hand in Hand mit dem Verständnis dieser Werte oder Kosten aus Ihrer eigenen Sicht. Wenn Sie Ihre analytischen Fähigkeiten einsetzen, dann verstehen Sie die Implikationen seiner Reaktion und denken darüber nach, was Ihr nächster Vorschlag sein könnte.

»Wir werden die geringere Anzahlung akzeptieren, wenn Sie die Ratenzahlung anstatt in 12 Monaten in 9 Monaten tätigen.«

Wie würde das den Gesamtwert der Vereinbarung beeinflussen? Sollten Sie dieses Thema nun erst einmal parken und untersuchen, wie andere Bedingungen in das Gespräch eingeführt werden können?

Das Verständnis der Folgen eines Handels ist entscheidend dafür, die Möglichkeiten und Chancen durchzuarbeiten, wenn sich das Geschäft nach und nach entwickelt. Das soll nicht heißen, dass Sie schnell mit Zahlen glänzen müssen oder dass Sie höchst analytisch veranlagt sein müssen, um auch komplexere Vereinbarungen zu bewerten. Sie müssen ganz einfach sicherstellen, dass Sie durch die Zeit, die Sie sich nehmen oder wie Sie solche Aktivitäten delegieren oder automatisieren (mittels Tabellenkalkulationen), sich über die Entscheidungen, die Sie treffen, im Klaren sind.

Je weniger greifbar ein Thema ist, umso schwieriger kann das Geschäft bewertet werden. Hier einige Beispiele dazu:
- die Änderung von Ausstiegsklauseln;
- eine Vereinbarung über eine Referenz an einen anderen Kunden;
- Flexibilität bei Schlussterminen;
- das Angebot von Exklusivität.

Das Verständnis, wie diese Arten von Konsequenzen innerhalb eines Vertrags zu bewerten sind, ist bedeutsam, wenn Sie damit effektiv handeln wollen. Die Kosten mögen für Sie zwar gering sein, dennoch haben sie einen signifikanten Wert für die andere Partei.

Notieren Sie während der Verhandlungen Ihre Vorschläge und auch die der anderen Partei, können Sie den Fortschritt bei jedem Thema und bei jeder Veränderung nachvollziehen. Notieren Sie ihren letzten Vorschlag und was den Wert dieses Geschäfts für Sie ausmacht. Heute benutzen Verhandler Programme oder Tabellenkalkulationen, um mögliche Szenarien zu analysieren und Angebote zu verfolgen, insbesondere dann, wenn es sich um einen bestehenden Vertrag handelt, der neu verhandelt wird und die zu überprüfenden Themen konsistent sind.

Wenn Sie trotzdem Schwierigkeiten mit den Zahlen haben, dann lassen Sie sich Zeit. Machen Sie eine Pause oder nehmen Sie jemanden zur Verhandlung mit, der Ihre Zahlen überwacht. Wenn Sie sich in den Zahlen verheddern, werden Sie die Kontrolle über die Verhandlung verlieren. Wenn Sie die Zahlen nicht verstehen, geraten Sie in Gefahr, etwas zuzustimmen, das Sie später bereuen werden.

Im Bereich der Wirtschaft verhandeln Sie Ressourcen, Interessen, Prioritäten, Präferenzen und sogar Vorurteile. Das ist ein weiter Bereich materieller und immaterieller Themen, die einen Wert darstellen. Ja, und dann geht es natürlich noch um Geld. Wenn Sie sich der Konsequenzen Ihrer Vorschläge nicht bewusst sind, haben Sie die Kontrolle verloren. Machen Sie es sich zu Ihrer Aufgabe, den Wert aller Themen, die diskutiert werden, einordnen zu können, wenn Sie für die Verhandlung verantwortlich sind.

11. Schafft und pflegt ein angemessenes Klima des Vertrauens

Ein angemessenes Klima für Vertrauen zu schaffen ist entscheidend, wenn die andere Verhandlungspartei Ihre Ideen als wirklich hilfreich ansehen und die Optionen, die Sie auf den Tisch bringen, auch in Betracht ziehen soll. Denken Sie daran, dass Sie für die Gefühle der anderen Partei und die Atmosphäre während der Verhandlung verantwortlich sind. Wenn die andere Partei das Gefühl hat, dass die Ideen, die auf den Tisch gebracht werden, nicht im Interesse eines gemeinsamen Fortschritts sind, so wird sie ganz einfach nicht darauf eingehen.

Wenn reale oder gefühlte Interessenkonflikte bestehen, kann es schwierig sein, Vertrauen aufkommen zu lassen, da jede Partei dazu neigt, die eigenen Interessen zu schützen. Die andere Partei könnte nicht so aufgeschlossen sein, wie Sie es sind, oder das Kräfteverhältnis (zu deren Gunsten) könnte bedeuten, dass die andere Verhandlungspartei auch nicht so aufgeschlossen sein muss. Es gehören immer zwei dazu. Wenn die andere Partei feilschen will, dann müssen Sie sich darauf gefasst machen, dass Sie auch einmal einen Rückzieher machen und Ihre Strategie korrigieren müssen. Verfolgen Sie eine breitere Agenda mit dem Ziel, eine nachhaltige Übereinkunft zu erzielen, anstatt sich auf einen schmerzlichen Kampf um einen Preis einzulassen.

In einer nachhaltigen Beziehung (9.00 Uhr bis 12.00 Uhr auf dem Ziffernblatt des Verhandelns) ist es von entscheidender Bedeutung, eine Basis aufrecht zu erhalten, auf der konstruktive Dialoge stattfinden können, ohne Misstrauen und ohne die Notwendigkeit, um etwas kämpfen zu müssen. Seien Sie kooperativ, präsentieren Sie kreative Vorschläge und verwenden Sie Aussagen, die der Diskussion weiterhelfen, anstatt die andere Partei zu bekämpfen. Das erfordert Gelassenheit, eine breitere Perspektive und die Akzeptanz, was langfristige Vorteile, die eine Beziehung, die auf Vertrauen und Respekt beruht, Ihnen bringen werden. Es dauert seine Zeit, bis Vertrauen wächst, und deshalb ist Geduld erforderlich. Allerdings kann Vertrauen in einem Augenblick zerstört werden, wenn Sie die andere Partei auch nur ein einziges Mal hintergehen.

Um 4.00 Uhr auf dem Ziffernblatt des Verhandelns feilschen Sie ganz hart und brauchen bezüglich Beziehungen keine Hemmungen zu haben. Sie können hart sein, doch wenn zwischen Ihnen und der anderen Partei eine intensive Abhängigkeit besteht, dann müssen Sie nicht nur kooperativ sein, sondern auch erkennen, was Kooperation für Sie bedeutet: eine Grundlage dafür, mehr Wert zu schaffen. Ihr Plan, den Gewinn zu maximieren, bleibt gleich. Allerdings verändert sich die Art und Weise, das auch zu erreichen, wenn Sie sich in den Bereich nach 6.00 Uhr auf dem Ziffernblatt des Verhandelns bewegen.

Einige Unternehmen fördern »Partnerschaften« und tun dies als Tarnung, weil sie als Geschäftspartner bezeichnet werden wollen. Ihr eigentliches Ziel bleibt grundsätzlich gleich: Gewinne zu maximieren – ob mit oder ohne Kooperation ist davon abhängig, wie viel Macht sie haben.

Um Vertrauen zu gewinnen, müssen Sie es sich erst verdienen, und das benötigt Zeit und Geduld. Eine Möglichkeit, dies im Rahmen von Besprechungen zu erreichen, ist es, kontrolliert und überlegt Informationen anzubieten. Das Teilen von Informationen ist für beide Parteien wichtig, weil es demonstriert, dass Sie zu Offenheit bereit sind und folglich Vertrauen verdienen. Deshalb müssen Sie kontrollieren, welche Informationen Sie weitergeben wollen. Dies ist ein wichtiger Teil der Vorbereitungen eines jeden Verhandlers.

Das Schaffen eines passenden Klimas für Vertrauen erfordert von Ihnen, etwas zu tun oder jemand zu sein, der Sie nicht sind. An diesem Punkt kommt der »bewusst kompetente Verhandler« auf vertrautes Terrain. Er erkennt die beteiligten Egos, erkennt, wie die andere Partei behandelt werden will, und zeigt sein kooperatives Gesicht. Er geht Probleme an, greift aber keine Personen an und stellt somit sicher, dass das Klima im Raum zu Vereinbarungen führen kann.

12. Entwirft eine Agenda, um den Verlauf der Verhandlung zu kontrollieren

Die Agenda ist tatsächlich ein Arbeitspapier für alle beteiligten Parteien, das die Grundlage darstellt, auf der Diskussionen stattfinden. Die Agenda hilft, den Verlauf von Verhandlungen zu formen und zu kontrollieren. An dieser Stelle wird die Transparenz rund um die Variablen hergestellt, die den Gesamtwert der Übereinkunft erhöhen.

Die Einigung auf eine Agenda kann oft selbst Verhandlungen erforderlich machen. Die Themen, die am Anfang einer Agenda stehen, werden wegen der besonderen Überlegungen, die ihnen zuteilwerden, auch mehr Nachdruck haben. Wenn die Agenda förmlich beschlossen ist, werden die Punkte auf der Agenda mehr Gewicht und mehr Glaubwürdigkeit haben als die Punkte, die erst später in die Diskussion eingebracht werden.

Außerdem stellt die Zustimmung zu einer Agenda schon vor einem Treffen sicher, dass sie für alle Beteiligten gilt. Wenn Sie der anderen Partei eine Agenda aufdrängen, dann wird sie wahrscheinlich eher ablehnend reagieren und die Themen angreifen. Sie können die Agenda allerdings beeinflussen, indem Sie selbst eine erstellen, den Entwurf im Voraus zur Verfügung stellen und die andere Partei fragen, ob sie die Agenda erweitern oder etwas daran ändern will. Letztlich werden sich alle Parteien darauf einigen, dass alle Themen, die angesprochen werden müssen, auf der Agenda sind, und darin übereinstimmen, dass alle Parteien sich an die Agenda halten werden. Das mindert die Möglichkeiten, dass die andere Partei in letzter Minute Forderungen stellt, die nie bedacht wurden. In diesem Szenario können Sie ganz legitim behaupten, dass das neue Thema nie Teil der Vereinbarung war und dass alle Vorschläge, die bis dahin unterbreitet wurden, auf der Grundlage der Themen erstellt wurden, die bereits auf der Agenda stehen. Das mag nicht immer funktionieren, wenn andere Akteure einbezogen werden, doch ist es hilfreich, um Ihre Position zu legitimieren.

Stellen Sie sich eine Vertragsverhandlung mit einer PR-Agentur vor. Nachdem Sie die Optionen auf nur zwei Agenturen eingeengt haben, entschließen Sie sich, die Verhandlungen aufzunehmen um herauszufinden, von welcher Agentur Sie wahrscheinlich den höchsten Wert bekommen. Ja, die Dienste einer PR-Agentur sind bestenfalls nur sehr schwierig zu bemessen. Allerdings werden die grundlegenden Bedingungen ein Teil Ihrer Agenda werden. Dazu könnten zählen: eine Abschlagszahlung, die Kündigungsfrist, die Vertragsdauer, der Bereich der Dienstleistungen, die Bereitstellung von PR-Training, garantierte Ansprechpartner und Zahlungsbedingungen. Und schon haben wir sieben Punkte auf der Agenda, die diskutiert werden müssen, und daraus werden sich weitere Themen ergeben, die sich auf die Leistung, die Erfüllung und auf Risiken beziehen, die mit den sieben Punkten in Beziehung stehen. Je umfassender die Agenda ist, umso umfangreicher müssen Ihre Überlegungen sein und umso größer ist der Bereich, in dem das Geschäft gestaltet werden kann, um letztlich einen höheren Wert des Vertrags zu erzielen.

Positionierung

Positionieren Sie den Preis, das Honorar oder die Kosten etwa in der Mitte der Agenda. Wenn diese Themen zu früh angesprochen werden, kann es zu unnötigen Unstimmigkeiten kommen und es besteht das Risiko einer vorzeitigen Blockade. Spricht man diese Themen erst gegen Ende an, wenn über alle anderen Themen Einigkeit besteht, dann könnte es dazu führen, dass nur noch wenig Raum für Bewegungen besteht und das wird die Verhandlungen wieder in den Bereich 4.00 Uhr auf dem Ziffernblatt des Verhandelns zurückwerfen.

Manche Verhandlungsparteien entscheiden sich dafür, schon am Anfang ihr gesamtes Angebot zu unterbreiten. Einige Ausschreibungsprozesse verlangen, dass sich Ihre Eröffnungsposition auf alle Variablen erstreckt. Auch wenn Sie über diese Informationen verfügen, sind Sie nicht gezwungen, auf alle Variablen sofort zu reagieren. Nichts ist vereinbart, bis alles vereinbart ist – und so können Themen überarbeitet und neu formuliert werden – und die Form des Geschäfts kann sich mehrmals ändern bis das Geschäft letztlich unterschriftsreif ist. Versuchen Sie möglichst, nicht mehr als drei Themen auf einmal zu verhandeln. Jedes weitere Thema macht es der anderen Partei schwieriger zu kalkulieren und, noch schlimmer, es wird sie so verwirren, dass sie die Vorschläge nicht versteht, die Sie unterbreitet haben.

Achten Sie auf verborgene Punkte in der Agenda oder Ablenkungsmanöver, die von der anderen Partei mit der Absicht eingeführt wurden, mit ihnen Tauschhandel zu betreiben. Damit erwartet sie, einen größeren Hebel bei anderen Themen zu bekommen, die ihr wichtig sind. Wenn auf der Agenda neue Punkte auftauchen, dann sollten Sie diese immer auf ihre Rechtmäßigkeit überprüfen. Sie könnten die andere Partei auch bei einigen Themen »gewinnen« lassen, die für Sie weniger Kosten verursachen und damit ihren Einfluss bei den Punkten erhöhen, die Ihnen wichtig sind und einen hohen Wert für Sie haben. Denken Sie daran, wenn Sie in einigen Punkten »verlieren« oder Zugeständnisse machen, dann verhandeln Sie diese immer nur unter Bedingungen und zögernd. Geben Sie der anderen Partei das Gefühl, dass sie hart arbeiten musste, um Ihnen dieses Zugeständnis abzuringen. Wenn es ihr wichtig ist, dann wird sie Ihnen an anderer Stelle Spielraum geben, um sich diesen Punkt zu sichern.

Aus der Agenda können Sie auch eine Variablenkarte anfertigen, die Ihnen hilft, Ihre Optionen zu visualisieren und zu erkunden.

Selbst wenn Sie im Verhandlungsraum nur Minuten vor Beginn der Verhandlungen die Agenda auf einem Flip-Chart skizzieren, haben Sie die Illusion geschaffen, dass Sie gut vorbereitet sind. Dies bietet Ihnen eine Grundlage, die Variablen zu erkunden, auf die Sie sich mit der anderen Partei auf kooperative Weise einigen müssen.

13. Denkt kreativ, um Angebote zu entwerfen, die die Verhandlung vorantreiben

Kreativ denken (Charaktereigenschaft Nummer 9 siehe Kapitel 4, Seite 123) – das bedeutet, um die Themen und Möglichkeiten herum zu denken, die zuvor noch nicht in Betracht gezogen wurden oder noch nicht verhandelt wurden – kann die Verhandlungen voranbringen. Stellen Sie sich selbst als Bildhauer vor: entwerfen, formen und gestalten Sie wie ein Künstler. Treten Sie einen Schritt zurück und prüfen Sie Ihren Fortschritt aus unterschiedlichen Winkeln und Perspektiven. Sie sind gerade dabei, etwas zu erarbeiten, das einen wesentlich höheren Wert hat als die Summe allen benutzten Materials. Der kreative Verhandler interpretiert die vor ihm liegenden Möglichkeiten und betrachtet die vor ihm liegende Aufgabe als eine, die Werte schafft.

Wenn Sie die Motive und Interessen der anderen Partei gut verstehen und in der Lage waren, den Wert abzuschätzen, den sie auf bestimmte Themen legt, insbesondere auf die weniger materiellen Themen, dann gibt es Ihnen die Möglichkeit, Vorschläge einzubringen, die beiden Parteien helfen, das Geschäft aus einer anderen Perspektive zu betrachten. Kreative Vorschläge untersuchen den Gesamtwert einer Chance und ziehen Diskussionen und Ideen zu jedem Thema in Betracht, das den Gesamtwert beeinflussen wird. Damit solche Diskussionen geführt werden können, ist ein gewisses Maß an Vertrauen ebenso erforderlich wie ein relatives Gleichgewicht der Kräfte, ansonsten wird die andere Partei Sie wieder in ein Feilschen im Bereich 4.00 Uhr auf dem Ziffernblatt des Verhandelns ziehen. Wenn allerdings ein Kräftegleichgewicht besteht, dann dient dies der Gelegenheit, durch Kreativität Werte zu schaffen.

Je umfassender die Agenda ist, umso größer sind Chancen und Risiken

Ich weiß von einem Geschäft, das mit sechs Variablen begann. Als die erste Planungssitzung beendet war, hatten wir 57 Variablen erkannt, die alle Einfluss auf den Vertrag hatten. Von da an nannten wir es das Heinz-Geschäft (bekannt für die Vielzahl von Lebensmitteln in Konservendosen und Flaschen) obwohl das Geschäft selbst nichts mit Konserven zu tun hatte. Jedes Angebot war an Bedingungen geknüpft und so verhandelten wir in der Diskussion bedingte Ideen.

Manchmal muss man der anderen Partei sagen, was wichtig ist, weil Sie sonst nicht die Möglichkeit hat, etwas zustande zu bringen. Detaillierte Sondierungsgespräche bieten enorme Möglichkeiten, Agenden zu erstellen, die jeden Teil des Geschäfts reflektieren, einschließlich der Risiken, Leistungen, Compliance, Qualität, Chancen, Kommunikation und vieler anderer wichtiger Komponenten der Beziehung.

Die Fähigkeit aufgeschlossen zu sein und kreatives Denken in Verhandlungen zu praktizieren, ist für viele Menschen schwierig. Es sind ihr Konkurrenzdenken, ihr Stolz, ihr Bedürfnis, das Gesicht zu wahren und ihr Ego, die viele Menschen daran hindern, aufgeschlossen zu sein. Dies führt zu einem dogmatischen Konzept, das nur darauf abzielt, Risiken zu minimieren und zu »gewinnen«.

In Verhandlungen stehen die freien und einfachen Denkmuster, die in Verbindung mit Kreativität verwendet werden, in einem direkten Widerspruch zu dem Denken während eines empfundenen Konflikts. Wo es Konflikte gibt, sind wir mehr geneigt, die Schotten dicht zu machen, und werden uns wahrscheinlich darauf konzentrieren, unsere Position zu schützen. Absolute Freiheit von Möglichkeiten, das andere Extrem, ermöglicht uns, etwas zu untersuchen und kreativer zu sein, als durch Unsicherheit festgelegt zu sein.

Kreativität bei Präsentationen

In Wirklichkeit jedoch kann Misstrauen offenes Denken mäßigen. Es gibt eine schmale Grenze zwischen echtem Suchen nach kreativen Optionen und dem Schutz eigener Interessen. Stellen Sie sich vor, Sie würden an einem Puzzle arbeiten. Sie haben viele Teile und alle sehen ähnlich aus, aber nur ein Teil passt in das nächste Loch. Manchmal erfordert es Zeit und Geduld, genau dieses Teil zu finden. Es ist nicht viel größer oder kleiner als das nächste Teil, aber wenn Sie es gefunden haben und es in das Puzzle einfügen, dann passt es.

14. Strebt stets eine Einigung an und bleibt neuen Angeboten gegenüber aufgeschlossen

Entfernen Sie die Gedanken NEIN, ICH KANN NICHT oder ICH WERDE NICHT und verändern Sie diese zu einem WIE, gleichgültig wie frustrierend es sich zunächst anfühlen mag. Versuchen Sie der Verlockung, Nein zu sagen, zu widerstehen. Die Herausforderungen und Frustrationen, die in Verhandlungen vorkommen, sind da, um uns zu prüfen. Eine Blockade ist eine Option, aber erst, nachdem jede andere Option ausgeschöpft wurde. Diese Verpflichtung gilt nicht nur für Sie, sondern auch für die andere Verhandlungspartei. Wenn Friedensverhandlungen Jahre, Fusionen und Unternehmensübernahmen Monate dauern können, kommt die Suche nach möglichen Kompromissen und gemeinsamen Interessenbereichen durch die Standhaftigkeit der beteiligten Parteien. Es muss nur die Überzeugung vorhanden sein, dass eine Lösung gefunden werden muss. Die Charaktereigenschaft der Hartnäckigkeit (Kapitel 4, Seite 113) hilft dem kompletten Verhandler, ständig Optionen zu untersuchen, die Vereinbarungen und die Beziehungen »in der Spur« zu halten und das mögliche Geschäft von der einst unwahrscheinlichen Ausgangsposition zu einem Abschluss zu bringen

Die Anwendung der Planungs- und Verhandlungstools (siehe Kapitel 9) kann dazu beitragen, mögliche Beziehungen zwischen einzelnen Themen zu visualisieren. Wenn Sie das ganze Bild sehen können und auch die möglichen Verbindungen, die hergestellt werden können, wird Ihnen das helfen, Möglichkeiten einzubringen und Optionen zu untersuchen, die zuvor überhaupt nicht in Betracht gezogen wurden.

Nehmen Sie sich Zeit, diese Optionen kontinuierlich zu untersuchen, und betrachten Sie das Geschäft ständig aus der Sicht der anderen Partei. Das ist leichter gesagt als getan, hauptsächlich, weil man dazu »positive Energie« benötigt und keine »defensive Energie«. Obwohl es richtig ist, auf der Hut zu sein: Wenn Sie Ihr Misstrauen ruhen lassen und nach Alternativen und anderen Optionen suchen, könnten sie Ihnen bei Ihren Verhandlungen eine Hilfe sein.

Zusammenfassung

Die 14 Verhaltensweisen des kompletten Verhandlers sind die Grundlage für ein effektives Auftreten bei Verhandlungen, gleichgültig, in welchem Bereich des Ziffernblatts des Verhandelns Sie sich befinden. Es gibt so viele Möglichkeiten zu verhandeln, die vom Kräfteverhältnis bestimmt werden, individuelle Charaktereigenschaften, die Menschen zu Besonderem befähigen oder in ihrer bevorzugten Art und Weise der Verhandlung beeinflussen. Da ist es kein Wunder, dass viele es als herausfordernd empfinden, in allen Situationen besonders gut in Erscheinung zu treten.

Der Schlüssel dazu liegt im ständigen Arbeiten an Ihren Fähigkeiten. Dies wird ermöglicht durch eine verbesserte Selbstwahrnehmung der von Ihnen angewendeten Fähigkeiten sowie dem Erkennen ihrer Wirkung in der Verhandlung. Ihre Wahrnehmung, wie unterschiedliche Verhaltensweisen Einfluss auf die Leistung nehmen, ist der erste Schritt, ein kompletter Verhandler zu werden.

Jedes Geschäft unterscheidet sich vom anderen und alle Verhandlungssituationen sind einzigartig. Der Wert der Verhandlungspunkte wird, auf Dauer gesehen, fast immer unterschiedlich sein. Die beteiligten Persönlichkeiten und Beziehungen werden sich mit der Zeit verändern. Dies im Sinn, muss der komplette Verhandler flexibel genug sein, um in allen Situationen gute Leistung erbringen zu können. Sie können nicht ständig herausragende Leistungen erbringen, wenn Sie versuchen, Ihren »bevorzugten Stil« in allen Verhandlungen anzuwenden. Das Ziffernblatt des Verhandelns hilft Ihnen, diese verschiedenen Situationen zu differenzieren, während die Verhaltensweisen Ihnen helfen, das zu erkennen, was wir gut tun müssen. Dies ist natürlich immer abhängig von den möglichen Chancen.

Kapitel 6
Der E-Faktor

Auswirkungen menschlicher Emotionen auf Verhandlungen

»Wie schwierig kann Verhandeln denn sein, dafür braucht man doch keine höhere Mathematik?« Nein, das stimmt. Ich würde behaupten, es ist komplexer, weil es das unvorhersehbarste Wesen betrifft, das es gibt: den Menschen. Emotionen machen Verhandlungen höchst unberechenbar. Die Auswirkung, die das auf Verhandlungen hat, ist das, was ich als den »E-Faktor« definiert habe.

Verhandler, die über eine geringere Selbstwahrnehmung verfügen, könnten Probleme haben, ihre Emotionen unter Kontrolle zu halten, und können damit für andere Verhandler berechenbar und transparent werden. Die ausgeglichenen, klareren Denker nutzen den E-Faktor wie erfahrende Pokerspieler zu ihrem Vorteil. Der komplette Verhandler entwickelt einen Blick für alle Aktionen und Reaktionen, wenn er abschätzt, was in Ihrem Kopf wirklich abläuft. Erfahrene Verhandler sind

- sich bewusst, wonach sie bei der anderen Partei schauen;
- in ihrem Denken ruhig;
- sich der Empfindlichkeiten bewusst, die im Spiel sind; und
- senden die Botschaft aus, die die andere Partei erkennen *soll*.

Jede Aktion fordert eine Reaktion in der Verhandlung heraus. Daher arbeiten ausgebildete Verhandler nicht nur daran, welche Signale sie selbst vermitteln müssen, um die andere Partei während der Verhandlung zu beeinflussen, sondern ebenso hart daran, wie die andere Partei auf bestimmte Aktionen reagieren werden.

Gleichgültig, wie viele Taktiken, Strategien oder Variablen im Spiel sind; es sind immer Menschen, die Entscheidungen treffen und es sind diese Menschen, die Sie verstehen müssen; insbesondere wie diese und Sie sich in Verhandlungen unter Druck verhalten. Anders als ein Motor, der mechanisch prognostizierbar ist und immer auf den Druck auf das Gaspedal reagiert, können Verhandlungen und, ganz wichtig, Menschen unberechenbar sein.

Verhandlung erfordert eine Geisteshaltung, die auf Selbstdisziplin und der Kontrolle der Emotionen beruht. Was gute Verhandler zu kompletten Verhandlern macht, ist, dass sie bei Verhandlungen Fertigkeiten, Taktiken und Strategien anwenden, die in den vorhergehenden Kapiteln bereits besprochen wurden. Sie erkennen aber auch, dass innere Einstellungen und Emotionen, verborgen oder nicht, für das Formen der Ergebnisse eine Rolle spielen werden. Es ist die emotionale Kontrolle, die klare Entscheidungen ermöglicht. Kontrolle des Verhaltens, mentale Kontrolle und emotionale Distanz sind erforderlich, um »in den Kopf« der anderen Verhandlungspartei zu kommen. Die menschliche Natur kann in gewissem Umfang vorhersehbar sein, aber wir können niemals die Reaktionen abschätzen, wenn wir ein Angebot unterbreiten, insbesondere wenn es sich um ein Angebot handelt, das niemand erwartet. Deshalb steht das »E« im E-Faktor, wie Sie wahrscheinlich schon vermutet haben, für Emotion. Es handelt sich um einen bewussten Zustand, den Sie leiten, nutzen, manipulieren, verstehen und kontrollieren können.

Viele Entscheidungen in geschäftlichen Verhandlungen beruhen auf Emotionen, selbst wenn es um große finanzielle Werte geht. Ich möchte nicht den Eindruck erwecken, dass Geschäfte ohne sorgfältige Gewissenhaftigkeit oder klare Kriterien und Analysen ablaufen. Ich behaupte aber aufgrund von Beobachtungen, dass in Verhandlungen Angebote und Überlegungen nicht immer so objektiv durchdacht werden, wie Sie erwarten würden. Emotion und Ego spielen eine maßgebliche Rolle, wie Entscheidungen getroffen werden.

Die Rolle von Emotionen

Emotionen sind nur angemessen, wenn sie überlegt und kontrolliert eingesetzt werden und
- wenn die Risiken in Betracht gezogen wurden (die Verhandlung verlassen, Blockade, Beleidigung);
- wenn beabsichtigt ist, eine erwünschte Reaktion zu erzeugen;

- wenn die Ernsthaftigkeit des Themas es erfordert und Sie zuversichtlich sind, damit die Chancen auf eine Einigung nicht völlig zu zerstören.

Es ist kein Fehler, während einer Verhandlung Emotionen zu zeigen – vorausgesetzt, Sie wollen damit eine Wirkung erzielen und sie sind zuvor geplant worden. Ein Wutausbruch mitten in einer Verhandlung, in Verbindung mit einer Drohung, das Geschäft platzen zu lassen, würde irrational und unbeherrscht erscheinen. Wenn die Aktion aber zuvor überdacht wurde und dieses Schauspiel ein Nachgeben der anderen Verhandlungspartei zur Folge haben sollte, dann dient diese emotionale Aufführung einem Zweck. Dieser Grad an Risiko bedarf jedoch einer durchdachten Entscheidung und das Schauspiel sollte so stattfinden, dass es eine kalkulierte Reaktion bewirkt. Die wirkliche Gefahr besteht darin, dass wir es gestatten, Entscheidungen unseren Emotionen zu überlassen, und anfangen, auf die Forderungen der anderen Partei zu reagieren, ohne es zu bemerken.

Emotionen verstehen

Im Wesentlichen jedoch resultieren die Emotionen, die in Verhandlungen aufkommen, aus Unsicherheit, Risiko, Wünschen und sogar aus Angst – aus Emotionen, mit denen wir schon seit Millionen von Jahren leben. Aber heute stehen wir den Gefahren und Risiken, die diese Emotionen auslösen, seltener gegenüber als unsere Vorfahren, meist in psychologischer Form und seltener in physischer Ausprägung. Als Ergebnis davon haben wir weniger Übung und sind weniger gut gerüstet, um damit umzugehen. Das bedeutet, dass viele Menschen bereits eine geringe Unsicherheit als sehr unangenehm empfinden. Für einen Verhandler, der sich von Emotionen leiten lässt, kann dies zu völlig unangebrachten Entscheidungen und zu einem suboptimalen Geschäftsabschluss führen. Deshalb ist das Verständnis von Emotionen ein wichtiger Teil der Fähigkeiten von Verhandlern.

Gefühle der Angst, Hoffnung, Ärger, Neid und Gier sind heute genauso stark ausgeprägt wie immer. Heute gibt es immer mehr psychologische Modelle, die uns helfen zu verstehen, was unsere Emotionen antreibt, wie Menschen mit ihnen umgehen können und welche Auswirkungen sie auf uns haben. Dennoch, wenn wir in einer Verhandlung mit einer Preiserhöhung konfrontiert werden, kommen wir dann besser damit zurecht, weil wir wissen, wie dies auf unser Denken und auf unsere Fähigkeit, Leistungen zu erbringen, wirkt? Die Antwort lautet: Dies gelingt nur durch verbesserte Selbstwahrnehmung. Verhandlungen sind unangenehm (siehe Kapitel 1, Seite 18), und wenn wir im Namen unseres Unternehmens verhandeln, dann werden wir tatsächlich dafür bezahlt, uns dieser Unannehmlichkeit auszusetzen. Wenn Sie bei Geschäftsverhandlungen unnötige Zugeständnisse machen oder kapitulieren, erbringen Sie für Ihren Arbeitgeber keine Leistung.

Die Warnzeichen für Stress

Wenn Sie sich auf eine Verhandlung vorbereiten, nehmen Sie sich die Zeit, über die Dynamik der Beziehung, die Akteure und die hierarchischen Ebenen nachzudenken, auf denen die Kommunikation stattfinden wird. Es ist keine große Überraschung, wie oft Personen entscheidend für die Realisierbarkeit eines Geschäfts sein können, so dass der absolute finanzielle Wert eines Geschäfts in den Hintergrund rückt.

Der Stress, der mit der Wahrnehmung der unterschiedlichen und konkurrierenden Positionen verbunden ist, verlangt von Ihnen, völlige Selbstkontrolle zu bewahren. Dies gilt vor allem für die Art und Weise, wie Sie Angebote unterbreiten, sogar dann, wenn Sie, vorübergehend, als »unfair« erscheinen. Der Prozess des Verhandelns sollte nicht von Fairness bestimmt werden. Die Schwierigkeit ist jedoch, dass Fairness in Ihrem persönlichen Wertesystem, nach dem Sie leben, einen hohen Stellenwert einnimmt.

Der Druck und Stress, den Sie in Verhandlungen erfahren, auch wenn er gering ist, ist nur schwierig zu unterdrücken, und wird einen Weg finden, sich durch Dinge, die Sie tun, bemerkbar zu machen. Der Stress, den Sie empfinden, wenn Sie Angebote unterbreiten oder wenn ein solches abgelehnt wird, kann sich in Bewegungen bemerkbar machen. Das Risiko, Ihr Gesicht zu berühren, sich an der Nase zu kratzen, mit den Fingern durch Ihr Haar zu streichen, mit Ihrem Kugelschreiber zu klappern, Ihre Arme zu verschränken oder mit den Füßen auf dem Boden zu trampeln, ist ein Anzeichen Ihrer Emotionen und wird auch von der anderen Verhandlungspartei erkannt, die diese Bewegungen beobachtet. Möglicherweise sind Sie sich dessen überhaupt nicht bewusst. Die wenigsten sind es. Allerdings wird Ihr Verhandlungspartner auf jede Ihrer Bewegungen achten.

Die erfahrenen Verhandler lernen, sich mit dem Unbehagen behaglicher zu fühlen. Das kann durch erhöhte Selbstwahrnehmung erreicht werden, aber auch durch die Erfahrungen, das zu tun, was aus objektiver Sicht erforderlich ist und sich nicht durch ihre Emotionen leiten zu lassen.

Wenn Sie beobachten, dass Verhandler diese unruhigen Bewegungen machen, muss das nicht mehr bedeuten, als dass sie eine Bewegung gemacht haben. Körpersprache und ihre Bedeutung werden meist dann relevant, wenn Veränderungen, das Verhandlungstempo oder das Timing der Bewegungen mit etwas korrelieren, das sich gerade ereignet hat. Wenn die andere Partei sofort auf Ihren Vorschlag reagiert und darauf besteht, dass sie das Angebot nicht annehmen kann oder es nicht will, so sollten Sie auf ihre körperlichen Bewegungen achten, wenn sie reagiert. Wahrscheinlich werden damit einige Emotionen in Verbindung stehen. Es ist möglich, dass sie es wirklich so meint, aber es ist auch möglich, dass es nicht der Fall ist. Achten Sie auf eine Korrelation zwischen der Körpersprache oder dem Gesichtsausdruck zu dem, was gesagt wurde, wenn mehr als nur eine Person an der Verhandlung beteiligt ist. Die Veränderung des Verhaltens, die Sie beobachten, bedeutet vielleicht, dass die andere Partei gerade dabei ist, Ihnen etwas anderes mitzuteilen als das, was sie gerade denkt.

- Hören Sie, was die andere Partei sagt; achten Sie auf die Art und Weise, wie sie es sagen und was sie nicht sagen.
- Achten Sie darauf, ob sie rechtfertigen, was sie sagen.
- Achten Sie darauf, ob sie weiterhin das »verkaufen« wollen, was sie sagen.

Letzteres hat seine Ursache meist in Emotionen. Der komplette Verhandler wird die Bedeutung dahinter sehen, hören, aufnehmen und interpretieren, weil er »in den Kopf« der anderen Partei kommen will.

Vielleicht haben Sie die Nerven, die es Ihnen ermöglichen, Ihre Emotionen unter Kontrolle zu halten, wenn Sie unter Druck stehen.

Der Druck, dem Sie ausgesetzt sind, ist meist von den Umständen abhängig, in denen Sie sich gerade befinden, vielleicht auch von der Angst, ein schlechtes Geschäft abzuschließen oder überhaupt kein Geschäft zum Abschluss bringen zu können. Je mehr Optionen Sie haben (Verhalten 14, Kapitel 5, Seite 167) umso geringer ist Ihre Abhängigkeit, umso geringer der augenblickliche Druck und umso weniger Schwierigkeiten haben Sie, mit den möglichen Emotionen während eines Treffens zurechtzukommen. Sie könnten das Gefühl haben, dass Sie Ihre Nerven im Zaum halten können (erinnern Sie sich an die Eigenschaft 1, Kapitel 4, Seite 111) und dass Sie Ihre Emotionen und den Verhandlungsstress kontrollieren können. Es ist aber erstaunlich, wie eine plötzliche Veränderung der Umstände die Grundfesten erschüttern kann, auf denen Sie fest zu stehen glaubten.

Wenn Sie, oder derjenige, der für Sie verhandelt, große Sorge über den Ausgang der Verhandlung hat, dann wird das Resultat der Verhandlung wahrscheinlich eher einen Kompromiss darstellen. Der Stress und die Sorge in diesem Prozess könnten danach dazu führen, dass Sie Zugeständnisse machen oder schnell und vorzeitig zu einem Ergebnis kommen wollen. Verhandlungen verlangen zum einen gute Nerven, ebenso aber auch die Einstellung, dass Verhandlungen nichts Persönliches sind, sondern dass es sich um Geschäfte handelt. Verhandler, die ihre Emotionen sehr gut unter Kontrolle haben, werden mental die Menschen, mit denen sie verhandeln, völlig von dem trennen, was sie verhandeln. Ob Sie mit ihnen fühlen oder nicht, ist völlig gleichgültig: Hier geht es ausschließlich um die Qualität des Ergebnisses und um die Qualität der Resultate Ihrer Verhandlung. Natürlich ist es hilfreich, wenn die Gegenpartei Sie mag, aber das kann nicht Ihr Ziel sein. Arbeiten Sie daran, gemocht zu werden, wenn Sie glauben, dass dies zu mehr Vertrauen führt und zu mehr Raum, um zusätzlichen Wert in der Geschäftsbeziehung aufzubauen – aber nicht nur einfach, weil Sie eben so sind.

Verhandlungen unter Kollegen

Die gleichen Fertigkeiten gelten sowohl für interne als auch für externe Verhandlungen. Allerdings verlangen interne Verhandlungen von uns, Beziehungen noch sorgfältiger zu pflegen und die Lösungen in einer konstruktiven, wohlüberlegten und nachhaltig ausgerichteten Art und Weise zu erarbeiten. Wenn zwei Abteilungen bei der Verteilung von Mitteln, Budgets oder Zeitplänen von Projekten aneinandergeraten, kann das immer noch zu emotionalen Gefechten führen. Solche Diskussionen können leicht außer Kontrolle geraten, wenn zwei hitzköpfige Manager wegen Rivalitäten zwischen Abteilungen aneinandergeraten und sich dann nicht mehr, zum besten Nutzen des Unternehmens, auf die Lösung eines speziellen, vorliegenden Problems konzentrieren können. Das Prinzip, mit anderen im eigenen Unternehmen zu verhandeln, die Gesprächsthemen zu notieren und alle Optionen zu untersuchen, unterscheidet sich nicht von Verhandlungen mit Kunden oder Lieferanten. Wenn allerdings Emotionen auf eine solche Diskussion Einfluss nehmen, wird Objektivität zu einer großen Herausforderung, was dazu führen kann, dass Übereinkünfte wesentlich schwieriger zu erreichen sind.

Bewusste Kompetenz

Ein unbewusst inkompetenter Verhandler ist jemand, der sich nicht der negativen Auswirkungen seiner Handlungen in einer Verhandlung bewusst ist. Diese Menschen könnten auch die Relevanz oder den Nutzen von Verhandlungsfertigkeiten für überflüssig halten. Jeder Verhandler muss sich zuerst seiner Inkompetenzen bewusst werden, bevor die Entwicklung oder das Erlernen neuer Fertigkeiten beginnen kann. Der Schlüssel dazu, als Verhandler effektiver zu werden, bedeutet, sich in einen »bewusst kompetenten« Zustand zu begeben, indem man Fertigkeit oder Fähigkeit zeigen kann. Wenn Sie sich der Existenz und der Relevanz von Verhandlungsfertigkeiten bewusst werden, werden Sie sich auch Ihrer eigenen Mängel bewusst, wenn Sie versuchen, diese Fertigkeit anzuwenden. Der Verhandler erreicht »bewusste Kompetenz«, wenn er nach Belieben seine Fertigkeit oder Fähigkeit zeigen kann. Er muss sich konzentrieren und denken, um seine Fertigkeiten zum Tragen zu bringen. Diese Fertigkeit ist keine »zweite Natur« und auch nicht »automatisch« gegeben, sondern verlangt, dass der Verhandler »bewusst kompetent« handelt. Mit der Zeit werden die Fertigkeiten so eingeübt, dass sie ins Unterbewusstsein des Gehirns geraten und tatsächlich zur »zweiten Natur« werden. Bekannte Beispiele für unbewusste

Kompetenz sind das Autofahren, sportliche Aktivitäten, Schreibmaschine schreiben, Fingerfertigkeit, das Zuhören und die Kommunikation.

Es ist möglich, dass bestimmte Fertigkeiten ausgeführt werden, auch wenn man etwas anderes macht. Beispielsweise kann man stricken, während man gleichzeitig ein Buch liest. Diese Person könnte nun auch in der Lage sein, anderen diese Fertigkeit beizubringen, obwohl sie nach einiger Zeit der unbewussten Kompetenz tatsächlich Schwierigkeiten haben könnte, genau zu erklären, wie man es macht – die Fertigkeit wurde weitestgehend instinktiv ausgeübt.

Allerdings hat auch dieser fortgeschrittene Zustand seine Begrenzung, weil man anfängt, der vorhergehenden Erfahrung zu viel zuzuschreiben. Deshalb ist es für das Verhandeln sehr angemessen, im Zustand »bewusster Kompetenz« zu bleiben.

Fallstudie

Als mein Sohn Andrew drei Jahre alt war, kam er zu mir und bat mich um eine Kugel Eis, worauf ich entgegnete: »Du kannst jetzt kein Eis essen, in zehn Minuten gibt es Abendessen. Danach kannst du ein Eis bekommen.« »Aber ich möchte das Eis jetzt, Papi«, antwortete er. Ich erinnerte ihn wiederum, dass er später ein Eis bekommen könne. Ich hatte das Gefühl, dass ich rational argumentiert hatte und die Diskussion damit beendet wäre. Die Reaktion meines Sohns darauf war jedoch ein Schreien: »Das ist nicht fair, ich möchte das Eis jetzt und nicht später. Gib mir jetzt ein Eis, ich will es jetzt!«, und die Tränen begannen zu fließen. An diesem Punkt fühlte ich mich schlecht und antwortete: »Gut, aber nur eines, und sag es nicht Mama.« Eindeutig befand ich mich »in meinem Kopf«. Sein Gefühlsausbruch hatte auf mich gewirkt und er hatte bekommen, was er wollte.

Meine Reaktion hatte allerdings einen Präzedenzfall geschaffen, da ich genau das Verhalten belohnt hatte, das ich eigentlich vermeiden wollte – nur um des lieben Friedens willen. Man muss es nicht besonders betonen, aber das war kein großartiges Beispiel für Kindererziehung und meine weiteren Verhandlungstaktiken mit meinen Kindern waren weitaus überlegter.

Sollten Sie jemals mit Kindern verhandelt und sie von Ihnen etwas gefordert haben, dann werden Sie wissen, wie mächtig emotionale Erpressung, Zornausbrüche und Kompromisslosigkeit sein können, unabhängig davon, ob Sie ihre Forderungen erfüllen können oder nicht.

Werden Sie ein ›bewusst kompetenter Verhandler‹, indem Sie die Transaktionsanalyse (TA) verstehen

In den 1950er-Jahren definierte Dr. Eric Berne die Zustände des Egos, die wir heute als Transaktionsanalyse kennen. In seinem Buch *I'm OK, You're OK* analysierte der Autor Thomas Harris die Arbeit Bernes, die aus den verschiedenen Definitionen des Ichs bestand und wie sie die Art und Weise beeinflussen, in der wir miteinander kommunizieren. Sie sind als die folgenden Rollen definiert:
- Eltern-Ich(kritisch und fürsorglich)
- Erwachsenen-Ich (fürsorglich)
- Kindheits-Ich (frei und anpassungsfähig)

Dies sind die Kommunikationsweisen, die wir unbewusst benutzen, wenn wir mit anderen kommunizieren. Abhängig von verschiedenen Beziehungen zueinander und Abhängigkeiten voneinander werden sie graduell abgewandelt. Wichtig ist, dass diese Ego-Arten in Verhandlungen in der Sprache und im Verhalten ihren Ausdruck finden, was einen direkten Einfluss auf Erwartungen, Respekt, Irrationalität, Arroganz und andere Eigenschaften hat, wenn diese in Diskussionen zum Vorschein kommen.

Die Transaktionsanalyse bietet Erkenntnisse, die eine Erklärung dafür haben, wie wir programmiert sind zu kommunizieren, wie wir in Verhandlungen anderen gegenüber in Beziehung treten und für die Art und Weise unseres Denkens, Fühlens und Verhaltens.

Das kritische Eltern-Ich

Während unseres Lebens und mit der Zeit passen wir uns der Gesellschaft an, passen uns den Einstellungen und Verhaltensweisen derer an, die um uns herum leben. Wir übernehmen sogar Werte, Überzeugungen und verwenden die gleichen Redensarten, die auch unsere Eltern verwendeten. Die Sprache des kritischen, elterlichen

Ego ist »schwarz und weiß«, »richtig und falsch« oder »gut und schlecht«, es gibt nur wenige Graubereiche zwischen schwarz und weiß. »Du machst immer alles falsch«, »Du machst es nie rechtzeitig« und »Du verstehst nicht, was ich sage«, was zu bedeuten hat, dass Eltern Recht haben, Kinder hingegen nicht, und dass Eltern in der Lage sind, das beurteilen zu können. Sie geben die Regeln vor, urteilen und kritisieren andere. Sie mögen das vielleicht für kurzsichtig und arrogant halten. In Ihren Verhandlungen ist allerdings wichtig, dass Sie es vermeiden, Ihre Einschätzung der aktuellen Situation von einer derartigen Kommunikation beeinflussen zu lassen. Jeder kann diesen Ich-Zustand annehmen. Hören Sie einer Gruppe von Kindern beim Spielen zu und Sie werden mit an Sicherheit grenzender Wahrscheinlichkeit ein Kind in der Gruppe hören, das das Sagen zu haben scheint, insbesondere beim Spielen.

Später im Leben wird die kritische elterliche Sprache von Autokraten verwendet. Dies steht mit Ignoranz und Arroganz in Verbindung, da sie nur eine Ansicht haben und für Alternativen nicht offen sind. Ihre direkte Kommunikation wird daraus bestehen, dass sie sagen, was andere tun werden und was andere nicht tun werden, was andere tun können und was andere nicht tun können – als ob sie derartige Forderungen kontrollieren könnten. In einer Verhandlung kann diese Haltung verwendet werden, um die Verhandlung zu kontrollieren. Die Wortgewalt, die von »kritisch, elterlich« sprechenden Personen benutzt wird, kann eine vernünftige Diskussion erschweren, vor allem wenn sie inflexibel und stur bleibt. Dies gilt vor allem, wenn die Person auch über eine größere Verhandlungsmacht verfügt und sie diese nutzt, manchmal von Natur aus und manchmal in voller Absicht, aber immer mit dem Ziel, Ihre Erwartungshaltung zu kontrollieren. Das Ergebnis kann sein, dass diejenigen, die in einer Diskussion so angesprochen werden, sich möglicherweise der Situation anpassen und den genau entgegengesetzten Status des kindlichen Egos einnehmen und dadurch Gefahr laufen, einem suboptimalen Geschäft zuzustimmen.

Das fürsorgliche Eltern-Ich
Eltern sind indes auch fürsorglich und Berne erklärt, wie dieser natürliche Umstand nicht nur bei Menschen vorkommt, die ein elterliches Ego zeigen, sondern auch von denjenigen manipuliert werden

kann, die wie ein »Kind« kommunizieren. Der »fürsorgliche Eltern-teil« möchte Ratschläge erteilen und anleiten. Er möchte respektiert und gebraucht werden. Er möchte beschützen. Wenn also ein »Kind« Respekt erweist und um Hilfe bittet, kann es von einem »fürsorg-lichen Elternteil« wahrscheinlich mit einer positiven Reaktion rech-nen.

Das Kindheits-Ich

Das Kindheit-Ego besteht ebenfalls aus zwei Zuständen: dem »frei-en Kind« und dem »angepassten Kind«.

Das »freie Kind« ist spontan, kreativ, spaßbezogen in seiner Ein-stellung und Kommunikation, während das angepasste Kind rebel-liert, sich störrisch verhält und manipuliert.

Diese Verhaltensweisen, Gedanken und Gefühle stammen aus un-serer eigenen Kindheit und, abhängig von den Umständen, spiegeln, wie wir während unseres Lebens kommunizieren. Das kann sich zu einem Gefühl entwickeln, immer das Opfer der Regeln zu sein, die andere aufgestellt haben, oder es untermauert unseren Wunsch, Au-toritäten herauszufordern.

In uns sind die Gefühle, die wir als Kinder erlebt haben, wie »ein-gemeißelt«: »Das ist nicht fair«, »das ist nicht meine Schuld«, »Schau, was ich wegen dir tun muss«. Das »Kind« drückt sich nor-malerweise vor Verantwortung, manchmal manipuliert es, manch-mal ist es unterwürfig, aber es ist immer ein Produkt seiner Umge-bung. »Bitte, bitte, bitte …«, »Ich möchte es jetzt«. Kinder, bitte nicht zu verwechseln mit dem »kindlichen Ego«, können sehr erwachsen wirken, wenn sie unter Gleichen sind, in der Gegenwart Erwachsener verhalten sie sich aber ganz anders.

Reaktionen auf verschiedene Egos

Wenn man in Verhandlungen das Eltern-Ich übernimmt, kann es dazu kommen, dass andere mit dem Verhalten des Kindheits-Ich rea-gieren. Wenn Sie sich in Verhandlungen mit einem kritischen Eltern-Ich befinden, das in der Verhandlung zufällig eine Machtposition in-nehat, könnten Sie ihm ebenfalls als »Elternteil« gegenübertreten und ein Streitgespräch starten. Sie könnten aber auch versuchen, ein

Kindheits-Ich anzunehmen, und die Instinkte des fürsorglichen Elternteils ansprechen. Wenn zwei Eltern-Ichs aufeinanderprallen, werden sie um Kontrolle und Vorherrschaft konkurrieren, was oft zu Pattsituationen führt und zum Bruch einer Partnerschaft und der damit verbundenen Verhandlungen.

Wenn Sie jedoch das Kindheits-Ich übernehmen, dann manipulieren Sie tatsächlich das Ego des Verhandlungspartners, indem Sie ihn fragen, wie er Ihnen helfen könnte – vorausgesetzt, Sie befinden sich in der schwächeren Position. Allerdings bestehen hier Risiken, weil der andere die Situation weiter manipulieren könnte. Wenn allerdings »das Elternteil« einmal erkannt hat, dass es nicht kämpfen muss, wenn es um Hilfe bittet, wird das fürsorgliche Ego ausgelöst und der Verhandlungspartner wird normalerweise weitaus gefälliger sein.

Das Erwachsenen-Ich

Wenn sich unser Ego in einem erwachsenen Zustand befindet, sind, wir in der Lage, Menschen und Situationen so zu sehen, wie sie sind, und werden nicht eingeschüchtert oder manipuliert. Dieser Zustand ermöglicht es, mit der anderen Person, mit Menschen oder Situationen, mit denen wir konfrontiert werden, weitaus objektiver auszukommen. Wir bauen auf unsere Erfahrungen aus der Vergangenheit und benutzen sie in der Gegenwart, um Optionen zu gewichten oder zu überdenken. Wahrscheinlich treffen wir in jeder Situation unsere Entscheidungen auf der Grundlage pragmatischer und objektiver Analysen, anstatt von unserem emotionalen Ich beeinflusst zu werden, das im »Kindheits«- oder »Eltern«-Zustand vorhanden ist. Gäbe es einen bevorzugten Standard, mit dem wir verhandeln, dann sollte es das Erwachsenen-Ich sein.

Hören Sie zu und halten Sie Ausschau nach dem Verhalten des dominanten »schwarz und weiß«, »richtig und falsch« Elternteils.

Hören Sie zu und achten Sie auf die Positionierung des »Kindes«, das versucht, Sie zu verführen, oder irrationale Forderungen stellt, wobei es Ihre Hilfe benötigt und an Ihren Sinn für Fürsorge appelliert.

Der »Erwachsene« denkt andererseits objektiv, er kann viele Schattierungen von Grau annehmen, irrationales Verhalten erkennen und die meisten Arten von Verhalten und Sprache als das erkennen, was sie sind. Im Allgemeinen handeln diese Menschen als »bewusst kompetenter Verhandler«.

Das ist natürlich nur ein Zustand des Egos und sogar »Erwachsene« sind immer noch anfällig für die Art und Weise, wie andere mit ihnen kommunizieren. Sie können immer noch so beeinflusst werden, dass sie im Verlauf von Verhandlungen ein anderes Ego annehmen. Stellen Sie sich bitte einmal vor, Sie würden nach Ihrem Eröffnungsangebot von einem »Erwachsenen« angegriffen, der Ihnen sagt, wie lächerlich Sie doch seien und nicht zurückkommen sollten, bis Sie bereit seien, vernünftig zu werden. Sie müssten sich an diesem Punkt entscheiden, ob Sie als »kritisches Elternteil« reagieren und selbst angreifen sollten, wobei Sie das Risiko eingingen, den Konflikt weiter zu verschärfen. Sie könnten aber auch in das Ego des »freien Kindes« schlüpfen und ihn um Hilfe bitten. Beispielsweise, wie Sie den Vorschlag gestalten sollten, damit er für beide Parteien akzeptabel würde, um eine mitfühlende Reaktion zu erhalten. Wenn Sie sich nicht sicher sind und mit der anderen Partei keine Ego-Spielchen treiben können, dann könnten Sie Ihr Erwachsenen-Ich einnehmen, Haltung bewahren, das Verhalten der anderen Partei ignorieren und geduldig warten, bis die andere Partei sich wieder beruhigt hat, bevor Sie weiter verhandeln. Wie immer hängt es auch von den Umständen ab. Wichtig aber ist, dass wir diese Zustände in anderen ebenso erkennen wie in uns selbst und dass wir uns entsprechend anpassen, anstatt weiterzumachen und uns der Emotionen nicht bewusst sind, die die Dynamik der Beziehung beeinflussen.

Der E-Faktor kann ein Geschäft zustande bringen oder es auch scheitern lassen und damit auch die Chance auf langfristige Beziehung. Dies macht die Selbstwahrnehmung für den kompletten Verhandler zu einer wichtigen Fähigkeit. Alle, die langfristig erfolgreich verhandeln, unterhalten wahrscheinlich »Erwachsene-zu-Erwachsene«-Beziehungen, aber in der »realen Welt« ist irrationales Verhalten – aus welchem Grund auch immer – nicht gerade selten anzutreffen.

Ihre Werte

Ihre persönlichen Werte und Ihre Werte im Geschäftsleben sind oft sehr ähnlich. Sie könnten auf Integrität, Ehrlichkeit, Zuverlässigkeit und anderen Werten gründen. Diese Werte geben Ihnen den Maßstab zur Beurteilung, was Sie für fair halten, welches Verhalten Sie für angebracht halten und das Ausmaß, in dem Sie bereit sind, anderen zu erlauben, die Macht, die sie während Ihrer Verhandlungen haben, zu nutzen.

Ihre Werte könnten Sie mit der Ausgewogenheit ausstatten, mit der Sie Ihr Leben führen, wie Sie Ihre Entscheidungen treffen, wie Sie richtig und falsch interpretieren und so weiter. In Verhandlungen können sie aber auch Ihr Denken verfälschen (siehe Seite 134 über »klares Denken«). Ob das Verhalten der anderen Verhandlungspartei ethisch, »fair« oder »richtig« ist, hat in Verhandlungen nur wenige Konsequenzen. Wenn die andere Seite mehr Verhandlungsmacht hat als Sie und glaubt, irrational sein zu müssen, dann ist es Ihre Aufgabe, die Situation so zu führen, wie Sie sie vorfinden. Es ist nicht die Zeit, in der Sie Werte beurteilen sollten. Klammern Sie sich an Ihre Ideale und Sie werden emotional herausgefordert und beeinträchtigt.

Wenn Sie sich durch »unfaire« oder »unangemessene« Vertragsbedingungen, die die andere Partei fordert, aus der Fassung bringen lassen oder sich sogar aufregen, so werden Sie dadurch wahrscheinlich kein Mitgefühl erhalten und ein besseres Ergebnis werden Sie mit an Sicherheit grenzender Wahrscheinlichkeit auch nicht erzielen. Tatsächlich wird es eher genau das Gegenteil bewirken, da Sie wahrscheinlich einen bedürftigen Eindruck erwecken werden und außerdem an Respekt verlieren.

Emotionale Intelligenz

Wenn es für effektive Verhandlungen eine entscheidende Kompetenz gibt, dann würde ich »emotionale Intelligenz« vorschlagen. Sie ist die Grundlage der Kommunikation zwischen Ihnen und denen, mit denen Sie verhandeln, und fördert den Ansatz des Verhandelns »aus dem Kopf des Verhandlungspartners«.

Daniel Goleman beschrieb 1995 in seinem Buch *Emotionale Intelligenz*, dass emotionale Intelligenz aus zwei Teilen besteht. Er behauptet, wenn man beruflich erfolgreich sein will, benötige man eine hohe Selbstwahrnehmung und müsse seine Emotionen kontrollieren können, aber auch die der Gegenseite.

- Erstens, durch das Verständnis Ihrer Absichten, Ihrer Reaktionen und Ihres eigenen Verhaltens.
- Zweitens, durch das Verständnis anderer und ihrer Gefühle.

Das ist für Verhandlungen entscheidend, weil Sie für die Gefühle derer verantwortlich sind, mit denen Sie verhandeln. Wenn Sie die Gegenseite gegen sich aufbringen, können Sie zusehen, wie sich jegliche Hoffnung auf Kooperation in Luft auflöst. Goleman beschreibt weiterhin die fünf »Einsatzbereiche« der emotionalen Intelligenz:

1. Kenntnis der eigenen Gefühle
2. Beherrschung der eigenen Gefühle
3. Selbstmotivation
4. Erkennung und Verständnis der Gefühle anderer Menschen
5. Management der Beziehungen und Gefühle anderer Menschen

Extrovertierte Menschen, die meist sehr kommunikativ sind, neigen dazu, ihre Gefühle offener zu zeigen. Sie neigen dazu, ihre Ansichten, Vorlieben und Abneigungen zu zeigen. Allerdings stehen extrovertierte Menschen auch vor größeren Herausforderungen, denn zur erforderlichen Kontrolle im Verlauf einer Verhandlung gehört auch mehr Selbstdisziplin als bei introvertierten Menschen, die von Natur aus wesentlich überlegter reagieren. Introvertierte Menschen sind nachdenklicher, wägen ab und überlegen, bevor sie reagieren.

Stellen Sie sich einen Film vor, in dem zwei Parteien verhandeln. Die Schauspieler sind mitten in einer Verhandlung und einer von ihnen ist so schlecht, dass Sie erschaudern. »Weshalb hat er das gesagt?« »Als er das gesagt hat, hat er damit seine Position aufgegeben.« »Ich hätte niemals auf diese Weise reagiert«, denken Sie sich.

In den Workshops von *The Gap Partnership* bieten wir Einzelnen oder Gruppen oft schwierige Fallstudien an, in denen sie verhandeln müssen. Die Verhandlungen werden per Video aufgezeichnet, um den Teilnehmern zu helfen, die Angemessenheit ihres Verhaltens unter Berücksichtigung ihrer Ziele zu beobachten und daraus zu lernen. Wir helfen ihnen, ihre Planung, ihr Verhalten, ihre Selbstkontrolle und ihr Auftreten zu analysieren. Heute arbeiten wir mit Hunderten von Fallstudien aus unserem Archiv, die so gestaltet sind, dass sie für verschiedene Lernerfolge in unterschiedlichen Branchen verwendet werden können. Es gibt einige Fallstudien, bei denen mehrere Variablen gleichzeitig verhandelt werden, die immer so präzise zu vorhersehbarem Verhalten führen, dass ich sie immer wieder verwende. Schon Minuten, bevor ein verhandelnder Teilnehmer etwas machte, konnte man vorhersehen, was geschehen würde. Das nachfolgende Coaching behandelt die Angemessenheit ihrer Motive, ihrer Emotionen und ihrer Entscheidungen, was immer eine lehrreiche Lektion der Selbstwahrnehmung ist.

Was war es aber, das ihre Aktionen so vorhersehbar machte? Konkurrenzdenken? Stolz? Die Notwendigkeit, Leistungen zu erbringen? Der Wunsch, Fertigkeiten wirksam anzuwenden, die wir bereits zuvor behandelt hatten? Es waren ihr Ego und die konkurrenzbetonte Situation der Fallstudie, die zu einer Verengung des Denkens führte. Daraus resultierte letztlich die Aufgabe der erforderlichen Bescheidenheit und jeglichen Nachdenkens über das große Ganze und die langfristigen Auswirkungen. Es wurde persönlich, trotz der beträchtlichen Erfahrung derjenigen, mit denen ich arbeitete. Viele der Teilnehmer (über die Jahre hinweg Tausende) rechtfertigen ihr oft kurzfristig irrationales Verhalten mit dem Druck, den sie wegen der Umstände empfanden, in die sie gebracht wurden. Sie waren bereit, unter diesen bestimmten Umständen aufeinander loszugehen, auch wenn ihnen vorgegeben wurde, sich auf den Gesamtwert in der Verhandlung zu konzentrieren.

Im Geschäftsleben kann es sehr schwierig sein, unter wirtschaftlichem Druck, zusammen mit einer Verpflichtung, eine gute Leistung zu erbringen, erfolgreich Verträge zu verhandeln. Dies wird wahrscheinlich Ihr Konkurrenzdenken anregen. Im Geschäftsleben geht es immer darum, zu »gewinnen« und besser zu sein als die Konkurrenz. In vielen Unternehmen, die ich bei Verhandlungen unterstützt habe, kam ich zu dem Schluss, dass, je größer der Wunsch zu »gewinnen« war, umso größer die Chance war, während der Verhandlungen in verzerrtes Denken zu verfallen und dass umso weniger emotionale Intelligenz genutzt wird. Widerstehen Sie der Versuchung, Ihrem Ego zu erlauben, Ihr Urteilsvermögen zu trüben. Siege in Verhandlungen sind erfolgreiche Vereinbarungen, in denen die andere Partei ihren Teil der Abmachung erfüllen wird. Es geht darum,

Werte zu schaffen und das Unternehmensergebnis zu verbessern. In einigen Fällen könnte es darum gehen, einen bestehenden Vertrag anzupassen, um ein Problem zu lösen, oder ganz einfach darum, Risiken im Zusammenhang mit einer bestehenden Vereinbarung zu reduzieren. Das bedeutet, dass es nicht um Sie geht und auch nicht darum, ob Sie gewonnen haben. Wenn Sie zulassen, dass dieser Gedanke oder dieses Gefühl Ihre Motivation dominiert, werden Sie höchstwahrscheinlich nicht das beste Ergebnis erzielen.

Die Kunst des Verlierens

Bei Verhandlungen geht es um die Kunst des Verlierens oder um die Kunst, dass andere das tun, was *Sie wollen*. Wenn Ihr Ego Ihnen nicht mehr im Weg steht und Ihre innere Einstellung fest auf das Ergebnis der Vereinbarung konzentriert ist, können Sie sich so verhalten, wie Sie glauben, dass es Ihren Interessen am besten entspricht. Verhalten Sie sich so, wie Sie es für angemessen halten, die gesetzten Ziele in der Verhandlung zu erreichen. Das schließt ein, der anderen Partei zu gestatten, sich an dem »Symbol des Erfolgs« zu erfreuen, während Sie sich auf den Gesamtwert in der Verhandlung konzentrieren. Das bedeutet, dass Sie die andere Partei und ihre Bedürfnisse verstehen und dann nicht mehr geben als erforderlich, um Ihre Position zu optimieren. Das bedeutet, die andere Partei bei Punkten gewinnen zu lassen, die für Sie von geringem Interesse sind, während Sie sich auf die Wert erhöhenden Variablen konzentrieren. Man kann sich darüber streiten, ob Sie es sich nicht leisten können, einen Präzedenzfall zu schaffen, indem Sie die andere Partei die psychologische Schlacht bei einigen Themen gewinnen lassen (abhängig davon, ob eine andauernde Geschäftsbeziehung besteht oder nicht), oder dass Sie, wenn Sie in einigen Punkten Zugeständnisse machen, dies nicht auch in der Zukunft müssen. Allerdings verlangt Ihre geistige Haltung von Ihnen als Verhandler, dass Sie dazu beitragen, der anderen Partei das Gefühl zu vermitteln, als hätte sie gewonnen.

Fallstudie

Stellen Sie sich vor, Sie müssten mit einem neuen Kunden oder Lieferanten eine Einigung finden und haben bereits einer Reihe von Treffen durchgeführt. Sie haben bereits Zeit investiert, als Sie die Anforderungen des anderen Unternehmens durchgearbeitet haben, fanden Einigung darüber, wie Ihre Geschäftsbeziehung funktionieren soll, Sie haben eine Servicevereinbarung getroffen und sind sich auch über ein dauerhaftes Verbesserungsprogramm einig. Der anderen Partei war Ihr Angebot schon vor einiger Zeit zugegangen, so dass sie sich über die Struktur der Honorare voll bewusst sein musste, die bisher auch nicht strittig war. Sie haben das Gefühl, dass sich das Geschäft in die richtige Richtung bewegt und berichten dies so auch Ihrem Chef.

Plötzlich führt die andere Partei einen weiteren Schritt in den Prozess ein und teilt Ihnen mit, dass Sie sich noch mit einer anderen Abteilung treffen und eine Einigung erzielen müssen. Ohne eine vorherige Erwähnung verlangte der Einkauf plötzlich, den Bedingungen ebenfalls zustimmen zu müssen.

Das Beschaffungswesen ist kaum daran interessiert, was Sie bereits investiert haben oder wie viele den Wert erhöhende Vertragsbestandteile Sie bereits während Ihrer Diskussionen eingeführt haben. Es hat ganz einfach die Aufgabe, den besten Preis zu erzielen. Das mag nicht in allen Unternehmen so sein, aber in mehr als hundert Unternehmen, mit denen ich gearbeitet habe, konnte ich das beobachten. Die Beschaffungsabteilung beginnt mit ihrer Preisliste und fordert einen hohen Rabatt, schlechte Zahlungsbedingungen, ignoriert jedoch andere Konditionen. Es ist typisch, dass die Beschaffungsabteilung Ihnen für den Entscheidungsprozess auch noch einen Zeitplan vorsetzt und dann für einen bestimmten Zeitraum, aus welchem Grund auch immer, nicht erreichbar ist. Damit hat sie tatsächlich die Kontrolle übernommen. Die Beziehung, die sich anfangs im Bereich von 10.00 Uhr auf dem Ziffernblatt des Verhandelns befand, bewegt sich nun in den Bereich von 4.00 Uhr und Sie müssen nun hart feilschen. Darauf waren Sie nicht vorbereitet, weil Sie davon ausgingen, dass Sie mit Ihrem Kunden auf der Grundlage von Wertschöpfung im Bereich von 10.00 Uhr eine Agenda erstellen könnten. Sie versuchen, zu Ihrem Kunden Kontakt aufzunehmen, doch nun hat es den Anschein, als stünde er für Sie nicht mehr zur Verfügung.

Kommt Ihnen das bekannt vor?

In Situationen wie diesen, wenn Sie das Gefühl haben, Sie würden die Kontrolle über diese Beziehung verlieren, können Emotionen aufkommen und Ihre Fähigkeit, gute Entscheidungen zu treffen, könnte Schaden nehmen. Ihre Position und der Rahmen, in dem Sie verhandeln können, wird durch eine Änderung der Umstände und durch von Ihrem Kunden gezeigte Eigeninitiative eingeschränkt werden. Ihre sofortige Reaktion könnte sein, »das ist nicht fair, nicht richtig und ich bin nicht einmal sicher, ob ich mit ihm überhaupt noch zusammenarbeiten will«, was aber Ihren geschäftlichen Interessen entgegensteht. Trotz Ihrer reaktiven Einstellung ist es nun an der Zeit, Ihre Reaktion ins Auge zu fassen und der anderen Partei Ihre Situation zu erklären. Entwickeln Sie Ihre Strategie und reagieren Sie nicht emotional. Es gibt zwei Optionen, um Situationen dieser Art zu verhindern, bevor Sie die Verhandlungen überhaupt aufnehmen.

1. Stellen Sie immer fest, wer am Prozess der Vertragsverhandlung beteiligt ist und ob es Rahmenbedingungen gibt, vor denen Sie sich in Acht nehmen sollten.
2. Stellen Sie vor Beginn der Verhandlung immer fest, wer die finalen Entscheidungsträger sind und ob beziehungsweise welche anderen Akteure am Abschluss des Vertrags beteiligt sind.

Das Bedürfnis nach emotionaler Zufriedenheit in den Griff bekommen

Den Begriff der Zufriedenheit streiften wir bereits in Kapitel 1 (Seite 20). Das Bedürfnis, das Menschen nach »Zufriedenheit« haben – was bedeutet, ein besseres Geschäft zu machen, als zuvor möglich war –, ist so stark ausgeprägt, dass viele Verhandler zu Beginn von Verhandlungen relative Positionen einnehmen und inflexibel sind, immer mit dem Ziel, die andere Partei etwas erreichen zu lassen, was zu Beginn der Diskussionen schwierig, wenn nicht gar unmöglich erreichbar schien. Beginnen Sie Ihre harten Verhandlungen mit einer Position, von der Sie wissen, dass sie von der anderen Partei abgelehnt wird. Dies ist der Anfang eines Prozesses des »Gebens und Nehmens«, der es Ihnen ermöglicht, das Bedürfnis der anderen Partei nach Zufriedenheit zu steuern. Viele unerfahrene Verhandler beginnen mit einer Position, von der sie wissen, dass die andere Seite sie akzeptieren wird, weil sie Angst davor haben, dass sie das Wort »Nein« hören könnten.

Gewöhnen Sie sich an das Wort »Nein«. Wenn Sie mit einer Position beginnen, die zwar extrem, aber noch immer realistisch ist, werden Sie dieses Wort ohnehin noch oft zu hören bekommen. Dies gehört zum Prozess und Sie sollten es erwarten. Halten Sie den Dialog offen und die andere Partei wird den Verhandlungstisch wahrscheinlich nicht verlassen. Wenn die andere Partei Ihnen sagt, sie »kann nicht« oder sie »wird nicht«, dann bitten Sie die andere Seite, Ihnen zu sagen, wie weit sie Ihrem Angebot entgegenkommen kann. Das erhält den Dialog aufrecht und bringt sie dazu, über ihre Position zu sprechen. Anstatt es ihr zu ermöglichen, emotional zu werden, fragen Sie danach, womit sie einverstanden wäre, aber nicht danach, womit sie nicht einverstanden sein wird. Danach halten Sie inne und überlegen Ihren nächsten Schachzug.

Der gesamte Zweck der Eröffnungsposition in einer Verhandlung ist es, einen Anker zu werfen, eine Position, von der aus Sie sich bewegen können. Dies sollte auf ihrer Seite sein, wo Sie erwarten, auch zum Abschluss zu kommen, anstatt auf die Position der anderen Seite zu reagieren und letztlich »auswärts« in der Nähe der Eröffnungsposition der anderen Partei zu landen. Gehen Sie in die Initiative und unterbreiten Sie Ihr Angebot zuerst. Akzeptieren Sie die Ablehnung Ihrer Eröffnungsposition von der anderen Seite und bewegen Sie sich weiter nach vorn. Sie erzeugen mit dieser Bewegung weg von Ihrer Ausgangsposition Zufriedenheit bei der anderen Verhandlungsseite und sind gleichzeitig daran beteiligt, sich das bestmögliche Geschäft zu sichern. Damit haben Sie Gelegenheit, sich das Geschäft zu sichern, während Sie der anderen Partei zugestehen, emotionale Zufriedenheit zu erlangen, weil sie das Geschäft am eigenen Breakpoint abschließen konnte.

Fallstudie

Stellen sie sich vor, Sie seien ein Account-Manager. Sie sind berechtigt, Ihrem Käufer eine Investitionszahlung von 200 000 Euro anzubieten, um die Verkaufsförderung Ihres Produkts zu unterstützen. Der Käufer hat das Ziel, eine Summe von 250 000 Euro zu erreichen. Sie können die Investitionszahlung unter der Bedingung anbieten, dass die andere Seite den Verkauf ihrer Produkte zusätzlich fördert. Diese Förderung hilft Ihnen, einen langfristigen Gewinn zu realisieren, der die investierten 200 000 Euro um ein Mehrfaches übersteigt. Sie beginnen die Diskussionen mit einem Angebot, 125 000 Euro zu investieren, das all Ihre Bedingungen umfasst. In mehreren Sitzungen gelingt es Ihnen, sich alle Anforderungen zu sichern, und Sie investieren im Gegenzug 180 000 Euro. Angesichts Ihrer Ausgangsposition hat der Käufer das Gefühl, Sie hätten hart gearbeitet und Zugeständnisse angeboten, um auf die Summe von 180 000 Euro zu kommen. Gleichzeitig konnte er seine Position bis zu einem Punkt verbessern, an dem er zufrieden ist.

Sie hätten auch die ganzen 200 000 Euro anbieten können. Aber weshalb hätten Sie das tun sollen? Nur weil sie zur Verfügung standen? Sie sind zufrieden, dass die Zugeständnisse, die Sie im Gegenzug erhalten haben, einen guten Wert darstellen, und glauben, dass dieser Vertrag erfolgreich sein wird. Mit anderen Worten, die Zufriedenheit der anderen Partei und ihre Festlegung auf den Vertrag wird aus dem Motiv resultieren, dass sie sich ein Geschäft gesichert hat, das hart verdient werden musste und es deshalb wert ist, es abgeschlossen zu haben. Je härter Sie an einem Geschäft arbeiten, umso herausfordernder ist es, dieses auch unter Dach und Fach gebracht zu haben. Dies ist der Grund, weshalb das Engagement wahrscheinlich honoriert wird.

Banken und Immobilienmakler sind dafür bekannt, dass sie versuchen, Zufriedenheit herzustellen, doch oft haben die Personen, die für die Verhandlungen verantwortlich sind, ganz einfach nicht die Nerven, die Transaktion kontrolliert über die Bühne zu bringen. Der Immobilienmakler sagt: »Normalerweise liegt unsere Vermittlungsgebühr bei 1,75 Prozent des Verkaufspreises, aber wir wissen, dass es im Markt viel Konkurrenz gibt ... deshalb sind wir bereit, es für 1,5 Prozent zu machen.« Hat mir diese Aktion Zufriedenheit gegeben? Nein. Es war schnell, an keine Bedingungen gebunden und transparent. Er hat nicht einmal auf eine Reaktion gewartet oder versucht herauszufinden, ob mir anderweitig bereits 1,5 Prozent angeboten wurden, oder ermittelt, ob ich mit ihm ohnehin zusammenarbeiten wollte, weil er beispielsweise einen guten Service bietet. Der Bankangestellte sagt: »Im Augenblick bieten wir unseren Geschäftskunden einen Dispositionskredit von Basiszins plus 4 Prozent an. In Ihrem Fall sind wir jedoch bereit, einen Zins von Basiszins plus 3,5 Prozent anzubieten.« Weshalb? Damit ich mich besser fühle? Ich musste dafür nicht arbeiten und noch nicht einmal auf Bedingungen eingehen. Es war nicht einmal ein entscheidender Faktor zu dieser Zeit, weshalb hat er mir das angeboten? Zufriedenheit stellt sich nur dann ein, wenn man dafür arbeiten musste. Selbst die Massen müssen in einem Schlussverkauf in den Geschäften der Hauptstraße günstigen Gelegenheiten nachjagen. Sie investieren Stunden, um einen Nachlass von 25 Prozent zu bekommen. Vielleicht haben sie nicht verhandelt, aber sie haben Zeit und Aufwand investiert. Die Beteiligten an diesem Vorgang werden mit ihrer Ersparnis zufrieden sein.

Wenn sich jemand zu leicht einverstanden zeigt, dann wurde eine Entscheidung getroffen oder eine Verpflichtung eingegangen, die ebenso leicht rückgängig gemacht werden kann. Rein psychologisch gesehen, haben die Dinge, die nur sehr schwer zu erlangen sind, einen höheren Wert. Geschäfte, um die hart gekämpft werden musste, werden wahrscheinlich respektiert. Betrachten Sie den Prozess, eine Übereinkunft zu erarbeiten, als eine Art von Investition in die Nachhaltigkeit der Vereinbarung oder auch in die Wahrscheinlichkeit, dass das Ergebnis respektiert wird.

Denken Sie daran, dass Sie einen großartigen Preis erzielen können, es sich aber als lausiges Geschäft erweisen kann, wenn die andere Partei ihre Verpflichtungen nicht so einhält, wie es verabredet wurde. Wenn die Ware beispielsweise nicht rechtzeitig geliefert wird oder die Ware nicht funktioniert, wofür Sie sie benötigen – der Preis ist nur ein Teil der gesamten Gleichung.

Wenn Sie mit einem festgelegten Budget arbeiten, kann es vorkommen, dass Ihr Budget aufgebraucht ist. Wenn Sie auf diese Weise eingeschränkt sind, dann ist es wichtig, die Auswirkungen in Hinblick auf die vereinbarten Spezifikationen genau zu verstehen. Wird das Produkt oder die Dienstleistung in den Anforderungen verändert, um den Preis gewähren zu können? Ist das sofort erkennbar oder wird es erst ans Licht kommen, wenn der Vertrag unterzeichnet ist? Konzentration und Disziplin müssen während der gesamten Verhandlungen aufrecht erhalten werden, damit Sie alle Risiken, Anforderungen, das Timing und alle anderen Faktoren berücksichtigen, die dazu führen könnten, dass Sie weniger bekommen als das, was Sie glauben, vereinbart zu haben. Leider sind diejenigen, die ihren Pflichten nicht nachkommen, Budgetbeschränkungen unterworfen, und nutzen das als Ausrede für schlechte Geschäfte, die oft nicht erfüllt werden.

Vertrauen versus Taktiken – die emotionale Antwort

Vertrauen und Respekt in Beziehungen ermöglichen Diskussionen und die Gelegenheit, Verträge abzuschließen. Die Energie wird für das Geschäft aufgewendet und nicht um Positionen aufzubauen und die emotionalen Bedürfnisse der Beteiligten zu befriedigen. Eine Beziehung zwischen 9.00 Uhr und 12.00 Uhr auf dem Ziffernblatt des Verhandelns ist der ideale Ort, um Werte zu maximieren. Wenn allerdings Taktiken verwendet und offensichtlich werden, wenn Vertrauen schwindet, dann ziehen sich Verhandler auf ihre Positionen zurück und Entscheidungen werden emotional getroffen.

Einige Verhandler sagen, sie wollen an einer Partnerschaft arbeiten und sie verhandeln taktisch im Bereich um 6.00 Uhr herum. Sie gehen oft so weit, dass sie Forderungen erheben, die sie eigentlich gar nicht wollen. Das zielt darauf ab, der anderen Partei die Zufriedenheit zu bieten, die Forderungen »vom Tisch« zu verhandeln und zu »gewinnen«. Diese Themen werden normalerweise in die Agenda eingebaut, um Glaubwürdigkeit zu vermitteln.

Ich habe gesehen, wie Ablenkungsmanöver benutzt wurden und in vielen Fällen funktioniert haben. Wie die meisten Taktiken können sie allerdings transparent sein und Ihren Interessen entgegenlaufen, insbesondere, wenn Sie Vertrauen und Integrität benötigen, damit die Beziehung funktioniert. Es kann aber auch dazu führen, dass Diskussionen emotional aufgeheizt werden und höchstwahrscheinlich in Geschäften enden, die weniger Wert bieten.

Fallstudie

Eine IT-Outsourcing-Beratung, Data Search, führte eine Agenda mit 21 Verhandlungspunkten ein.

Drei der Punkte, die auf den Verhandlungstisch kamen, schienen zu den in vorherigen Sitzungen genannten Prioritäten überhaupt nicht zu passen. Diese drei Punkte auf der Agenda bestanden aus einer extrem langen Kündigungsfrist, der Option, das Servicezentrum in ein anderes Land zu verlegen und jährlichen Preissteigerungen, die um 2 Prozent höher lagen als die Inflationsrate. Dabei ging es um einen potenziellen Fünfjahresvertrag. Die Forderung nach der jährlichen Preissteigerung stimmte nicht mit dem überein, wie Data Search mit anderen Unternehmen arbeitete. Die Käufer wussten das, weil sie Recherchen angestellt hatten. Die Investition, die Data Search tätigte, konnte keine Kündigungsfrist von zwölf Monaten rechtfertigen, und einer der Gründe, weshalb sie überhaupt ausgewählt wurde, war, dass sie ein Servicezentrum in England hatten ... und sie wussten das. Anstatt diese drei Punkte zu diskutierten, wurde die Sitzung vertagt. Die Emotionen kochten hoch und es bestand eine reale Gefahr, dass die Vertragsverhandlungen abgebrochen wurden. Die Agenda wurde neu erstellt und als Bedingung für weitere Verhandlungen präsentiert. Das Ergebnis war ein Vertrauensschwund und größere Spannungen zwischen beiden Parteien. Die Auswirkung für Data Search war die Feststellung, dass die Verkäufer nicht nur vorbereitet waren, sondern nun hart verhandelten, um bei einigen der verbliebenen Themen Fortschritte zu machen.

Sichtbare Emotionen

Auch sichtbare Emotionen werden in Verhandlungen angewendet. Eine dieser Taktiken ist als das »Profizucken« bekannt (Kapitel 5, Seite 144), worüber ich aber in Kapitel 8 weitere Ausführungen machen werde, und beinhaltet, dass eine Verhandlungspartei ihren Anfangsvorschlag unterbreitet und die andere Partei mit einer übertriebenen emotionalen Reaktion antwortet und unterstellt, das Eröffnungsangebot sei lächerlich. Diese vorgetäuschte Emotion soll eine weitaus stärkere Form der Ablehnung sein, als ein einfaches »Nein«. Als Verhandler müssen Sie eine solche Reaktion erkennen und auf Ihre Aktionen vertrauen. In Verhandlungen ist kein Platz für unkontrollierte Emotionen. Als kompletter Verhandler müssen Sie Ihr Denken kontrollieren können, Ihre Reaktionen, was Sie sagen und was Sie entscheiden, nicht zu sagen.

Eine andere Möglichkeit, willentlich die sichtbaren Emotionen zu kontrollieren, ist dann gegeben, wenn der Verhandler die Diskussion mit einer Machtaussage eröffnet, um die Erwartungen der anderen Partei zu begrenzen und die eigene Position zu verankern. Wenn sie das tun, dann warten sie bewusst auf eine Reaktion der anderen Partei, um abschätzen zu können, wie weit sie bei einem speziellen Thema gehen können. Zum Beispiel: »Wir freuen uns, dass es möglich war, uns heute zu treffen, um einige Themen zu unserer Entschädigungsforderung diskutieren zu können« oder »Sie erkennen sicher, dass dies sehr ungewöhnlich ist und dass jegliches Arrangement aufgrund der Komplexität des Themas, wahrscheinlich Monate, wenn nicht sogar Jahre in Anspruch nehmen wird, um es abzuschließen«. Diese Aussage zur Verankerung mag vielleicht völlig gegenstandslos sein. Die Person, die diese Aussage macht, beobachtet und hört auf die emotionalen Signale der anderen Partei, die auf eine Ablehnung oder eine Akzeptanz der Aussage schließen lassen. Der komplette Verhandler würde mit einer alternativen Machtaussage kontern. Diese relativiert die erste Machtaussage der anderen Partei und überträgt damit die Verantwortung zu Kooperation wieder zurück.

Emotionen, Druck und Stress sind in Verhandlungen üblich. Der Folgen einer Blockade bewusst, der Verantwortung, erfolgreich zu sein, und der Frustration, die mit der langwierigen Diskussion einer Vereinbarung aufkommen kann, übernimmt unser Unterbewusstsein die Kontrolle über unser Verhalten. Sie beginnen Dinge zu tun, deren Sie sich nicht einmal bewusst sind. Die meisten Menschen, mit denen ich gearbeitet habe, glauben es so lange nicht, bis sie sich selbst auf einer Videoaufzeichnung sehen. Erschwerend hierzu wird die nonverbale Kommunikation unter Stress sogar noch übertriebener, besonders dann, wenn Aussagen gemacht werden, bei denen wir uns unbehaglich fühlen.

Wenn Sie der anderen Partei an irgendeinem Punkt der Diskussion sagen, was Sie tun *werden* (selbst wenn es sich dabei nicht um das beste Angebot handelt, das Sie unterbreiten könnten), so ist das ganz einfach ein Teil des Prozesses und muss auch als solcher betrachtet werden. Sie müssen sich an Geduld und Frustrationen gewöhnen, während Optionen durchdacht werden. Auch die andere Verhandlungspartei könnte beginnen, Anzeichen von Stress und Emotionen zu zeigen. Das wird meist ersichtlich, wenn sie einen Vorschlag unterbreitet oder auf einen Vorschlag reagiert.

Stellen Sie sich vor, dass Sie sich auf einen maximalen Preis von 1000 Euro einigen können und Sie haben mit einem Angebot von 600 Euro begonnen. Die andere Partei fragt Sie: »Ist das Ihr bester Preis?«, worauf Sie antworten: »Das ist der Preis, den ich zu zahlen bereit bin.« Danach bietet Ihnen die andere Partei 1100 Euro an. Sie sagen: »Ich kann bis auf 725 Euro gehen, aber dann muss darin auch eine Servicevereinbarung enthalten sein und die Lieferung muss bis Montag erfolgen.« Die ganze Zeit versuchen Sie, den Preis gegen andere Dinge von Wert zu handeln, aber im Hinterkopf wissen Sie, dass Sie Ihren Preis noch erhöhen können und auch dazu bereit wären, wenn die Alternative wäre, den Auftrag zu verlieren. Ein Abschluss mit der anderen Partei bei einem Preis von 1000 Euro wäre genauso gut wie Ihre anderen Alternativen, die Sie haben. Die andere Partei legt eine Pause ein, nachdem sie gehört hat, dass Sie 725 Euro sagten, und es kommt zu einem Augenblick des Schweigens. Denkt die andere Seite darüber nach, Ihr Angebot anzunehmen, bereitet sie sich vor, die Verhandlung zu verlassen oder denkt sie über ihren nächsten Schachzug nach? Die 20 Sekunden, die dabei vergangen sind, vermitteln das Gefühl von fünf Minuten.

Die andere Partei könnte sagen, Ihr Angebot sei lächerlich und sie hätte an weiteren Gesprächen kein Interesse. Die Tatsache, dass sie immer noch diskutiert, immer noch auf eine Antwort wartet, ist ein nonverbaler Hinweis, dass weiterhin Interesse besteht, wenn auch nur an Ihrer Antwort auf ihre Aussage. Der komplette Verhandler versteht, dass in Verhandlungen nichts zufällig geschieht. Alles, jede Bewegung, jede Aussage, jede Antwort und jedes Schweigen geschieht aus einem Grund. Ihre Aufgabe als Verhandler ist es, die Korrelation zwischen dem, was *gesagt* wird, und wie die andere Partei sich verhält zu erkennen und interpretieren zu können. Praxisorientierte Workshops zum Thema Verhandeln bieten die Gelegenheit, Vereinbarungen auszuhandeln, während sie per Video aufgezeichnet werden. Das ermöglicht eine detaillierte Analyse von allem, was geschieht. Es ermöglicht den verhandelnden Personen, selbst zu sehen, in welchem Maß ihre Aktionen und Emotionen erkennbar sind. Die meisten Menschen leugnen völlig, dass sie irgendeine Art von Signal von sich geben, bis sie sich selbst auf der Videoaufzeichnung sehen. Haben sie sich gesehen und akzeptieren sie das, was sie tun, so führt dies zu einer signifikanten Verbesserung ihrer bewusst kontrollierten Auftritte. Hören Sie auf das, was die andere Seite sagt, beobachten Sie, was sie macht und danach entscheiden Sie über ihre Reaktion.

Bewusste Verhandler können aktiv zuhören. Dazu gehört, dass Sie anderen absichtlich demonstrieren, dass Sie zuhören, engagiert und aufgeschlossen, wenn Sie wollen, dass die andere Partei das von Ihnen denkt. Mit anderen Worten: Bewusste Verhandler können durch die eigene Körpersprache das zum Ausdruck bringen, was sie die andere Partei wahrnehmen lassen wollen. Ein Teil davon, »in den Kopf« der anderen Partei zu kommen, besteht darin, dass die andere Partei das denkt, was Sie *wollen*, das sie denken soll.

Emotionales Ego

Wie oft haben Sie emotionales oder von Ego getriebenes Verhalten bei Wohltätigkeitsauktionen beobachtet, ganz zu schweigen von Auktionen im Geschäftsleben? Die gesamte Veranstaltung ist darauf ausgelegt, die einzelnen Personen auf den Präsentierteller zu setzen. Der Auktionator läuft durch den Raum und ruft die Bieter unter ihrem Namen auf: '5000 Euro sind für das Fußball-Trikot aufgerufen, hat Herr Schmitt die Nerven, sein Gebot erhöhen?' Er wendet sich an Herrn Schmitt und die komplette Aufmerksamkeit des Publikums ruht ebenfalls auf ihm. Natürlich hat Herr Schmitt die Nerven, da er nicht sein Gesicht verlieren will. Die Geschäftsleute bei der Auktion, die sehr erfolgreich sind und die wahrscheinlich sehr hart für solche Summen gearbeitet haben, betrachten diesen Prozess als Spaß. Sie sind verführt durch die sofortige öffentliche Anerkennung ihrer Großzügigkeit und lassen das Urteilsvermögen vollkommen außen vor, das ihnen wahrscheinlich in erster Linie dabei geholfen hat, das Geld zu verdienen. Es ist für einen guten Zweck. Es ist ihr Geld (wenn auch nicht immer), so kann ich ihren Spaß dabei verstehen.

Jedoch habe ich bei vielen Gelegenheiten in der Geschäftswelt ein identisches Verhalten beobachtet. Das Ego der Personen übernimmt und die Beteiligten verwenden das Geld ihres Unternehmens, um zu gewinnen. Vollkommen unter Missachtung der Interessen der Aktionäre, für die sie eigentlich arbeiten.

Fallstudie

Tom erlebte die Frustrationen in Verhandlungen aus erster Hand, als er selbst seine Emotionen in den Griff bekam. Seine Frau Susanne »verliebte« sich in ein Haus. Dreimal innerhalb von zwei Wochen besichtigten sie es, bevor sie sich entschlossen, ihr eigenes Haus zu verkaufen und ein Angebot für ihr Traumhaus abzugeben – unter dem geforderten Preis. Susanne hatte drei Wochen damit verbracht, sich vorzustellen, was sie mit dem Haus machen würde, wie eine alte Scheune, die gleich neben dem Haus stand, renoviert werden könnte und welche Möbel sie wohin stellen würde. Sie gingen sogar in die örtlichen Kneipe, weil sie das Dorf kennen lernen wollten. Das Anwesen wurde für 510 000 Euro angeboten. Ihr erstes Angebot von 450 000 Euro wurde abgelehnt und der Verkäufer machte ein Gegenangebot von 490 000 Euro, wonach immer noch eine Lücke von 40 000 Euro bestand. Sie mussten ihre Nerven im Zaum halten und andere Variablen in die Verhandlung einbringen. Sie wussten, dass es für den Verkäufer eine wichtige Überlegung war, den Gärtner, der in den letzten 15 Jahren jede Woche zehn Stunden lang gearbeitet hatte, weiter zu beschäftigen. Susanne wollte jede Möglichkeit erforschen, um die Lücke zwischen den beiden Angeboten zu schließen: »Nehmen wir doch einen höheren Kredit auf, das können wir uns leisten.« Der Kauf des Hauses war das Einzige, das für sie noch eine wichtige Rolle spielte und ihr nicht mehr aus dem Kopf ging.

Die Folgen einer höheren Kreditaufnahme wurden deshalb unbedeutend, wenn der Verkäufer nur zustimmen würde. Innerhalb eines Tages erhielt der Verkäufer ein Angebot von einem anderen potenziellen Käufer, der bereit war, 500000 Euro zu bezahlen. Wenn sie das Haus noch wollten, mussten sie dem Verkäufer mehr Geld anbieten, als dieser noch vor 24 Stunden akzeptiert hätte. Und Susanne wollte das Haus unbedingt haben. Sie beschlossen, ebenfalls 500000 Euro zu bezahlen, nachdem sie überprüft hatten, dass es sich um ein wirklich seriöses Angebot handelte, das jemand abgegeben hatte, der in einer vergleichbaren Situation war.

Nun hatte Tom mit dem Markt (Angebot und Nachfrage) und seinen Emotionen zu kämpfen, aber auch keine passende Alternative (BATNA) zur Verfügung. Nachdem er ohnehin schon einige seiner Prinzipien ignoriert hatte, befand er sich nun auch in einem Bieterverfahren, mit seiner Frau Susanne an seiner Seite. Zumindest hatten sie sich beide zuvor einen Breakpoint festgelegt (den ersten Angebotspreis von 510000 Euro), den sie beide nicht überschreiten wollten. Das war insoweit in Ordnung, weil sie diesen Breakpoint nicht überschreiten mussten, um den Kauf zu sichern. Hätten sie sich diese Grenze nicht gesetzt, so hätten sie womöglich noch mehr bezahlt. Es stellte sich heraus, dass beide Parteien bei der gleichen Summe aufgehört hatten, mehr zu bieten. Als zehn Tage später das Bieten beendet war, hatten Tom und Susanne ihr eigenes Haus schon verkauft, waren bereit weiterzumachen, weil sich die Umstände zum Positiven geändert hatten. Der Wettbewerb hatte den Preis nach oben getrieben, der Breakpoint hatte sie jedoch davor bewahrt, mehr zu bezahlen, und der Wunsch und die Gefühle hatten dafür gesorgt, dass sie nicht »ausgestiegen« waren. Hätte das Bieten nicht begonnen, wäre die Angelegenheit wahrscheinlich anders ausgegangen.

Emotionen untergraben die Objektivität. Wenn Ihr Ehepartner als Geisel gehalten wird und ein Lösegeld für die Freilassung gefordert wird, dann sind Sie die letzte Person, die ein solches Abkommen aushandeln sollte. Sie sind emotional involviert und daher unmittelbar gefährdet. Sie würden wahrscheinlich Ihren kompletten Besitz in Ihrem ersten Angebot an die Geiselnehmer für die Freilassung geben, vorausgesetzt die Entführer hätten ihren Preis noch nicht genannt. In einem solchen Fall sollten Sie die Rolle des Verhandlers an eine andere Person delegieren. Sie kann möglicherweise nicht kompetenter als Sie verhandeln, jedoch wird sie dies ohne eine emotionale Bindung zum Ergebnis der Verhandlung tun.

Zusammenfassung

Ohne Emotionen zu hören, zu verstehen, zu kalkulieren, zu denken und zu reagieren, erfordert eine enorme mentale Leistung. Genau das ist es, was wir unter dem E-Faktor verstehen. Dieser unterscheidet Sie als kompletten Verhandler von anderen, weil dieser zu optimalen Leistungen führt. Turner mögen viele Fertigkeiten haben – Geschwindigkeit, Wendigkeit und Kraft – wenn sie aber keinen guten Gleichgewichtssinn haben, werden sie niemals herausragende Leistungen erbringen. Für viele erweist sich das als eine schwierige Disziplin, weil einige persönliche Eigenschaften nicht von Natur aus gegeben sind, jedoch erlernt werden können. Wenn Sie jedoch in eine Lage gebracht werden, in der Sie sich nicht sicher sind, was der nächste Schritt sein sollte, dann vertagen Sie die Sitzung oder verlassen Sie diese, bevor Sie psychologisch oder finanziell kompromittiert werden. Wenn Sie Zweifel haben, was als Nächstes zu tun ist, tun Sie lieber nichts, ansonsten werden Sie es wahrscheinlich bedauern. Planung und Vorbereitung sollten dazu beitragen, solche Situationen zu vermeiden. Verhandlungen nehmen aber oft unvorhersehbare Wendungen und Kursänderungen. Sie sollten sich niemals verpflichtet fühlen, sich anzupassen und im Verhandlungsraum bleiben zu müssen. Die Auswirkungen von Zeit und Umständen werden normalerweise als die Gründe genannt, weshalb Menschen weiter diskutieren, selbst wenn sie die Folgen ihrer eigenen Position in der Verhandlung nicht eindeutig abschätzen können.

Zeit und Umstände sind die mächtigsten Faktoren in Verhandlungen. Die Veränderungen, die mit einem Wechsel von Zeit und Umständen einhergehen, können emotionale Reaktionen der Beteiligten auslösen. Zeit kann alles verändern, auch das Kräfteverhältnis der beiden Parteien innerhalb einer Beziehung. Dies wiederum kann schnell auf den Stil der Verhandlung Einfluss nehmen, auf die Art der bestehenden Beziehungen und auf das Maß an Integrität oder Fairness, von denen man ausgeht, sie seien ebenfalls im Spiel.

Anspannung, Stress und letztlich die Möglichkeit für ein nicht optimales Ergebnis sind sehr viel wahrscheinlicher in einer Beziehung, in der Sie sich oft Herausforderungen stellen müssen.

Selbst wenn in einer Beziehung eine starke Abhängigkeit zwischen den beiden Parteien besteht, etwa von Ihrem Chef, Ihrem Ehepartner, Ihrem Geschäftspartner oder Ihrem Kunden, sind bei Herausforderungen und Veränderungen Emotionen nicht weit entfernt. Es ist der E-Faktor, der so oft den Unterschied in den Ergebnissen von Vereinbarungen bewirkt. Das bedeutet aber auch, dass man von der Berechenbarkeit anderer Menschen in Verhandlungen niemals ausgehen kann.

Kapitel 7
Autorität und Entscheidungsbefugnis

Was ist Entscheidungsbefugnis?

Verhandlungen können nur Fortschritte machen, wenn Kommunikation zwischen beiden Parteien stattfindet und die Beteiligten Entscheidungen treffen dürfen.

Daher ist das Verständnis der Entscheidungsbefugnis fundamental für den Aufbau einer Beziehung sowie der geeigneten Kommunikation, die zwischen Ihnen und dem Fortschritt der Verhandlung stehen. Außerdem: Je größer der Verhandlungsrahmen für Sie oder Ihren Verhandlungspartner ist, desto mehr Raum gibt es für Kreativität und die Schaffung von zusätzlichem Wert in der Verhandlung.

Allerdings werden Sie, wenn Sie mit Entscheidungsbefugnis ausgestattet sind, auch angreifbar, was ebenfalls einige Risiken mit sich bringt. Diese Risiken versuchen Unternehmen zu kontrollieren, indem sie ihren Entscheidungsträgern Grenzen setzen (oder sie finanziell »deckeln«), jenseits derer auf einer höheren Ebene der Unternehmenshierarchie entschieden wird. Jeder Mensch, der zu viele Entscheidungsbefugnisse hat, kann gefährlich oder verletzlich werden und somit auch das Unternehmen, für das er arbeitet.

Eine der Stärken eines jeden Verhandlers ist zu verstehen, was Entscheidungsbefugnis wirklich bedeutet und

- wie sie genutzt werden kann, um sich selbst zu schützen;
- welchen Einfluss sie auf die mögliche Kreativität in der Verhandlung hat;
- wie sie seine Fähigkeit zur Schaffung von Wert in der Verhandlung beeinflusst und
- wie sie das Denken und das Verhalten der anderen Verhandlungspartei beeinflusst.

Im Wesentlichen geht es um den Spielraum, in dessen Grenzen Sie verhandeln und entscheiden dürfen, ohne dass Sie sich an Ihren Chef wenden oder ihm die Entscheidung überlassen müssen. Mit anderen Worten: Entscheidungsbefugnis bezieht sich auf den zulässigen Bereich von Variablen, in dem Sie agieren können, und auf die Befugnisse, mit denen Sie verhandeln müssen. Wenn Sie Entscheidungsbefugnis ganz einfach als Maßstab dafür betrachten, wie weit Sie Ihre Verhandlungsmöglichkeiten ausweiten oder einengen können oder als Schranke, bis zu der Sie gehen können, dann bekommen Sie ein Gefühl, wie sich Entscheidungsbefugnis zu Ihren Gunsten, aber auch zu Ihren Ungunsten auswirken kann.

Um kooperativ auf der linken Seite des Ziffernblatts des Verhandelns (6.00 Uhr bis 12.00 Uhr) zu verhandeln, erfordert es eine Entscheidungsbefugnis, die viele Variablen und Möglichkeiten einschließt. Viele Unternehmen begrenzen die Entscheidungsbefugnis ihrer Mitarbeiter, um diese in der Verhandlung zu schützen. Deshalb ist es wesentlich, wo Sie sich auf dem Ziffernblatt des Verhandelns befinden. Wie bei einem Drahtseilakt müssen passende Grenzen gesetzt werden, die Chancen nutzbar machen und hilfreich für den Abschluss eines guten Geschäfts sind – allerdings ohne ein zu hohes Risiko einzugehen.

Bis zu einem gewissen Grad sind wir alle entscheidungsbefugt

Hervorragende Verhandler sind Helden, über die meist keine Lieder gesungen werden. Bedeutende Geschäfte werden das mit der Zeit auch, wenn ein Vertrag den erwarteten Wert bringt, wenn auch nicht unbedingt zu der Zeit, zu der er unterschrieben wurde. Große Verhandler arbeiten oft in einem Team, das aus spezialisierten Rechtsanwälten, Finanzdirektoren und anderen bestehen kann. Weil der Chef die letzte Person ist, die in die Verhandlungen einbezogen wird, werden die Verhandlungen selbst meist an untere Hierarchieebenen delegiert, wodurch die Transparenz darüber, wer die Ereignisse kontrolliert, getrübt wird. Wenn das Geschäft abgeschlossen wurde, besteht natürlich Vertraulichkeit, aber auch die Notwendigkeit, das operative Geschäft der beteiligten Firmen zu schützen, was bedeutet, dass die wahren Fakten und Zahlen, auf die man sich geeinigt hat, nur selten so ausführlich veröffentlicht werden, dass man die relative Leistung der beteiligten Verhandler messen könnte.

Die meisten hochrangigen Verhandler sind Politiker oder Gewerkschaftsführer, doch diese Personen arbeiten weder allein, noch haben sie die Befugnis, alle Themen zu verhandeln. Der Einsatz der Presse und der Medien wird zum Aufbau ihrer Macht genutzt. So können sie ihren Erfolg demonstrieren, was allerdings nichts anderes ist, als ein Aufbau von Macht für die nächste Verhandlung.

Eine persönliche Erfahrung als Verhandler war es, eine spannungsgeladene Verhandlung zwischen einem japanischen Elektronikkonzern und einer englischen Gewerkschaft zu ermöglichen. Das Vertrauen zwischen den beteiligten Parteien war äußerst gering, das Klima sehr schlecht und deshalb war es erforderlich, eine neutrale Person einzuführen, damit sich überhaupt etwas bewegen konnte. Ich riet meinem Klienten, mir keine Befugnisse zu überlassen, mit denen ich verhandeln durfte. Das ermöglichte, dass ich mich ganz auf den Verlauf der Verhandlung konzentrieren und nicht in spezielle Vorschläge einbezogen werden konnte. Zu meinen Aufgaben gehörte es, beiden Parteien behilflich zu sein und Lösungen zu finden. Begonnen wurde damit, die Position beider Parteien zu verstehen und warum diese nicht die Vorschläge der anderen Partei akzeptieren konnten.

Welche Entscheidungsbefugnis haben die anderen?

In eine Verhandlung zu eilen, ohne zuvor festgestellt zu haben, ob die andere Partei überhaupt zu verhandeln berechtigt ist, ist ein Fehler, der schon vielen eifrigen und letztlich frustrierten Account-Managern unterlaufen ist. Die Notwendigkeit zu fragen, einzuschätzen und zu sondieren, erfordert Geduld und eine Wertschätzung der dadurch gewonnenen Klarheit. In den Sondierungsgesprächen sollte die Frage der Entscheidungsbefugnis geklärt werden: »Sind Sie berechtigt, den Vertrag zu unterzeichnen?« oder »Wer müsste noch an der Unterzeichnung der Übereinkunft beteiligt werden?« oder sogar »Gibt es Einschränkungen, die Sie davon abhalten könnten, die Übereinkunft zu unterzeichnen?« Diese Fragen werden Ihnen helfen zu entscheiden, ob Sie mit der richtigen Person oder den richtigen Leuten verhandeln.

Entmachtet sein

Ob Sie ein Bankkonto eröffnen, eine Führerscheinprüfung ablegen, ein Haus kaufen, vor Gericht stehen oder ganz einfach in ein Fitnesscenter gehen: Überall gibt es Regeln oder Gesetze, die besagen, was Sie tun können, was Sie nicht tun dürfen und was Sie tun müssen. Wenn Sie gegen Regeln oder Gesetze verstoßen, dann sollten Sie mit Folgen rechnen, und diese festgelegten Parameter sorgen für eine zivilisierte Ordnung. Menschen sind sozial so konditioniert, dass sie Regeln und Gesetze befolgen, und die meisten Menschen führen ein Leben, in dem sie die Gesetze respektieren, nach denen wir und auch die anderen um uns herum leben. In manchen Bereichen garantieren Gesetze Bewegungsfreiheit, beispielsweise dürfen wir reisen und bestimmen, wie und wohin wir reisen. Gesetze können uns aber auch einschränken, wenn wir beispielsweise mit dem Auto nicht schneller als mit einer vorgegebenen Geschwindigkeit oder nicht in betrunkenem Zustand fahren dürfen. Wenn Sie am Flughafen ankommen und Ihr Gepäck einchecken, dann gehen Sie durch eine Sicherheitskontrolle und dann an Bord des Flugzeugs. An jedem Punkt wird Ihnen gesagt, was Sie zu tun haben. Wenn Ihr Gepäck Übergewicht hat, müssen Sie mehr bezahlen; wenn Sie durch die Sicherheitskontrolle gehen, wird auch Ihre Tasche durchleuchtet, Sie müssen Ihre Schuhe ausziehen, den Gürtel ablegen und so weiter. Sie dürfen sich nicht einmal von Ihrem Platz im Flugzeug bewegen, bis der Flugkapitän die Erlaubnis dazu erteilt. In diesem Umfeld sind wir stark in unseren Möglichkeiten zu Handeln eingeschränkt. Verstößt man gegen diese Regeln, wird man aus dem Flugzeug hinausgeworfen und vielleicht sogar festgenommen.

Geschriebenes Wort erhält eine vermeintliche Autorität dadurch, dass es veröffentlicht und dadurch legitimiert wurde. In einer Verhandlung könnte die andere Partei Ihnen zum Beispiel eine Preisliste präsentieren. Sie könnten nun versucht sein, diese so zu akzeptieren wie sie ist. Jedoch sollten Sie die Preisliste nur als die Eröffnungs-

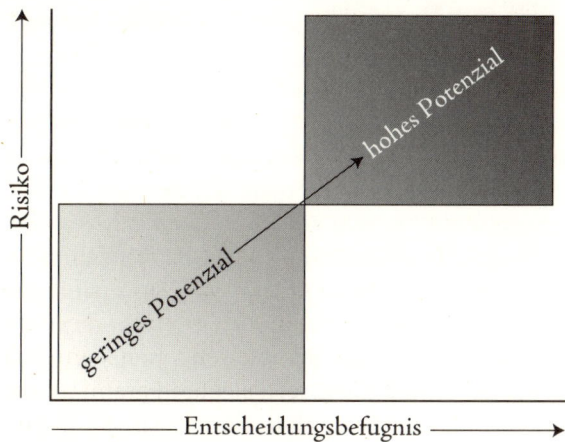

Abbildung 4 Entscheidungsbefugnis

position der anderen Partei ansehen. Unterschiedliche Situationen erfordern unterschiedliche Überlegungen, doch viele werden fälschlich davon ausgehen, dass der Preis auf der Preisliste nicht verhandelbar ist und die Person, die Ihnen diese Preisliste präsentiert, auch nicht befugt ist, über den Preis zu verhandeln.

Je mehr Entscheidungsbefugnisse Sie haben, umso größer ist der Bereich, in dem Sie denken und handeln müssen. Je größer der Raum ist, in dem Sie verhandeln können, umso mehr Gelegenheiten werden Sie haben, zusätzlichen Wert mit Ihren Verträgen zu schaffen. Allerdings werden Sie damit auch angreifbarer, tragen höhere geschäftliche Risiken und werden damit für alle Auswirkungen Ihres Handelns verantwortlich gemacht. Für Unternehmen ist es schwierig, ihren Mitarbeitern ein Entscheidungsniveau zuzuweisen, das dem Unternehmen hilft, »gute Geschäfte« zu machen, jedoch nicht mit Risiken belastet ist, dass das »gute Geschäft« plötzlich so teuer wird, dass man es sich nicht mehr leisten kann.

Mit umfassenden Entscheidungsbefugnissen ausgestattete Personen können gefährlich werden

Spekulanten, die vereinbarte Entscheidungsbefugnisse bewusst überschreiten, bieten reichlich Beweise dafür, welch schlimmes Ende es nehmen kann, wenn Befugnisse, falls diese überhaupt abgesteckt wurden, nicht überprüft werden.

Im Jahr 2007 hatte Jérôme Kerviel von der Société Générale Hedgefondspositionen eingenommen, die seiner Bank einen Schaden von 4,8 Milliarden Euro einbrachten – der bisher größte Betrug der Finanzgeschichte. Ein weiteres bemerkenswertes Beispiel ist Nick Leeson von der Barings-Bank, dessen Aktionen dazu führten, dass Baring, eine der zu dieser Zeit ältesten englischen Banken, aufgeben musste. Es gibt auch noch Toshihide Iguchi von der japanischen Daiwa Bank, der seine Arbeitgeber 1,1 Milliarden Pfund kostete, und John Rusnak von der Bank Allied Irish, dem es gelang, seinen Arbeitgebern einen Verlust von 335 Millionen Pfund zuzufügen. Dies sind nur einige der Beispiele, die publiziert wurden. Sie zeigen jedoch, was geschehen kann, wenn Menschen, die nur begrenzt entscheidungsbefugt sind, außerhalb ihrer Grenzen agieren, und es an der erforderlichen Transparenz und Kontrolle zum Schutz aller Beteiligter hapert.

Eingeschränkte Entscheidungsbefugnis

In jeder Industrie sind Befugnisse begrenzt, um die Unternehmen zu schützen. Callcenter benutzen dies, um es Kunden fast unmöglich zu machen, mit Telefonisten zu verhandeln, die sich strikt an ihre Gesprächsvorgaben halten. Jeglicher Vorschlag, der vom Kunden unterbreitet wird und nicht im Skript enthalten ist, muss an einen Vorgesetzten weitergeleitet werden – eine klassische Vermeidungsstrategie, wobei der Kunde in der Hierarchie nach oben klettern oder, wenn er das nicht will, aufgeben und Zugeständnisse machen muss. Andere Beispiele: Die Versicherungsbranche, in der sich der Außendienst auf den Antragsprüfer in der Versicherung beziehen kann, wenn eine Entscheidung getroffen werden muss. Der Verkäufer in einem Geschäft muss sich an den Geschäftsführer wenden, wenn ein Kunde eine Forderung stellt, und der Hotelangestellte an der Rezeption muss seinen Vorgesetzten fragen, ob er einem Rabatt auf den Preis zustimmen darf. Selbst ein bevollmächtigter Verhandler benutzt zuweilen die Taktik vorzugeben, dass sein Chef einer Forderung der anderen Verhandlungspartei nicht zustimmen würde.

Im realen Leben sind wir von Begrenzungen und Regeln geradezu umzingelt, die aber zum größten Teil zu unserem Schutz erstellt wurden. Beispielsweise kann Sie ein Polizeibeamter anhalten, Sie verhaften oder in Gewahrsam nehmen, aber er hat nicht die Befugnis, Sie zu verurteilen. Das ist dem Richter vorbehalten, der wiederum dem Gesetz und der Beweislast unterliegt. Dieser Prozess dient dazu, Korruption zu verhindern und das System zu schützen, ganz gleich auf welcher Seite Sie sich befinden. Im Zusammenhang mit einem Beruf, hier im Fall der Polizei, haben Polizisten Autorität und Verantwortung und sind berechtigt, bei einer Festnahme so weit zu gehen. Was sie bei der Festnahme eines Verdächtigen tun dürfen und was sie nicht tun dürfen, wurde in ihrer Ausbildung eindeutig definiert. Das gibt ihnen das Vertrauen, Angelegenheiten an eine höhere Ebene zu übergeben, wenn sie sich außerhalb ihres Kompetenzbereichs befinden. Dies entspricht genau dem Vorgehen eines Verhandlers, der berechtigt ist, sich innerhalb eines vorab definierten Bereiches von Parameter frei zu bewegen.

Ihr Chef als Ihr schlimmster Feind

Die gefährlichste Person in einer Verhandlung ist die Person mit der größten Entscheidungsgewalt – normalerweise ist dies der Chef. Er kann »Ja« sagen und weiß genau, dass er es tun kann, daher ist es wahrscheinlich, dass er dies tun wird, und unter Druck tut er es häufig. Wenn Sie jemals an der Seite Ihres Chefs an einer Verhandlung teilgenommen haben, dann könnten Sie dieses typische und dennoch frustrierende Szenario erlebt haben.

Es ist Ihr Kunde, doch aus irgendeinem Grund möchte Ihr Chef in der Verhandlung dabei sein. Das Treffen beginnt und Sie beginnen, mit Ihrem Kunden einige der schwierigeren Themen zu diskutieren – dann mischt sich Ihr Chef ein. Bevor Sie es überhaupt bemerken, befinden sich Ihr Kunde und Ihr Chef in einer Diskussion. Sie beginnen Lösungen auszuloten und letztlich werden Zugeständnisse gemacht, die Sie nicht hätten anbieten können, weil Sie keine so weit gehende Entscheidungsbefugnis haben. Ihr Chef glaubt immer noch, dass er es richtig gemacht habe und überhaupt Großartiges leistet. Tatsächlich jedoch war ihr Chef mindestens so sehr ehrgeizig wie Sie, das Problem zu lösen. Chefs haben jedoch eine umfassendere Entscheidungsgewalt (was sie, wie wir wissen, gefährlicher macht). Kurze Zeit später beendet Ihr Chef das Treffen, nachdem er eine Vereinbarung getroffen hat. Wahrscheinlich hat Ihr Chef Sie in den Verlauf der Verhandlung auch einbezogen, aber dennoch könnte er Ihre Beziehung zu Ihrem Kunden und Ihre Glaubwürdigkeit untergraben haben. Was glauben Sie, mit wem Ihr Kunde die nächste Verhandlung führen möchte?

Ihr Chef mag zwar höchst begabt sein, vieles sehr gut können, Nerven wie Stahl haben und Beziehungen hervorragend pflegen können. Allerdings ist er mit einer größeren Verantwortung und Befugnis ausgestattet als Sie und deshalb auch angreifbarer – und hat letztlich auch mehr zu verlieren.

Da er die größte Entscheidungsbefugnis hat, ist der Chef gleichzeitig in der schwächsten Verhandlungsposition in der gesamten Firma. Stellen Sie sich den König in einem Schachspiel vor. Der König hat weitaus weniger Bewegungsfreiheit als alle anderen Figuren. Wenn der König »im Schach« steht, werden immer auch Sie verletzlich sein, gleichgültig wie viele Figuren Sie noch auf dem Brett haben. Deshalb ist es Ihre Aufgabe, Ihren »König« zu schützen, um sicher zu sein, dass die andere Partei nicht an ihn herankommen kann. In Verhandlungen ist Ihr Chef der König und es ist nicht in Ihrem Interesse, Ihren Chef direkt den Klauen der anderen Partei auszusetzen, ansonsten käme Ihr Team in eine gefährliche Position. Es gibt ein berühmtes Mantra, das von allen Einkäufern gebetet wird: »Eine höhere Ebene, ein weiteres Prozent.« Der Einkäufer wird mit seinem Gegenpart hart verhandeln und dann versuchen, auf die nächsthöhere Ebene zu gelangen und sich so ein Zugeständnis von einem Prozent zu sichern, und dann versuchen, die nächsthöhere Hierarchieebene einzubeziehen, um sich ein weiteres Prozent zu sichern ... und so weiter.

Wer ist im Hintergrund?

Wenn Sie der Chef sind, ist es in Ihrem Interesse, sich selbst zu entmachten, weil Sie das in der Verhandlung schützen wird. Es ist besser, im Hintergrund zu führen, als im Mittelpunkt der Aufmerksamkeit zu stehen. Geben Sie bekannt, dass andere die Entscheidung fällen und Sie alle getroffenen Entscheidungen unterstützen werden.

Gehen Sie in keiner Verhandlung davon aus, dass Sie es mit dem letzten Entscheidungsträger zu tun haben. Am Ende der Diskussion könnte Ihnen das Licht aufgehen, dass ein anderer die letzte Entscheidung trifft. Die Person, mit der Sie zu verhandeln glaubten, war in Wirklichkeit nicht ermächtigt, die letzte Entscheidung zu treffen. Die Gegenpartei könnte auch Angebote gemacht haben, die ihr Unternehmen nicht ausführen wird. Im Gegenzug für einen Rabattsatz könnte sie sogar Zugeständnisse angeboten haben, die sie gar nicht anzubieten berechtigt war. Deshalb ist es zwingend erforderlich, immer festzustellen, in welchem Umfang der Verhandlungspartner Entscheidungsgewalt hat.

- Stellen Sie fest, wer der Entscheidungsträger ist.
- Stellen Sie fest, wer sonst noch zustimmen muss.

Tun Sie das vor Beginn der Verhandlungen. Falls nicht, werden Sie Taktiken, Verzögerungen, Eskalation ausgesetzt sein oder, noch schlimmer, einen Vertrag unterzeichnen, der nicht erfüllt wird, weil die vereinbarten Bedingungen nicht durchführbar waren.

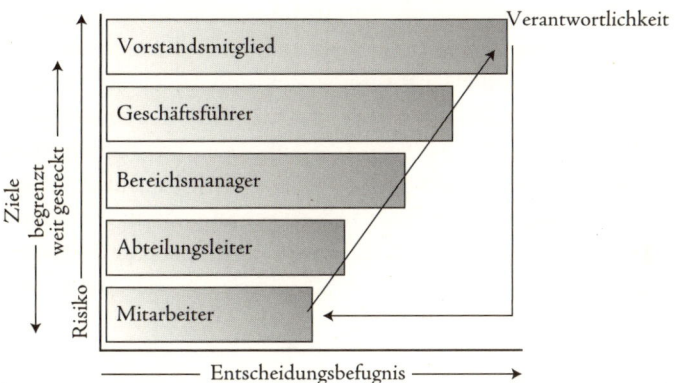

Abbildung 5 Hierarchieebenen

›Prinzipielle‹ Vereinbarungen gewinnen

Eine andere Möglichkeit, den Chef dafür einzusetzen, den Verhandlungsfluss zu verbessern, wenn ein hohes Maß an Widerstand zu erwarten ist, ist die Vereinbarung eines Gesprächs unter den Top-Managern. In diesen Treffen werden Ideen ausgetauscht, ein Rahmen entwickelt und prinzipielle Vereinbarungen getroffen, wonach ernsthafte Detailverhandlungen folgen. Das findet sowohl im politischen wie auch im wirtschaftlichen Rahmen statt, um den Chef zu schützen und keiner Gefahr auszusetzen, während aber auf höchster Ebene zwischen beiden Parteien Vertrauen und Verständnis aufgebaut werden kann.

Der Gedanke dahinter ist, dass das Top-Management einige Grundlagen festlegt, damit die weiteren Gespräche in den kommenden Verhandlungsrunden reibungsloser verlaufen können und es den Verhandlungsteams überlassen wird, die Einzelheiten festzulegen. Diese Methode wurde im Rahmen der Friedensverhandlungen um Nordirland erfolgreich angewendet, als die Parteien sich zu »off-the-record-Meetings« in einer Hotelbar mit einem geheimen Eingang trafen. Das ermöglichte es den Parteien im Prinzip zu vereinbaren, wie die Zukunft aussehen könnte, Bereiche festzustellen, in denen es gemeinsame Interessen gab und Vertrauen aufzubauen. Im Jahr 2010 führten in England Verhandlungen zwischen den Konservativen und den Liberaldemokraten zur Bildung einer Koalitionsregierung, nachdem es nach den Wahlen von 2010 zu einer Pattsituation gekommen war. Keiner der Parteivorsitzenden, weder David Cameron noch Nick Clegg, waren direkt in die Verhandlungen eingebunden. Beide bestimmten ein Team, in ihrem Namen zu agieren und danach zu berichten.

Die Notwendigkeit, bis zu den Handlungsberechtigten aufzusteigen

Sie könnten in Betracht ziehen, die bewusste Eskalation auf eine höhere Ebene der Hierarchie zum Teil Ihrer Verhandlungsstrategie zu machen. Im Einzelhandel geschieht das jede Woche.

Fallstudie

Eine Frau sieht sich eine Couch an, die 840 Euro kosten soll. Ein
Verkäufer kommt auf sie zu und versucht den Verkauf abzuschließen, indem er sagt: »Wir können sie Ihnen bis zum nächsten Samstag liefern, wenn Sie heute den Kaufvertrag unterzeichnen.« Die Frau antwortet: »Bei diesem Preis müsste ich mit meinem Mann darüber sprechen, weil wir vereinbart haben, dass wir
nicht mehr als 800 Euro ausgeben.« Der Verkäufer ist bereits berechtigt (autorisiert), bei dieser Couch Rabatte von bis zu zehn
Prozent zu gewähren, und die Frau ist anscheinend nicht berechtigt, mehr als 800 Euro auszugeben. Der Verkäufer präzisiert
dies mit seiner Kundin: »Wenn ich also meinen Chef dazu bringen würde, mit einem Preis von 800 Euro einverstanden zu sein,
dann würden Sie noch heute kaufen?« Er war ja bereits berechtigt, das zu tun. Die Frau nickt. Er bittet sie einen Augenblick zu
warten, um kurz mit seinem Abteilungsleiter zu sprechen. Nach
kurzer Zeit kommt er mit einem Lächeln zurück und sagt, er
habe seinen Abteilungsleiter überzeugt, das Geschäft auch bei
800 Euro zu machen und sie schließen den Kaufvertrag. Doch
nutzt der Verkäufer seine Entscheidungsbefugnis wirklich zu
seinem Vorteil? Oder wurde er durch die scheinbare Entmachtung seiner Kundin ausgenutzt? Tatsache ist, dass die Frau auch
1 000 Euro hätte zahlen können, denen ihr Mann zugestimmt
hatte, und die Frau sich selbst entmachtet hat.

Den Verhandlungsbereich durch Entmachtung der Führung verbreitern

Eine weitere Möglichkeit, Verhandlungen zu ermächtigen, ist, die
umfassenden Strategien bereits vom Top-Management definieren zu
lassen.

Fallstudie

Celino, ein Lieferant von Fensterglas mit Sitz in Polen, hatte sich entschlossen, mit seinen 37 Kunden in ganz Europa neue Geschäftsbedingungen auszuhandeln. Zu den Veränderungen, die Verhandlungen erforderlich machten, zählten Preise, Liefervolumen, Rabattstrukturen, Informationsaustausch, Zahlungsbedingungen und Lieferzeiten.

Letztlich sollten die Kunden für das Fensterglas mehr bezahlen, wovon einiges Massenware war, anderes jedoch mit einzigartigen Merkmalen, beispielsweise mit selbstreinigenden Oberflächen, die es nur exklusiv bei Celino gab. Sie wussten, dass die Verhandlungen hart würden. Allerdings betrafen 80 Prozent des Geschäftsumfangs ihre fünf größten Kunden und deshalb standen die Größe und die Bedeutung dieser Kunden im Mittelpunkt des Interesses der Geschäftsleitung von Celino.

Zu der von Celino angewendeten Strategie zählten Gespräche auf Ebene des Top-Managements, um neue exklusive Beschichtungen zu diskutieren, zuverlässige Lieferfristen sowie gleiche und transparente Preise auf dem gesamten Markt. Diese Ankündigungen wurden ohne Erwähnung weiterer spezieller Einzelheiten verschickt. Während ihrer Treffen gingen die Direktoren bewusst nicht auf Einzelheiten zur Veränderung der Geschäftsbedingungen ein – mit dem Hinweis, dass sie keine Informationen auf der Produktebene zur Verfügung hatten. Sie bestanden darauf, dass beide Parteien Verhandlungsteams hatten, die sich durch »die Details« durcharbeiten sollten. Celino konzentrierte sich auf die Zuverlässigkeit und darauf, wie die Vorteile der neuen innovativen Produkte zum Wachstum des Geschäfts ihrer Kunden beitragen würden. Diese beiden Punkte gefielen ihren Kunden schon zu diesem frühen Zeitpunkt.

Im Wesentlichen hatte Celino den Weg für Verhandlungen vorbereitet, als die Direktoren sich selbst entmachteten, um nicht in Einzelheiten verwickelt zu werden. Hätten sie das nicht getan, so hätten sie damit ihrer Strategie geschadet.

Verhandlungen und Entscheidungsbefugnis innerhalb von Teams

Wenn man in Teams verhandelt, ist es wichtig, so organisiert zu sein, dass man als Einheit eine gute Leistung erbringt. Das Verständnis, wer befugt ist, was zu tun und wer die letzte Entscheidung trifft, ist entscheidend für die Arbeit eines jeden Teams, wenn es unter Druck steht. Verhandlungen in Teams können nur effektiv sein, wenn jedes einzelne Mitglied seine Rolle genau kennt und jeder disipliniert genug ist, seine Rolle zu erfüllen und zu den Bemühungen des Teams beitragen kann. Es gibt vier eindeutige Rollenverteilungen, die in der Regel angewendet werden:

- der Sprecher,
- der Rechner,
- der Beobachter,
- der Teamleiter.

Jede Rolle ist so gestaltet, dass die Teammitglieder ihre jeweils besten unterschiedlichen Fähigkeiten einsetzen.

Der Sprecher

Der Sprecher ist ermächtigt, den größten Teil der Gespräche zu führen, Angebote innerhalb der Grenzen zu unterbreiten, die von ihrem Chef festgelegt wurden oder in diesem Fall vom Teamleiter des Verhandlungsteams. Das soll nicht heißen, dass die anderen Mitglieder des Teams nicht sprechen sollen oder nicht sprechen dürfen, aber sie sollten es erst nach einer Aufforderung durch den Sprecher tun. Innerhalb seiner Rolle ist der Sprecher ermächtigt, im Namen des Teams zu verhandeln, doch wird er sich auf den Teamleiter beziehen müssen, um zu einer abschließenden Vereinbarung zu kommen.

Der Rechner

Der Rechner versteht die Konsequenzen einer Veränderung aller Variablen in der Verhandlung. Er ist im Team, um Möglichkeiten zu empfehlen, um Angebote und deren Konsequenzen zu berechnen und jederzeit den Gesamtwert der Verhandlung zu verstehen. Er sollte nicht ermächtigt sein, irgendwelche Verpflichtungen einzugehen oder in einen Dialog einzugreifen, wenn er nicht dazu gebeten wird.

Der Beobachter

Der Beobachter ist ebenfalls entmachtet. Seine Aufgabe ist es,

- die andere Partei aufmerksam zu beobachten und zu überwachen,
- Dinge zu hören, die die anderen Teammitglieder nicht hören, da sie zu sehr mit etwas anderem beschäftigt sind, und
- den Umfang, die zeitliche Abfolge sowie die Art der Bewegungen der anderen Partei zu »lesen«, die sich während der Verhandlung vollziehen.

Der Zweck dieser Rolle ist es, besser verstehen zu können, was die andere Partei antreibt. Der Beobachter ist Ihr Informant im Raum, aber er hat nicht das Recht, in die Verhandlung einzugreifen.

Der Teamleiter

Der Teamleiter erstellt die Verhandlungsagenda und ist für das Klima in der Verhandlung verantwortlich. Er erlaubt dem Sprecher, die Verhandlung im Sinn des Teams zu führen. Der Teamleiter oder der Chef ist normalerweise die Person, die mit der größten Entscheidungsbefugnis ausgestattet ist. Er ist die Person, die am wenigsten spricht, deren Beiträge allerdings das größte Gewicht tragen. Von Zeit zu Zeit fasst er, wenn Klarheit erforderlich ist, die bisherigen Ergebnisse zusammen und trifft die letzte Entscheidung. Allerdings ist er nicht der Verhandler. Diese Aufgabe ist an den Sprecher delegiert, der die Stimme des Teams darstellt.

Das Team hat die Aufgabe, den Sprecher zu unterstützen.

Mehr als vier

Oft besteht ein Team aus mehr als vier Mitgliedern. Noch öfter aber werden Sie alle vier Rollen allein spielen müssen. Das macht Ihre Aufgabe des Verhandelns anspruchsvoller, weil es viele Dinge zu bedenken, zu durchdenken und auf viele Dinge zu reagieren gilt. Das ist einer der Gründe, weshalb die Vorbereitung für Verhandler so wichtig ist. Sie sollten niemals schnell reagieren, niemals versuchen, auf einen Geschäftsabschluss zu drängen und immer das Tempo verstehen, in dem Sie agieren und Ihre Besprechungen angemessen führen können.

Manche Verhandler mögen eine Entmachtung wie eine Zwangsjacke empfinden, für andere stellt Entmachtung eine Rüstung dar. Entmachtung funktioniert in beide Richtungen und wird von Unternehmen genutzt, um den Verhandlungsbereich und das Risiko zu erweitern oder einzuengen. Sie wird als Taktik genutzt, um zu schützen oder Konflikten auszuweichen, ebenfalls zur Kontrolle von Verhandlungen.

Selbst ein Pilot, der sein Flugzeug landen will, erhält während des Anflugs Anweisungen vom Tower: zum Flugweg, zum Zeitplan und andere für die Landung relevante Anweisungen. Er ist Teil eines Teams und verschiedene Mitglieder des Teams tragen unterschiedliche Arten von Verantwortung und sind ermächtigt, bestimmte Entscheidungen zu treffen.

Die Person, mit der Sie verhandelt haben, hat sich vielleicht nicht mit den relevanten Personen im Unternehmen abgestimmt, wie weit sie verhandeln darf.

In diesem Fall könnte die Vereinbarung, die von Ihnen verhandelt wurde, immer noch eine Freigabe auf einer höheren Ebene in der Organisation erfordern.

Entscheidungsbefugnisse, bevor Sie mit Verhandlungen beginnen

Wahrscheinlich arbeiten Sie, wenn Sie verhandeln, im Rahmen von vereinbarten Grenzen. Ohne diese Grenzen könnten Sie theoretisch gefährlich werden, weil Sie alles vereinbaren könnten. Deshalb werden normalerweise Stufen der Entscheidungsberechtigung eingerichtet, die Sie schützen (und damit Sie eine Verhandlungsgrundlage haben) und die das Unternehmen schützen, für das Sie arbeiten. Bevor Sie in Verhandlungen gehen, werden Sie vielleicht oft an internen Verhandlungen beteiligt, in denen die Grenzen abgesteckt werden und festgelegt wird, wo Ihr Breakpoint liegt oder ob Sie über bestimmte Variablen verhandeln dürfen, um zu einem Geschäftsabschluss zu kommen. Dies ist ein wichtiger Teil der Planung. Auch die andere Verhandlungspartei wird Grenzen festgelegt haben, innerhalb derer sie agieren kann. Für manche Verhandler ist es üblich, damit zu beginnen, bestimmte Bereiche zu skizzieren, die nicht verhandelbar sind und zu einem Abbruch der Verhandlungen führen würden, aber auch die Bereiche, die für eine Diskussion offen sind. Es ist wahrscheinlich, dass die andere Person entweder nicht ermächtigt wurde, wegen der zuvor festgelegten Grenzen in diesen Bereichen zu verhandeln, oder man hat beschlossen, diese Punkte erst zu einem späteren Zeitpunkt in die Verhandlung einzuführen.

Entscheidungsberechtigungen, die Sie schützen

Viele Unternehmen fördern aktiv Unternehmenswerte wie Kreativität, Unternehmergeist und sogar Entscheidungsbefugnis. Dies dient dazu, innerhalb einer uneingeschränkten Unternehmenskultur zu Offenheit im Denken zu ermutigen. Wenn jedoch mit Lieferanten und Kunden verhandelt wird, erkennt man, dass es Grenzen geben muss, innerhalb derer Mitarbeiter berechtigt sind zu agieren, weil die Unternehmensführung ansonsten die Kontrolle über ihr Handeln verlieren würde. Das gleiche Unternehmen, das diese Werte fördert, arbeitet auch mit einer Struktur der Entmachtung, um den eigenen Geschäftszweck zu schützen. Es verwendet eine Preisliste, um damit den Verkauf zu entmachten, ebenso wie eine gedruckte Fassung der Rabattstruktur. Die Rabattstruktur baut auf einer für alle geltenden transparenten Preisstruktur und auf vom Umsatz abhängigen Rabattstaffeln auf, die unter allen Umständen eingehalten werden müssen. Der Verkauf wird unter diesen Umständen bis zu dem Punkt entmachtet, an dem er nur noch die Bestellung des Kunden annimmt und weiterleitet. Wenn ein Kunde bessere Bedingungen verlangt, so muss er mit dem Chef sprechen. Der Chef, als Aufsichtsorgan, ist ebenfalls entmachtet. Bei dessen Chef auf der nächsten Hierarchieebene, wenn Sie ihn erreichen können, weil Chefs normalerweise »gerade auf Geschäftsreise« sind, haben Sie dann vielleicht die Möglichkeit, ein besseres Geschäft abzuschließen.

Taktisch gesehen, ermöglicht die eigene Entmachtung die Einführung einer »dritten Partei«, wenn man sagt, man sei nicht befugt, weiter zu gehen. Das dient dazu, den Druck von Ihnen zu nehmen. Wenn Sie diese Taktik jedoch nicht vorsichtig einsetzen, kann sie nach hinten losgehen. Viele Unternehmen wenden ein Eskalationsverfahren über mehrere Ebenen der Entscheidungsbefugnis an, um sicher zu sein, dass diejenigen, mit denen man verhandelt, niemals an den letzten Entscheidungsbevollmächtigten herankommen.

Der Druck, unter dem der Verkäufer stand, den Vertrag abzuschließen, und die Tatsache, dass er für ein Unternehmen arbeitet, das seine Mitarbeiter mit vielen Vollmachten ausstattet, führte dazu, dass die Position des Verkäufers kompromittiert wurde. Hätte er keine Entscheidungsbefugnis, über bestimmte, zuvor festgelegte Grenzen hinauszugehen, hätte sich der Käufer sein Vorgehen noch einmal überlegen müssen oder andere Variablen verhandeln müssen. Diese

Taktik der höheren Autorität wird sehr oft genutzt, wenn eine Partei keine detaillierten Kenntnisse über die kompletten Entscheidungsprozesse der anderen Seite hat. So kann die Person, mit der sie verhandeln auf diese höhere Autorität verweisen und eine erneute Verhandlungsrunde starten.

Ermächtigt, die falschen Dinge zu tun?

Einige Einzelhandelsunternehmen, die für die Einkäufer pro Kategorie Ziele festgelegt haben, die auf der Bruttogewinnspanne beruhen, tragen das gleiche Risiko. Die Bruttogewinnspanne wird berechnet, bevor viele Kosten in Betracht gezogen wurden, die zum Beispiel mit der Lieferung des Produkts in Verbindung stehen.

Stellen Sie sich vor, Sie seien Einkäufer eines Einzelhandelsunternehmens. Ihr Ziel in diesem Jahr ist es, in Ihrer Kategorie die durchschnittliche Bruttogewinnspanne von 37 Prozent auf 38,5 Prozent zu steigern. Stellen Sie sich nun die Versuchung vor, Ihrem Lieferanten gegenüber Zugeständnisse aller Art (logistische Vereinbarungen, Terminaufträge, Rabattaktionen etc.) zu machen, solange diese sich bloß nicht in ihrer Zielgröße der Bruttogewinnspanne bemerkbar machen. Tatsächlich könnte es sein, dass Sie weniger Produkte verkaufen, weniger Geld einnehmen und einen geringeren Gewinn erzielen. Doch solange die Bruttogewinnspanne steigt, werden Sie Ihr individuelles Ziel erreicht haben. Enge individuelle Ziele treiben bestimmte Verhaltensweisen. Wenn Sie ermächtigt sind, über alle erforderlichen Punkte eines Vertrages zu verhandeln, aber nicht an der Gesamtleistung gemessen werden, werden Ihre Entscheidungen das reflektieren, woran Sie gemessen werden. Dies führt unter Umständen zu Ergebnissen, die für Ihren Arbeitgeber nachteilig sein könnten.

Viele Einkäufer von Produkten aus der ganzen Welt benutzen Agenturen, um Waren und Materialien zu beschaffen. Die Agenturen kennen Lieferanten und verhandeln mit ihnen nach Ihren Anweisungen. Aber woher wollen Sie wissen, dass sie das beste Geschäft zu Ihren Gunsten tätigen oder dass Sie das Geschäft eingehen, bei dem sie selbst am besten verdienen? Agenturen oder Agenten, die in Ihrem Namen verhandeln, erfordern ein sorgfältiges Management, da auch die Agenturen Gewinne machen wollen.

Die Autorität, Entscheidungen zu treffen

Ermächtigung durch den Kunden

Mit großen Unternehmen zu sprechen, an sie zu verkaufen und mit ihnen zu verhandeln, kann eine große Herausforderung sein. Viele von uns müssen mit Kunden um das Privileg eines bevorzugten Status verhandeln. Diese sagen tatsächlich: »Wenn Sie unseren Bedingungen zustimmen, werden wir Ihnen ermöglichen, auf einfache Weise mit dem Rest unseres Unternehmens Ihr Angebot zu besprechen. Bis dahin sind alle, mit denen Sie sprechen müssen, nicht einmal ermächtigt, mit Ihnen zu reden.« Den lokalen Einheiten vor Ort, in der Region oder sogar im ganzen Land wird es tatsächlich untersagt, Diskussionen mit Ihnen aufzunehmen (sie wurden entmachtet), bis Ihr Unternehmen ein bevorzugter Lieferant geworden ist.

Unter Ermächtigung verstehen wir im Wesentlichen die Befugnis, verhandeln zu dürfen. Das reicht vom Verkäufer im Laden, der keinerlei Verhandlungsspielraum hat und zum ausgezeichneten Preis verkaufen muss und alle Diskussionen zu diesem Thema an den Geschäftsführer weiterleiten wird, bis hin zum anderen Extrem, wenn ein Unternehmer seine Firma verkauft und allen Bedingungen zustimmen kann, so wie es ihm gerade gefällt. Auch wenn er sein ganzes Leben daran gearbeitet hat, sein Unternehmen aufzubauen, könnte er das Gefühl haben, seine Entscheidung vor seiner Familie oder seiner Ehefrau rechtfertigen zu müssen. Und dann gibt es noch die verschiedenen Ebenen, bis zu denen jemand ermächtigt werden kann.

Fallstudie

Stellen sie sich vor, Ihr Chef ermächtigt Sie, Geschäfte über den Verkauf von Wasserspendern abzuschließen. Sie dürfen aber keinesfalls unter 300 Euro je Einheit gehen, außer Sie sprechen vorher mit ihm. In diesem Fall würde er wissen, außer er hört von Ihnen, dass kein Wasserspender unter 300 Euro verkauft wird und alles andere bleibt gleich. 300 Euro werden zu Ihrem Breakpoint (der Betrag, unter dem Sie nicht verkaufen dürfen).

Ermächtigung kann sowohl für als auch gegen Sie arbeiten, wenn sie zu eng gefasst ist. In diesem Fall könnte sie gegen Sie arbeiten, beispielsweise, wenn Sie mit einem Geschäft von 320 Euro zurückkommen. Um 320 Euro zu erzielen, haben Sie allerdings zugesagt, innerhalb von drei Tagen zu liefern, während die übliche Lieferzeit 14 Tage beträgt. Sie haben das Zahlungsziel auf 60 Tage erweitert, obwohl es normalerweise sieben Tage beträgt, und waren mit einem Mindestvolumen von zehn Geräten einverstanden, obwohl die Mindestbestellmenge normalerweise 30 Geräte umfasst.

Durch die Deckelung oder Begrenzung einer Variablen (der Preis darf nicht unter 300 Euro liegen) wurden zum Abschluss des Geschäftes die anderen Variablen manipuliert. Das abgeschlossene Geschäft führt zu einem Wert, der unterhalb der vereinbarten 300 Euro pro Stück liegt. Stellen Sie sich nun vor, Ihnen liegt ein Angebot eines Großunternehmens vor, das 500 Geräte kaufen will, aber darauf besteht, dass der Preis auf 290 Euro gesenkt wird. Dann sieht es plötzlich anders aus. Anstatt die Verhandlung zu vertagen, kommt es zu einer Blockade und Sie verlieren ein höchst rentables Geschäft. Deshalb sollten absolute Anweisungen in Bezug auf die Entscheidungsbefugnis zu einem Thema erklärt und gleichzeitig Konditionen skizziert werden, falls es zu einer Eskalation kommen sollte.

Die Verbindung von Befugnissen mit Verantwortung und Risikoanalyse

Im Jahr 2006 wurde immer häufiger die Möglichkeit genutzt, Waren und Dienstleistungen über elektronische Auktionen im Internet zu beschaffen. Dieser Trend wurde von einer Branche unterstützt, die die erforderlichen Dienstleistungen für die so genannten E-Auktionen zur Verfügung stellte. Dies bedeutete, dass fast alles auf solchen elektronischen Wegen beschafft werden konnte. Dazu gehörte, dass Lieferanten in einem konkurrenzbetonten Umfeld eingeladen wurden, für Angebote zu bieten. Sie konkurrierten miteinander

Fallstudie

In einem Fall kaufte eine große Supermarktkette 250 000 Einkaufswagen im Rahmen einer Internet-Auktion. Ein Lieferant aus Taiwan bot seinen neuesten Einkaufswagen an, der den Anforderungen der Supermarktkette entsprach. Ein anderer Lieferant aus Italien bot seinen Einkaufswagen an, der den Anforderungen ebenfalls entsprach.

Zu diesem Zeitpunkt war allerdings nicht bekannt, dass der Einkaufswagen aus Taiwan so gebaut war, dass er drei Jahre lang genutzt werden konnte, während das italienische Modell eine Nutzungsdauer von sechs Jahren haben sollte. Die Nutzungsdauer war in der ersten Ausschreibung vor dem Bieten auch nicht in der Anforderungsbeschreibung festgelegt.

Der Lieferant aus Taiwan erhielt den Vertrag und natürlich erbrachte dies der Supermarktkette eine Ersparnis von 20 Prozent. Nach drei Jahren allerdings mussten die Räder erneuert werden und der Bremsmechanismus versagte, was enorme Zusatzkosten erforderlich machte, alle 250 000 Einkaufswagen zu ersetzen – eine falsche Wirtschaftlichkeit, insbesondere deshalb, weil die Einkaufswagen erst nach einem Nutzungszeitraum von fünf Jahren abgeschrieben werden konnten.

Hätten die Verhandler eine langfristige Gewährleistung als Variable eingeführt, wäre die Anforderungsliste detaillierter geworden. Man hatte die Verantwortung für die Auktion an eine externe Agentur vergeben und sie ermächtigt, den besten Preis zu erzielen, was sie auch machte. Die Anforderungen waren nicht durchdacht worden und die Agentur handelte strikt nach den Anweisungen. Dies führte zu einem Geschäft mit Gesamtkosten ohne einen Vorteil für den Einkäufer. Innerhalb dieser drei Jahre war der dafür zuständige Einkäufer bereits in eine höhere Position aufgerückt, zum Teil auch wegen der hohen Kostenersparnisse, die er erzielt hatte – beispielsweise in der Auktion um die Einkaufswagen.

Fallstudie

In einem anderen Fall war ein Hersteller an Verhandlungen über Sicherheitshelme für eine neue Baustelle beteiligt. Die Kontaktperson war ein Beschaffungsmanager, der einen Auftrag für zwei Helmgrößen vergeben musste, die besonderen Sicherheitsstandards gerecht werden mussten.

- Die Sicherheitshelme wurden beschafft, um auf einer neuen Baustelle getragen zu werden, wobei über 700 Subunternehmer ausgestattet werden mussten.
- Die Helme mussten innerhalb von vier Wochen an der Baustelle angeliefert werden, zu dem Zeitpunkt, als die Subunternehmer ankommen sollten und die nächste Sicherheitsüberprüfung anstand.
- Die Eigentümer der Baustelle leiteten eine Reihe von Baustellen, auf einigen davon sollte in den nächsten Monaten mit der Arbeit begonnen werden.

Der Beschaffungsmanager hatte die Anzahl der potenziellen Lieferanten auf zwei bekannte Hersteller reduziert und dann mit den Verhandlungen begonnen. Der erste Lieferant bot einen sehr niedrigen Preis an, unter der Bedingung, dass er den Status eines bevorzugten Lieferanten und einen garantierten Auftrag zur Belieferung der anderen vier Baustellen zum gleichen Preis erhielt. Der zweite Lieferant fragte nicht nach einem langfristigen Auftrag, war um fünf Prozent teurer und konnte erst in fünf Wochen liefern.

Die Intuition des Beschaffungsmanagers war, dem ersten Angebot zu folgen. Dann allerdings überlegte er, welche Risiken dies bergen könnte. Der erste Lieferant war billiger, aber welche Folgen hatte es, wenn er zu spät lieferte? Der finanzielle Schaden könnte hundert Mal höher sein als der Preis des Auftrags. Er überprüfte noch einmal die Spezifikationen und versuchte herauszufinden, weshalb der erste Lieferant so billig sein konnte. Welche Folgen hätte es, wenn die Helme beim Eintreffen nicht den Anforderungen genügten? Die Musterhelme schienen in

Ordnung zu sein. Allerdings ging es bei diesem Geschäft um mehr als die Helme, da die Baustelle nicht in Betrieb genommen werden konnte, wenn die Helme nicht den Sicherheitsvorschriften entsprachen. Es ging darum, dass die ganze Baustelle bereit sein musste, die Arbeit aufzunehmen. Der Beschaffungsmanager wandte sich an seinen Chef, um mit ihm die Vorteile der Optionen zu besprechen. Letztlich verlangten sie von den beiden Lieferanten eine schriftliche Garantie und die Übernahme aller Konsequenzen einer verspäteten Lieferung. Kaum überraschend, antwortete nur der zweite Lieferant und sicherte sich so den Auftrag.

in einer Bieter-Schlacht, die primär darauf abzielte, reduzierte Preise für Massenwaren zu erlangen. Im Verlauf des Jahres 2006 wurden in Internet-Auktionen von Einzelhändlern durchschnittliche Ersparnisse von mehr als 20 Prozent erzielt. Entscheidungen wurden schnell getroffen, um das Modell der Internet-Auktionen auf einen weiteren Bereich von Produktkategorien auszuweiten.

Der Unterschied zwischen diesen beiden Fallstudien ist die innere Einstellung der beiden Verhandler gegenüber Risiken. Die Berücksichtigung der Gesamtkosten einer Entscheidung führt Verantwortlichkeit. Jeder, der ermächtigt ist, das beste Geschäft auszuhandeln, muss auch für die weiteren Auswirkungen seiner Vereinbarungen verantwortlich gemacht werden können. Ansonsten könnte das, was als großartiges Geschäft erscheint, sich als Desaster für die Organisation herausstellen. Die Herausforderung für den entscheidungsberechtigten Verhandler ist es deshalb, die Risiken zu verstehen und zu verhandeln/abzuschwächen und, wenn er Zweifel hat, die nächsthöhere Ebene der Unternehmenshierarchie einzubeziehen.

Entscheidungsbefugnis und Raum, um Wert zu schaffen

Verantwortung und Rechenschaftspflicht gehen also Hand in Hand. Einige Unternehmen verlangen von ihren Managern, Unternehmergeist zu beweisen. Sie wollen ihnen Entscheidungsbefugnis geben, um Entscheidungen selbst zu treffen. Sie sollen kreativ sein,

Vereinbarungen aufbauen und den Wert innerhalb der Vereinbarungen maximieren, an denen sie beteiligt sind. Tatsächlich entstehen Geschäfte mit hohem Potenzial aus Kreativität (Eigenschaft 9, Kapitel 4, Seite 123). Kreatives Denken kann man von Menschen erwarten, die befugt sind, Entscheidungen zu treffen, und deshalb ermutigt werden, umfassender zu denken. Wenn man jemanden entmachtet, indem man ihm nur einen eingeschränkten Aufgabenbereich zuweist, wird das sein Denken eingrenzen und Reaktionen provozieren wie: »Ich habe nicht einmal an die Aussicht auf ein Joint Venture gedacht. Das liegt nicht in meinem Aufgabenbereich.«

Wenn Sie zusätzlichen Wert in Ihren Verhandlungen erzeugen möchten, müssen Sie mit Entscheidungsbefugnissen ausgestattet sein, die so breit wie möglich sind.

Die Bedeutung der Definition von Wert

Wenn man einen größeren Rahmen an Möglichkeiten in den Verhandlungen mit moderaten Entscheidungsbefugnissen ausstattet, ist dies ein gesunder Weg, das Verhalten innerhalb des Unternehmens ausgewogen zu gestalten. Allerdings müssen der Rahmen an Möglichkeiten und die Kreativität auch mit Verantwortungsbewusstsein gekoppelt sein. Man könnte jemanden bitten, kreative Geschäfte aufzubauen, die den Wert maximieren. Wenn man allerdings nicht definiert, *wie* der Wert gemessen wird, dann könnte man die Risiken übersehen, die in seinem Streben nach Wertzuwachs akzeptiert wurden. Wenn an die Erreichung von höchst rentablen Vereinbarungen auch persönliche finanzielle Vorteile gebunden sind, sollten den Befugnissen des Verhandlers auch Grenzen gesetzt werden. Wie wir in der globalen Bankenkrise, die zur Kreditklemme während der Jahre 2008 und 2009 führte, gesehen haben, gehen Menschen in ihrem Streben nach persönlichem Gewinn enorme Risiken ein – insbesondere, wenn sie befugt sind, diese einzugehen.

Kapitel 8
Taktiken und Werte

Die große Bedeutung, leidenschaftslos in Verhandlungen zu sein

Die Entscheidungen, die Sie während einer Verhandlung treffen, und wie Sie sich verhalten, werden davon beeinflusst, wie viel Macht Sie zu haben glauben, und durch die Art und Weise, wie Ihre Werte und Ihr Moralverständnis Ihr Urteil beeinflussen.

Es ist aber auch richtig, dass die für die Verhandlung gewählten Taktiken erstens durch die Ihnen zur Verfügung stehende Macht, aber auch, ob sie eine lang- oder kurzfristige Beziehung zu berücksichtigen haben, begrenzt sind. Dies wiederum könnte Einfluss darauf nehmen, wie ethisch Sie in dieser Verhandlung sein wollen.

Sie mögen Vertrauen, Respekt, Integrität, Ehrlichkeit, Offenheit, Rücksichtnahme und Mitgefühl für wichtige soziale Werte halten. Aber an dem Punkt, an denen diese Werte dazu führen, dass Sie in Verhandlungen fair sein möchten, könnte dies Ihr Urteilsvermögen und den Ausgang Ihrer Verhandlungen negativ beeinflussen (siehe Kapitel 6, Seite 182).

Das Dilemma, wie der Wert der Fairness am besten in Verhandlungen passt, kann zu den unpassendsten Momenten der höchsten Anspannung aufkommen. Beispielsweise halten manche Verhandler sehr viel davon, fair und vernünftig zu bleiben, oder lassen sich sogar emotional beeinflussen, wenn sie einer Partei gegenüberstehen, die sich manipulierend und irrational verhält. Eventuell kommen Sie zu dem Schluss, dass Sie prinzipiell keine Geschäfte mit Menschen machen, die sich auf eine solche Weise verhalten. Manche werden sogar gereizt oder so aufgebracht, dass sie sich entschließen, die Verhandlungen abzubrechen – sogar dann, wenn ein Abschluss möglich gewesen wäre.

Letztlich können Sie es sich nicht leisten, dass Ihre Emotionen Ihr Urteilsvermögen in Verhandlungen beeinflussen. Versuchen Sie leidenschaftslos die Taktiken zu erkennen, die von der anderen Seite verwendet werden. Sie müssen was oder sogar *wer* Sie sind (teilweise durch Ihre Werte geprägt) von dem trennen, *was* Sie tun. Das bedeutet nicht, dass Sie Ihre Werte »an der Garderobe ablegen« müssen. Erkennen Sie, wie Ihre Werte Sie dazu bringen können, sich an gewohnte Prinzipien zu halten, denn dies kann unter Umständen das Verhandlungsergebnis negativ beeinflussen.

Den Verlauf und die Ablenkungsmanöver erkennen

Als kompletter Verhandler müssen Sie das Verhalten der anderen Partei erkennen und interpretieren. Lassen Sie jedoch niemals Ihre Fähigkeit, klar zu denken, oder Ihre Fähigkeit, rationale Entscheidungen zu treffen, vom Verhalten der anderen Partei beeinflussen.

Sehr wichtig ist, dass Sie erkennen, dass die andere Partei nicht unbedingt Ihre Werte teilt und auch nicht Ihre Ansichten, wie Geschäfte gemacht werden. Sie könnte mit einem völlig anderen Plan an den Verhandlungstisch gekommen sein.

In Verhandlungen geht es nicht um Fairness, sondern es ist das Ziel, einen Vertrag zu schließen, an den sich beide Parteien gebunden fühlen und ausreichend motiviert bleiben, diesen auch zu erfüllen.

Wegen der Art und Weise, wie das Kräfteverhältnis ist und wie es sich im Verlauf der Zeit und durch sich ändernde Umstände verschiebt, bedeutet es, dass Sie niemals davon ausgehen können, dass Verträge immer ausgewogen und fair sind. Allerdings können Sie darauf hinarbeiten, unter den gegebenen Umständen immer das bestmögliche Geschäft zu machen. Einige greifen, wenn sie sich in einer solchen Situation befinden, zu hilfreichen Taktiken; wieder andere werden Opfer dieser ins Spiel gebrachten Taktiken. Der komplette Verhandler sieht die andere Partei als das, was sie ist und falls erforderlich wendet er Gegentaktiken an, um die Auswirkungen von Taktiken zu neutralisieren.

Ich beschreibe an dieser Stelle nicht, was richtig und falsch ist. Wahrscheinlich werden Sie Werte haben, die sich von denen anderer

Menschen unterscheiden. Dadurch werden weder Ihre noch die Werte der anderen Partei richtig oder falsch. Es bedeutet lediglich, dass unsere Interpretationen, unser Verständnis und auch die Anwendung unserer Taktiken sich unterscheiden werden, so wie sich auch die Wirkungen der Taktiken unterscheiden werden, weil wir eben unter anderen Umständen leben und andere Ansichten darüber haben, was akzeptables Verhalten ist.

Als Grundregel gilt: Verhandlungen, die sich auf kurzfristige Vereinbarungen konzentrieren, mit Parteien, zu denen wir keine Beziehung haben und zu denen wir sie auch in der Zukunft wahrscheinlich nicht haben werden, werden eher zu einer Werteverteilung wie in Verhandlungen in den Bereichen von 1.00 Uhr bis 6.00 Uhr kommen. Taktiken werden häufiger in dieser Art von Verhandlungen verwendet, da die Beziehungen in der Regel nicht langfristig sind.

Eine Frage der Auswahl und des persönlichen Stils

Soziale Werte beeinflussen die gesellschaftliche Moral und die Sitten, die eine Grundlage für die Zivilisation darstellen. Der Wert der Fairness bietet uns eine konsistente Grundlage, zu urteilen, zu debattieren und Entscheidungen zuzustimmen, und auch ein Rahmenwerk für Menschen mit verschiedenen Ansichten, wie sie ihr Leben organisieren. Politische Parteien warben auf Wahlplakaten für eine »fairere Gesellschaft« – als ob man unterstellen könnte, dass dies zu einer besseren Gesellschaft führen würde. Diese »Fairness« wird jedoch relativ zu den Interessen und der Macht stehen, die bei den Beteiligten schon vorhanden ist.

Durch die Anwendung von Taktiken wird das Konzept der »Fairness« von einigen Verhandlern ausgebeutet. Demokratische Gesellschaften sind so organisiert, dass wir Freiheit und Auswahlmöglichkeiten haben. Dies dient dazu, die Vorstellung zu beseitigen, kontrolliert zu werden. Solange wir Wahlmöglichkeiten haben, betrachten viele das als Freiheit und Fairness. Auswahlmöglichkeiten sollen Fairness suggerieren. Wenn Sie allerdings, so wie Regierungen, die Optionen oder die Wahlmöglichkeiten kontrollieren, so haben Sie die Macht, das Ergebnis zu beeinflussen.

Wenn wir in einem Restaurant eine Speisekarte erhalten, dann haben wir das Gefühl, wir hätten eine Wahl und Kontrolle über das, was wir essen werden. Wir wären nie in das Restaurant gegangen, hätte uns die Auswahl auf der Speisekarte nicht gefallen. Dennoch ist die Auswahl begrenzt, die uns der Küchenchef vorgelegt hat. Wir haben nur die Wahl, etwas zu bestellen, das auf der Speisekarte steht. In Verhandlungen ist es die Agenda, die uns die Möglichkeit gibt, die Rahmenbedingungen für die einzelnen Variablen zu verändern; der Vorschlag, die Zahlungsbedingungen anzupassen (aber nur wenn wir die Preiserhöhung akzeptieren und dem Vorschlag noch heute zustimmen), ist eine Wahlmöglichkeit.

Wenn Sie allerdings bei den Wahlmöglichkeiten, die Sie anderen anbieten, offensichtlich unfair sind, wird es schwierig, Vertrauen aufzubauen, und ohne Vertrauen ist es schwierig, strategische Partnerschaften auszubauen oder gemeinschaftlich zu verhandeln (7.00 Uhr bis 12.00 Uhr auf dem Ziffernblatt des Verhandelns).

Gesellschaftliche Normen helfen uns zu entscheiden, was unter allen Umständen fair und vernünftig ist. Geschäftliche Beziehungen, bei denen die Notwendigkeit besteht, gemeinsam Probleme zu lösen oder zunehmenden Wert durch die Zusammenarbeit zu schaffen, erfordern zumindest ein gewisses Vertrauensniveau.

Um im Geschäftsleben als fair wahrgenommen zu werden, muss man Wahlmöglichkeiten anbieten: Wahlmöglichkeiten, die nicht so extrem sind, dass sie auf den ersten Blick als unfair angesehen werden könnten.

Persönliche Eigenschaften

Ihre persönlichen Werte und die Auswirkungen auf Ihr Verhalten werden einen starken Einfluss darauf haben, zu welchem Bereich auf dem Ziffernblatt des Verhandelns Sie und die andere Verhandlungspartei sich hingezogen fühlen. Ihre Werte können, wenn sie nicht kontrolliert werden, direkten Einfluss darauf haben, ob Sie eine Beziehung aufbauen oder ob Sie immer, wenn Sie verhandeln, in eine Schlacht geraten wollen. Nachfolgend finden Sie einige der persönlichen Eigenschaften, die beachtet werden sollten und wie diese die Verhandlungen beeinflussen können.

Vertrauen im Geschäftsleben muss man sich erarbeiten und kann es leicht verlieren. Dazu gehört, dass Sie zu Ihrem Wort stehen. Wenn Sie sagen, dass etwas geschehen wird, dann wird es genau so geschehen. In Gesprächen diskutieren Sie immer auch aus der Sicht der anderen Partei, nehmen sich deren Bedenken an und arbeiten gemeinsam an den erkannten Problemen. Das soll nicht heißen, dass Sie einfach Zugeständnisse machen, persönliche Gefallen erweisen müssen oder dass Sie Ihre Kostenstruktur transparent machen müssen.

Respekt erhalten Sie dann, wenn Sie standhaft sind. Wenn Sie zu flexibel sind oder zu leicht Zugeständnisse machen, wird die andere Seite das für ein Zeichen von Schwäche halten und mit Ihnen wahrscheinlich weniger Geschäfte machen wollen. In Verhandlungen ist im Prinzip alles möglich, aber auch schwierig. Die Tatsache, dass es schwierig ist, stellt sicher, dass die Arbeit, die Sie zum Beispiel in die Überarbeitung der Geschäftsbedingungen investieren, oder Ihr widerstrebendes Entgegenkommen von der anderen Seite respektiert und wertgeschätzt wird.

Integrität resultiert aus Beständigkeit. Das kann für manche Verhandler ein Problem darstellen, die sich zu sehr darauf konzentrieren, unberechenbar zu sein. Mit Informationen vertraulich umzugehen, zuverlässig zu sein, indem Sie Versprechungen erfüllen, so fördert auch das Ihre Integrität, die in manchen Beziehungen oder Branchen entscheidend dafür ist, dass eine Geschäftsbeziehung funktionieren kann. Einige Unternehmen prahlen mit dem Niveau ihrer Integrität, wie sie arbeiten und agieren. Sie investieren in Eingangshallen aus Marmor und in eine beeindruckende Architektur, um den Eindruck der Langlebigkeit sowohl ihrer Geschäfte als auch der Beziehungen zu ihren Klienten zu erhöhen.

Ehrlichkeit. In Verhandlungen brauchen Sie nie zu lügen. Sie müssen der anderen Seite nicht einmal sagen, was Sie nicht tun werden. Konzentrieren Sie sich auf das, was Sie tun werden. Denken Sie »wie« oder »auf welcher Grundlage könnten wir oder die andere Verhandlungspartei?« Um konsequent zu sein, müssen Sie ehrlich bleiben. Wenn Sie der anderen Seite sagen, Sie sind bereit, 100 Euro zahlen, wenn Sie wissen, dass Sie auch 150 Euro zahlen könnten, so ist das keine Lüge. Sie sagen lediglich, was Sie zu zahlen bereit sind. Verwechseln Sie Verhandlung nicht mit Lügen und dem Sagen der

Wahrheit. Wenn Sie in Verhandlungen lügen, könnten Sie unnötige Risiken eingehen und in manchen Fällen die Beziehung vollkommen zerstören und damit auch die Grundlage, auf der Sie Geschäfte machen. Erwarten Sie jedoch nicht, dass dies jeder genauso sieht.

Berücksichtigung der Bedürfnisse der anderen Verhandlungspartei. Wenn Sie diese Bedürfnisse nicht verstehen, sind Sie nicht zu Verhandlungen bereit. Ihre Planung, Ihre Vorbereitung, Ihre Recherchen und Sondierungsgespräche dienen dazu, die Position, Motive, Prioritäten und Interessen der anderen Partei eindeutig zu verstehen. Um diesen Wert bemessen zu können, müssen Sie das Geschäft so verstehen, wie es »im Kopf« der anderen Seite aussieht. Die Berücksichtigung all dieser Fakten wird es Ihnen ermöglichen, sich auf die wichtigsten Punkte zu konzentrieren, aber auch, falls erforderlich, sich respektvoll zu verhalten.

Mitgefühl für die Position der anderen Partei kann Ihnen helfen, das Geschäft für die andere Partei passender zu präsentieren/zu verpacken. Je besser Sie die Position, die Prioritäten und Bedürfnisse der anderen Seite verstehen, umso besser ist Ihre Position in der Verhandlung. Lassen Sie kein Mitleid für die andere Seite aufkommen und fühlen Sie sich auch nicht verpflichtet, ihr zu helfen. Mitgefühl hat etwas damit zu tun, die andere Seite zu verstehen und die Schwierigkeiten aus ihrer Sicht einzuschätzen, jedoch niemals aufgrund dieses Verständnisses die eigene Position zu kompromittieren.

Verantwortung. Sie sind es, der Ihre Verhandlungen führen wird und Sie werden die Entscheidungen innerhalb der Grenzen Ihrer Entscheidungsbefugnisse treffen. Je mehr Vertrauen grundsätzlich vorhanden ist, einen umso größeren Spielraum haben Sie, die Agenda zu gestalten und kreativ zusammenzuarbeiten. Dies wird aber nur dann geschehen, wenn Sie das erforderliche Verhandlungsklima schaffen und die richtigen Diskussionen führen. Oft kommt es vor, dass die an Verhandlungen beteiligten Persönlichkeiten das einzige Hindernis zwischen den Unternehmen sind, um bessere Geschäfte zu machen. Sie müssen die Verantwortung für die Beziehungen und die »Chemie« zwischen den Beteiligten übernehmen, wenn die Verhandlungen zu einem Mehrwert führen sollen.

Risikoreiche Eigenschaften

Offenheit. In Verhandlungen kann Offenheit gefährlich sein. Wissen ist Macht und je mehr Sie der anderen Partei anvertrauen, umso verletzlicher werden Sie selbst. Allerdings wird es immer Informationen geben, die Sie veröffentlichen können oder wollen, wenn auch nur zum Zweck, Ihre Position gegenüber der anderen Partei zu verdeutlichen oder einen »Anker zu werfen«. Seien Sie offen, aber bleiben Sie innerhalb des Rahmens, den Sie sich selbst auferlegt haben. Wenn Sie dies nicht von Anfang an verstehen, werden Sie in eine angreifbare Situation geraten.

Großzügigkeit erzeugt Gier. Alles sollte gehandelt werden, wenn es von der anderen Partei als wertvoll oder respektiert angesehen werden soll. In Verhandlungen ist für Großzügigkeit schlicht und ergreifend kein Platz. Je mehr Sie geben, umso mehr wird die andere Partei haben wollen. Schon aus diesem Grund muss jeder Handel an Bedingungen geknüpft oder zumindest eine überlegte und bewusste wirtschaftliche Entscheidung sein. Man könnte es eine »Investition« nennen, da Sie das Risiko eingehen, dass die andere Partei Ihr Zugeständnis nicht wertschätzt. Sie könnten auch den Respekt der anderen Seite verlieren, weil Sie bedingungslos Zugeständnisse gemacht haben und kurzfristig Ihre Chancen sicherlich nicht optimal genutzt haben.

Mitleid. In der harten Geschäftswelt ist es Ihre Aufgabe, jede Chance bestmöglich zu nutzen. Das werden Sie mit denen tun, mit denen Sie arbeiten können, auf die Sie sich verlassen können und die wettbewerbsfähig bleiben. Wir agieren in einem kapitalistischen Markt. Mitleid, ebenso wie Großzügigkeit, muss in Verhandlungen einen der hinteren Ränge einnehmen, es sei denn, Sie verfolgen damit einen langfristigen Plan in der Beziehung mit der anderen Partei.

Was sind Taktiken?

Wann kommen Taktiken üblicherweise ins Spiel?

Taktiken werden meistens, aber nicht nur dann genutzt, wenn eine Partei mehr Macht hat als die andere und versucht, dies zu ihrem Vorteil zu nutzen. Taktiken werden auch häufiger genutzt, wenn es in

Verhandlungen um die reine Verteilung von Werten geht und der Fokus darauf liegt, sich einen möglichst großen Teil des »Kuchens« zu sichern.

Wie man mit Taktiken umgeht und wann man sie anwendet

Über das Verhandeln wurden schon Dutzende Bücher geschrieben, die Taktiken als Grundlage von Verhandlungen bezeichnen. Sie haben Namen erhalten, die das Konzept veranschaulichen sollen: »Die russische Front«, »Das trojanische Pferd« und so weiter. Das Wichtigste an Taktiken ist, dass man erkennt, was sie sind.

- Sie sind weder klug noch durchdacht.
- Sie wurden entworfen, um Druck aufzubauen, und normalerweise von denjenigen, die es können, weil sie über ausreichend Macht verfügen, oder von denjenigen, die glauben, dass sie klug genug sind, Taktiken so anzuwenden, dass es für sie keine Konsequenzen haben wird.

Allerdings werden diese Taktiken mit einer solchen Regelmäßigkeit angewendet, dass sie jeder erkennen und verstehen kann, sich ihnen anpassen können muss und, wenn es erforderlich wird und es angemessen ist, sie selbst nutzen. Um Ihnen dabei zu helfen, habe ich eine Reihe von Taktiken hinsichtlich *zwei Faktoren* kategorisiert, indem ich ihnen ganz einfach eine Skala von 1 bis 10 zugeordnet habe (1 ist niedrig und 10 ist hoch).

- *Erforderliche Macht für die Taktik*: Das Maß an Macht, das Sie in Relation zur anderen Partei benötigen (oder die andere Partei den Eindruck hat, Sie hätten sie), damit diese Taktik funktioniert.
- *Beeinträchtigung für die Geschäftsbeziehung*: Das Ausmaß, in dem Ihre Beziehung oder jegliches Vertrauen, das vielleicht existiert hat, zerstört werden, wenn die Taktik für die andere Partei offensichtlich oder transparent wird.

Um die am häufigsten genutzten Taktiken zu skizzieren, habe ich diese einer der sieben folgenden Kategorien zugeordnet:

1. Wissen
2. Zeit und Dynamik
3. Angst und Schuld
4. Ankern

5. Ermächtigung
6. Bewegung von Kosten
7. Bewusste Täuschung

1. Wissen

Wissen ist Macht. Je mehr Sie über die Optionen, Umstände und Prioritäten der anderen Seite wissen, umso mächtiger werden Sie.

»Die hypothetische Frage« (erforderliche Macht 1, Beeinträchtigung der Geschäftsbeziehung 1)

»Was wäre wenn …« und »Nehmen wir an …« sind Fragen, die während Sondierungsgesprächen und am Ende von Verhandlungen dazu beitragen können, das Ausmaß an Flexibilität zu testen, das die andere Partei bereit ist anzubieten, oder den relativen Wert der diskutierten Themen.

»Was wäre, wenn … wir »hypothetisch« den Auftrag nach drei Monaten erweitern würden? Wie würde sich dadurch die Gebührenstruktur verändern?« Es könnte keine Absicht bestehen, das zu tun, die Idee dahinter ist aber, den Spielraum für geringere Preise oder andere Änderungen zu verstehen, um in den Verhandlungen später darauf zurückzukommen. »Was wäre, wenn wir Ihrem Zahlungsplan nicht nachkommen könnten?« Auch das ist ein Test der Flexibilität, mit dem Ziel, festzustellen, wie wichtig diese Variable ist. Es ermöglicht Ihnen, Annahmen zu prüfen, um in späteren Diskussionen effektiver zu handeln. Die Technik der hypothetischen Frage kann dazu genutzt werden, Möglichkeiten zu erkunden, insbesondere dann, wenn die Verhandlungen drohen, zu einem Stillstand zu kommen. Allerdings sollte man vorsichtig sein, damit der Schuss nicht nach hinten losgeht. Wenn Sie solche Fragen stellen, dann können Sie einige Erkenntnisse gewinnen, jedoch kann dies auch zu einem Rückschritt in der Verhandlung führen.

»Vertrauliches Gespräch« (erforderliche Macht 1, Beeinträchtigung der Geschäftsbeziehung 2)

Das ist die nächste Taktik, die auf Informationen abzielt, wenn eine Partei die andere um ihre Sicht der Dinge bittet, um einen Kommentar oder ganz einfach etwas erfahren will, nur um zugunsten beider Parteien Fortschritte zu machen. Die Absichten könnten aufrichtig sein, aber die gesuchte Information wird aus nur einem Grund gesucht: um »in Ihren Kopf« zu kommen. Auch Sie könnten diese Technik aus dem gleichen Grund nutzen. Wenn allerdings um ein »vertrauliches Treffen« gebeten wird, sollten Sie immer an die realen Risiken denken, die Sie damit eingehen. Alle Hinweise, Signale, Kommentare oder sogar Einstellungen, mit denen Sie Ihre Kommentare begleiten, werden »gespeichert«. Soweit es Sie betrifft, im wahrsten Sinne des Wortes, gibt es keine vertraulichen Gespräche. Alles, was Sie den anderen Verhandlern oder ihren Unternehmen erzählen, wird sehr schnell den Weg zum Entscheidungsträger finden und wahrscheinlich die Entscheidung der anderen Seite beeinflussen. Wenn Sie es unbedingt wollen, führen Sie vertrauliche Gespräche, aber lassen Sie sich nicht davon missbrauchen.

Völlige Offenlegung und Offenheit (erforderliche Macht 3, Beeinträchtigung der Geschäftsbeziehung 3)

Wenn vor oder während einer Verhandlung zur völligen Offenheit aufgefordert wird, muss ein vernünftiges Maß an Vertrauen oder gegenseitiger Abhängigkeit bestehen, bevor beide Parteien sich damit einverstanden erklären. Selbst dann geschieht dies unter Bedingungen oder innerhalb von Grenzen: »Wir werden Ihnen unsere Daten zu diesem Produktionsstandort offenlegen, haben aber das Gefühl, dass es nicht erforderlich ist, das auf all unsere gesamten Standorte auszuweiten«, ist die Antwort, die Sie erhalten werden. Manche werden sagen: »Ich bin Ihnen gegenüber wirklich offen«, was normalerweise bedeutet, dass sie genau das nicht sind. Das ist auch dann der Fall, wenn jemand die Worte »wirklich«, »ganz im Ernst«, »echt«, »aufrichtig« und am häufigsten »ganz ehrlich« benutzt. Immer wenn ich solche Worte im Rahmen von Verhandlungen hörte und diese Personen unter Druck standen, konnte ich feststellen, dass die Wahrheit keine Rolle spielte.

Vom Kindesalter an werden wir darauf konditioniert zu glauben, dass Lügen schlecht ist. Deshalb werden, ganz unbewusst, solche Worte benutzt, um genau die Vorschläge »unterzujubeln«, von denen man nicht überzeugt ist.

Ein solches Vorgehen unterstreicht das Fehlen von Zuverlässigkeit oder der Wahrheit dessen, was gesagt wird. Hören Sie auf diese

Worte und bedenken Sie aufmerksam die langfristigen Konsequenzen völliger Offenheit.

Selbst wenn zwei Parteien sehr eng zusammenarbeiten, beispielsweise in einem Joint Venture, ist es immer noch möglich, dass völlige Offenheit für die eine Partei eine ganz andere Bedeutung hat als für die andere Partei.

Wenn eine Partei anbietet, die Kosten offenzulegen, dann sollten Sie wissen, was nicht zur Verfügung gestellt wird und was dies zu bedeuten hat. Tatsächlich können Sie davon ausgehen, dass normalerweise etwas zurückgehalten wird. Die im Rahmen von Firmenkäufen und -verkäufen übliche Due Diligence wird aus gutem Grund durchgeführt: Man möchte sich der Integrität und Vollständigkeit der vorgelegten Informationen sicher sein.

Warum? (erforderliche Macht 1, Beeinträchtigung der Geschäftsbeziehung 1)

Diese einfache Frage hat sich als effektive Möglichkeit bewährt, jegliche Aussage der anderen Partei, deren Denken sowie die Bedeutung eines jeden Tagesordnungspunktes oder Angebotes herauszufordern. Jeder kann »Warum?« fragen. Das tun auch Kinder, wenn sie etwas wissen wollen. Die Informationen, die Sie erlangen, werden immer Erkenntnisse bergen, selbst wenn sie nur lauten: »Wir sind nicht darauf vorbereitet, bei diesem Thema in Einzelheiten zu gehen.« Während Sondierungsgesprächen lohnt es sich zu fragen, weshalb die andere Partei genau die Frage stellt, die sie gerade stellt, und welche Erkenntnisse erhalten Sie daraus über ihr Denken.

2. Zeit und Dynamik

Zeit ist der größte Hebel für jeden Verhandler. Zeit und Umstände beeinflussen den Wert fast jeden Produkts oder jeder Dienstleistung, die in der ganzen Welt gekauft oder verkauft werden. Der Wert ändert sich aus der Sicht der Verhandlungsparteien mit der Zeit manchmal dramatisch. Wenn das Produkt nicht rechtzeitig eintrifft, verliert es an Wert. Wenn die Dienstleistung nicht zu dem Zeitpunkt erbracht wird, an dem sie gebraucht wird, verliert sie an Wert. Wenn ich Ihnen einen Plan für eine Wahlkampfkampagne erstellen soll, die Wahl im Juni stattfindet, ich aber nicht vor Juni beginnen könnte, wird sie nutzlos. Wenn die Dienstleistung aber schon im März zur Verfügung steht, drei Monate lang laufen kann und im Juni mit maßgeschneiderten Aktionen ihren Höhepunkt erreicht, könnte diese Dienstleistung einen Preisaufschlag wert sein. Es ist dieselbe Dienstleistung, allerdings in einem anderen Zeitfenster, und genau das macht den Unterschied aus. Wenn Sie also den Zeitdruck der anderen Seite kennen, ist es für Sie entscheidend, diese Hebelwirkung in den Verhandlungen zu optimieren. Wie Sie Ihren eigenen Zeitdruck kommunizieren oder den Zeitdruck der anderen Partei nutzen, um Bewegung in die Verhandlungen beziehungsweise sie zum Abschluss zu bringen, kann durch die von Ihnen angewendete Taktik direkt beeinflusst werden.

Fristen (erforderliche Macht 5, Beeinträchtigung der Geschäftsbeziehung 3)

»Wenn Sie nicht bis Freitag zustimmen, werde ich den Zeitplan nicht einhalten können, den Sie vorgesehen haben.«

»Wir schließen die Ausschreibung zu diesem Zeitpunkt ab und müssen deshalb noch heute Nachmittag wissen, ob Sie teilnehmen wollen.«

»Wenn wir uns heute prinzipiell einigen, kann ich Ihnen versichern, dass Sie den Auftrag bekommen werden, vorausgesetzt, wir können uns auf die Bedingungen einigen.«

Der Druck, den Fristen ausüben können, bedeutet, dass Verhandler sie nicht nur einsetzen, um einen Geschäftsabschluss zu erzielen, sondern auch, um Ihnen das Gefühl zu vermitteln, »gewonnen« zu haben. Ausschlusstermine werden auf viele andere Weisen eingesetzt, beispielsweise: »Wegen der Änderungen in unserem Unternehmen, müssen, nach Ablauf des heutigen Tages, alle Vereinbarungen von meinem Chef unterzeichnet werden.« Bei manchen Gelegenheiten, wenn die andere Partei Ihre Frist kennt (beispielsweise, dass eine Einigung noch in diesem Monat erforderlich ist), wird die andere Partei diese Notwendigkeit als eine Verhandlungsvariable benutzen. Sie wird unterstellen, dass das Thema Zeit für sie nicht entscheidend ist. Seien Sie vorsichtig, wenn Sie hinsichtlich der Folgen von Schlussterminen völlige Transparenz erkennen lassen; es kann ein höchst effektives und manipulierendes Mittel sein.

»Nur noch eine Sache.« (erforderliche Macht 4, Beeinträchtigung der Geschäftsbeziehung 6)

Diesen Satz hören Sie oft am Ende von Verhandlungen, wenn das Geschäft schon »über die Bühne gegangen« zu sein scheint. Eine Partei wendet sich an die andere, wenn man sich gerade die Hände schüttelt und damit das Geschäft besiegeln will. Dann sagt jemand aus der anderen Partei plötzlich: »Nur noch eine Kleinigkeit, sicherlich werden Sie auch mit der flexiblen Zahlungsweise einverstanden sein, die wir schon beim letzten Mal vereinbart haben?« Sie machen eine Pause und warten mit ausgestreckter Hand. Sie denken, Sie seien am Ziel, das Geschäft sei abgeschlossen, aus und fertig. Werden Sie die Verhandlungen noch einmal eröffnen oder, schlimmer noch, die Vereinbarung zerstören, indem Sie sagen: »Nein, und ich hatte auch nie den Eindruck, dass die flexible Zahlungsweise jemals Teil der Bedingungen war, auf die wir uns geeinigt hatten.«

Viele weniger erfahrene Verhandler geben sich an dieser Stelle auf, machen das Zugeständnis und suchen sich dafür irgendeine Rechtfertigung. »Ich wollte diesen Millionenauftrag nur wegen eines Zugeständnisses im Wert von 500 Euro letztlich nicht gefährden.« Die Partei, die »Und nur noch eine Kleinigkeit ...« sagt, unterstellt ein Missverständnis, weil sie den Standpunkt einnimmt »Wir dachten, das sei einbezogen worden.« Wie Sie sehen können, beeinträchtigt diese Taktik die bestehende Beziehung. Wenn die andere Partei entweder mehr Macht oder bessere Nerven hat, dann wird und sollte sie gegen diese Unterstellung angehen, indem sie die flexible Zahlungsweise von einer Bedingung abhängig macht, genau wie sie es innerhalb der Verhandlungen getan hätte. Wenn die andere Partei dieses Thema wirklich übersehen hat, auch nach der Zusammenfassung der Positionen, wird sie im Allgemeinen akzeptieren, dass auch dieser Punkt noch verhandelt werden muss. Falls nicht, dann war es ein taktischer Trick.

Verweigerung des Zugriffs (erforderliche Macht 7, Beeinträchtigung der Geschäftsbeziehung 9)

Wenn Sie eine Verhandlung voranbringen wollen, vielleicht unter einigem Zeitdruck, oder wenn es offensichtliche Konsequenzen gibt, wenn bestimmte Termine verstrichen sind und die andere Partei weiß, dass Ihre Position umso schwächer wird, je länger die Diskussion andauert, werden einige die Taktik der *Verweigerung des Zugriffs* benutzen. Sie werden ganz einfach behaupten, dass sie gerade unabkömmlich sind. Sie bitten ihre Kollegen und ihre Assistenten, die Nachricht weiterzuleiten, sie seien gerade in anderen Verhandlungen, auf Geschäftsreise oder irgendetwas, das sicherstellt, dass Sie, die andere Partei, keine Fortschritte machen kann, bis sie bereit sind.

Dies wird oft in Verbindung mit einer Frist gemacht. Sie warten darauf, die Unterschrift Ihres Käufers für Ihre Werbeaktion zu bekommen. Der Käufer weiß, dass Sie die Teilnahme seines Unternehmens an der landesweiten Aktion brauchen, damit sie realisierbar wird. Die andere Seite weiß, dass der Stichtag am Montag sein wird, und deshalb verweigert sie die Kontaktaufnahme bis zum Montag, weil sie davon ausgeht, dass Sie ihren Forderungen gegenüber wahrscheinlich aufgeschlossener sein werden als am letzten Mittwoch. Vielleicht ist es auch am Monatsende und ein wichtiger Auftrag wird darüber entscheiden, ob Sie Ihr Ziel erreichen werden oder nicht. Die andere Partei ist sich dessen bewusst und lässt den Kontakt abreißen, ist nicht erreichbar, bis sie sich im letzten Moment meldet und Forderungen stellt. Eine Möglichkeit, mit dieser Situation umzugehen, wenn Sie sich ziemlich sicher sind, dass eine verweigerte Kontaktaufnahme im Spiel ist, wäre es, der anderen Partei eine Nachricht zu hinterlassen, in der Sie Ihre Frist (scheinbar) vorziehen und hinzufügen, dass, wenn es bis zu diesem Termin zu keiner Einigung kommt, das Geschäft hinfällig geworden ist oder die angebotenen Bedingungen verschlechtert werden. Obwohl dies riskant ist, verschafft Ihnen das ein Zeitfenster zwischen dem Schlusstermin, von dem die andere Seite ausgeht, und Ihrem tatsächlichen Schlusstermin, die Gelegenheit für ein gutes Geschäft. Eine weitere Möglichkeit ist es, eine glaubwürdige Option ins Gespräch zu bringen, vielleicht eine andere Partei oder eine andere Option, die Sie zu ergreifen planen und die Sie ihr innerhalb eines bestimmten Zeitrahmens zukommen lassen. Wenn Sie keine Antwort erhalten, werden Sie Ihren Auftrag, natürlich zögernd, anderweitig vergeben. Natürlich bergen diese Optionen Risiken, aber oftmals ist das ein Weg, die Taktik der *Verweigerung des Zugriffs* aufzubrechen.

Zeitbeschränkung (erforderliche Macht 6, Beeinträchtigung der Geschäftsbeziehung 6)

Diese Taktik wird genutzt, wenn die andere Partei falsche Zeitbeschränkungen oder Ausschlusstermine einführt, was besagen soll, dass ihr Angebot nur bis zu einem bestimmten Zeitpunkt gilt. Danach werden, für den Fall, dass das Zeitlimit nicht eingehalten wird, weitere Forderungen gestellt, um die Folgen zu kompensieren. Zeitbeschränkungen werden auch benutzt, wenn eine Partei den meisten Vertragsbedingungen ganz nahe ist, die andere Partei aber beschließt, noch bessere Preise abzuwarten. Sie sagt: »Wir geben Ihnen noch eine letzte Chance, Ihr Angebot zu verbessern. Bitte teilen Sie uns Ihren Vorschlag bis Freitag um 17.30 Uhr mit und wir werden Ihnen Bescheid geben, ob wir bereit sind, weiter zu verhandeln.« Damit wird beabsichtigt, in diesem Zeitraum Unsicherheit und Zweifel zu schüren. Die andere Partei wird unter Druck gesetzt, ihr letztes Angebot noch einmal zu verbessern.

Die Auktion (erforderliche Macht 5, Beeinträchtigung der Geschäftsbeziehung 3)

Der Prozess des Bietens soll Konkurrenz schaffen. Er wird von den Organisatoren entworfen und durch sie kontrolliert. Wenn die Angebote besser werden, besteht die Gefahr, dass Bieter mit großem Ego das rationale Urteilsvermögen vernachlässigen werden und das »Gewinnen« zum bestimmenden Motiv des Verhaltens wird. Zeit und Dynamik arbeiten gegen diejenigen, die weitere Gebote abgeben wollen, und deshalb muss ein klarer und absoluter Breakpoint Teil Ihrer Planung werden, wenn Sie an einer Auktion teilnehmen wollen.

Eine Auszeit einlegen (erforderliche Macht 1, Beeinträchtigung der Geschäftsbeziehung 1)

Wenn Sie aus irgendeinem Grund Zweifel haben, vertagen Sie die Verhandlung und nehmen Sie sich Zeit, um sich neu zu organisieren. Sie müssen die Auswirkungen, Risiken oder finanziellen Folgen kennen, wenn Sie Klarheit behalten und herausarbeiten wollen, wie Sie weiter vorgehen wollen. Auszeiten werden oft genutzt, wenn neue Informationen auftauchen oder wenn eine Blockade droht und das Geschäft ein »neues Gesicht« bekommen soll. Sie werden auch genutzt, wenn die Zeit abzulaufen droht und eine Partei die andere unter Druck setzen will. Dann zieht sie sich so lange aus dem Verhandlungsraum zurück, bis der Zeitdruck kritisch wird.

3. Angst oder Schuld

Die nächste Kategorie steigert den Einsatz in die Beziehung und erhöht das Risiko. Hat eine Partei große Macht, so werden Drohungen ganz subtil eingesetzt, um Bewegung in Verhandlungen zu bringen. Die Partei mit mehr Macht nutzt dabei die Angst vor diesen Drohungen oder die Angst davor, das Geschäft zu verlieren, um auf diese Weise das gewünschte Ergebnis in der Verhandlung zu erreichen.

Physische Störung (erforderliche Macht 10, Beeinträchtigung der Geschäftsbeziehung 10)

Diese Taktik besteht aus verschiedenen, nicht gewalttätigen, aber dennoch körperlichen Gesten, die eingesetzt werden, um Sie aufzuregen und abzulenken. Dazu kann gehören, dass sich jemand aus der anderen Verhandlungspartei so weit über den Verhandlungstisch lehnt, dass er in Ihre persönliche Privatsphäre eindringt, sich ganz nahe neben Sie setzt oder die Sitzordnung so verändert, dass er neben Ihnen sitzt. Wenn man so sitzt, dass man dem Sonnenlicht ausgesetzt ist oder wenn Gruppen in einen kleinen Raum gepresst werden, gehört dies ebenfalls zur Einschüchterungstaktik. Denken Sie daran, dass Sie das Sagen haben und dass das auch die Verhandlungsumgebung einschließt. Haben Sie das Gefühl, dass sie sich nicht gut anfühlt, gehen Sie dagegen an, stellen Sie die Umgebung in Frage und ändern sie diese. Wenn Sie das tun, werden Sie mehr respektiert und schaffen die Voraussetzungen für gleich großen Respekt in der Sitzung.

Guter Partner, mieser Partner (erforderliche Macht 7, Beeinträchtigung der Geschäftsbeziehung 9)

Diese Taktik ist üblich, wenn in Teams verhandelt wird und ein Mitglied des Teams sehr hohe oder irrationale Forderungen stellt, ein anderes Mitglied der anderen Partei hingegen eine vernünftigere Herangehensweise anbietet. Oder aber ein Mitglied der Gruppe verhält sich fordernd und herablassend, während seine Kollegen sich weitaus verständnisvoller präsentieren. Dieses Konzept soll den Anschein erwecken, dass die »guten Jungs« vernünftig, rational und verständnisvoll sind und deshalb auch umso liebenswürdiger. Tatsächlich aber wenden sie das Gesetz der Relativität an, um für Kooperation zu werben. Dies ist eine ziemlich durchsichtige Taktik und vernichtet sicherlich jegliche Chancen, Vertrauen in der Beziehung aufzubauen. Sollten Sie dieser Taktik ausgesetzt sein, dann sehen sie diese als das, was sie wirklich ist.

Die russische Front (erforderliche Macht 8, Beeinträchtigung der Geschäftsbeziehung 6)

Die andere Verhandlungspartei bietet Ihnen zwei Optionen an. Die erste ist von Anfang an inakzeptabel, die zweite ist so schlecht, dass Sie sie unter keinen Umständen in Betracht ziehen würden. Das ist ungefähr das Schlimmste, was Ihnen widerfahren kann. Gavin Kennedy beschrieb diese Situation in seinem Buch *Everything is Negotiable*, als er aus dem Zweiten Weltkrieg berichtete, als einem russischer Leutnant von seinem Oberst gesagt wurde, dass er an die russische Front versetzt werde, wenn er nicht das tun würde, was von ihm verlangt wurde. Der Oberst hatte die Macht und der Leutnant glaubte, das sei wahr. Somit war das Ergebnis vorhersehbar. Er würde bereitwillig alles tun, was von ihm verlangt wurde, nur um nicht an die russische Front geschickt zu werden. In Verhandlungen wird diese Taktik angewendet, wenn zwei Optionen zur Debatte stehen. Von einer Option wissen Sie, dass sie unrentabel ist, die andere würde zu einem regelrechten Desaster führen. Wenn Sie nicht das gesamte Konzept ablehnen, werden Sie dazu verführt, die »schlechte« Option zu wählen.

Persönliche Gefallen (erforderliche Macht 4, Beeinträchtigung der Geschäftsbeziehung 4)

Diese Taktik versucht die Entscheidung oder den Einfluss auf eine persönliche Ebene zu verlagern und funktioniert in vertrauten Beziehungen höchst effektiv. »Sie können das doch um der alten Zeiten willen tun« oder »Wenn Sie das für mich tun, versichere ich Ihnen, dass Ihr Vorschlag akzeptiert wird« oder »Eine Hand wäscht die andere«. Diese Taktik geht in gewissem Sinn auf Verpflichtungen ein, bis hin zu dem Punkt, dass Sie sich unwohl fühlen, wenn Sie nicht zustimmen. Sie müssen standhaft bleiben, Ihre verschlechterte Situation betonen, in die Sie dieses Vorgehen bringen würde, und erklären, dass es nicht um persönliche Angelegenheiten geht, sondern ausschließlich um Geschäfte.

Die Schuldigen (erforderliche Macht 6, Beeinträchtigung der Geschäftsbeziehung 6)

Diese Taktik beruht darauf, der anderen Partei zu unterstellen, sie würde gegen einen Kodex oder eine Vereinbarung oder gegen branchenübliche Normen verstoßen, oder dass eine Verpflichtung nicht eingehalten wurde oder eine Leistung nicht so erbracht wurde, wie es sein sollte. Zur vollen Entfaltung kommt diese Taktik, wenn eine Partei Entschädigungen verhandelt und dabei Unbehaglichkeit, Gesichtsverlust, indirekte finanzielle Einbußen, sogar künftige Risiken vermittelt. Dies führt zu Forderungen, die weit über die normalen finanziellen Verpflichtungen hinausgehen.

Der gesellschaftliche Geruch (erforderliche Macht 3, Beeinträchtigung der Geschäftsbeziehung 3)

Diese Taktik wird benutzt um zu unterstellen, dass Sie derjenige sind, der sich vollkommen seltsam verhält. Damit sollen Sie Ihr eigenes Urteilsvermögen in Frage stellen: »Wenn alle etwas tun, weshalb mache ich es nicht?« Meist erwächst das aus einer Aussage über das, »was die anderen tun« und, ganz wichtig, was Sie nicht tun. Das unterstellt, dass Sie nicht harmonieren, dass Sie der Seltsame sind und Sie etwas falsch machen. »Alle anderen haben sich festgelegt ... Sie werden der Einzige sein, der nicht dabei ist und deshalb werden Sie wahrscheinlich übergangen, während alle Ihre Konkurrenten zugestimmt haben.« Die Idee dahinter ist, dass es dazu beiträgt, Druck aufzubauen, damit Sie sich anpassen. Es soll den Eindruck von Isolation unterstreichen und Selbstzweifel fördern.

Schweigen (erforderliche Macht 1, Beeinträchtigung der Geschäftsbeziehung 3)

Schweigen wird als wirkungsvolle Taktik genutzt, um die andere Partei aus der Fassung zu bringen. Das kann zu einem »Wartespiel« ausarten, denn der Erste, der spricht, wird wahrscheinlich auch derjenige sein, der Zugeständnisse macht. Bei vielen führt die Angst vor anhaltendem Schweigen allein schon zu Zugeständnissen. Schweigen ist unangenehm, so unangenehm, dass viele versucht sind, die Leere zu füllen, indem sie sprechen. Wenn sie das tun, versuchen sie vernünftig zu sein, weitere Flexibilität anzubieten oder letztlich sogar Zugeständnisse zu machen. Sie tun alles, damit das gefürchtete

Schweigen endet. Erfahrene Verhandler nutzen die Zeit, indem sie einfach über ihren nächsten Schachzug nachdenken. Schweigen wirkt am besten, nachdem Sie ein Angebot unterbreitet haben oder nachdem die andere Partei ihr Angebot gemacht hat. Warten Sie ganz einfach. Selbst wenn die andere Partei reagiert, sollten Sie weiter warten. Der Druck baut sich auf und führt oft zu weiteren Zugeständnissen.

4. Ankern

Die vierte Kategorie der Taktiken ist die, bei der eine Partei damit beginnt, einen Anker zu werfen (eine Eröffnungsposition, die von der anderen Partei aufgenommen wird, von der Sie sich aber entfernen werden, doch das wird seinen Preis haben). Das Ziel des Ankerns ist es, der anderen Partei eine extreme, aber dennoch realistische Eröffnungsposition anzubieten. Bewegungen werden immer in Relation zur Ankerposition vorgenommen werden. Wenn Sie Ihre Ausgangsposition zuerst vortragen und die andere Partei dazu bringen, darüber zu sprechen, selbst wenn es eine Ablehnung ist, dann wird Ihre Ausgangsposition im Denken der anderen Partei verankert. Außer, sie macht ein Gegenangebot. Oft wird sie aber mit dem Angriff auf Ihre Position so beschäftigt sein, dass sie ihre eigene Position ganz vergisst.

Verstreuen des Saatgutes (erforderliche Macht 4, Beeinträchtigung der Geschäftsbeziehung 3)

Diese Taktik kann darin bestehen, dass Sie vorab ein Telefongespräch führen, das dazu dienen soll, eine Idee oder eine Position vorzustellen, um so noch vor der Verhandlung eine emotionale Reaktion zu provozieren. Sie können auch über Ideen sprechen, die bereits in vorhergehenden Treffen eingebracht und dargestellt wurden, wohl wissend, dass sie in weiteren Treffen noch angesprochen werden müssen. Die Saat möglichst früh zu säen, bedeutet, »in den Kopf« der anderen Seite zu kommen und ihre Erwartungen zu korrigieren.

Die Machtaussage (erforderliche Macht 3, Beeinträchtigung der Geschäftsbeziehung 5)

Eröffnungsaussagen sollen die Erwartungen der anderen Partei steuern. Normalerweise werden sie in der Form einer unterstellten

Tatsache vorgenommen. Die Idee dahinter ist, eine angenommene Machtposition zu testen, indem Sie der anderen Seite tatsächlich vermitteln, dass Sie, während sie noch in einer Position der »Unentschlossenheit« sind, sie schon unter Druck steht, das Geschäft mit Ihnen zum Abschluss zu bringen: »Ich verstehe, dass Sie heute noch einen Vertragsabschluss brauchen« oder »Ich möchte klarstellen, dass die heutigen Diskussionspunkte sicherstellen sollen, dass wir Ihnen jede Gelegenheit geboten haben, das Geschäft zu machen«. Die Sprache ist die eines »kritischen Elternteils«, indem eine unterstellte Autorität vorausgesetzt wird, um die andere Partei dazu zu bringen, darüber zu sprechen und nachzudenken, wie sie auf Sie zugehen könnte.

Der Pseudo-Schock (erforderliche Macht 8, Beeinträchtigung der Geschäftsbeziehung 6)

Diese Taktik ist eine Erweiterung der starken Aussage, wobei Sie eingangs des Treffens unterstellen, dass alles verloren ist: »Wir haben beschlossen, dass angesichts Ihres derzeitigen Leistungsniveaus und ohne einen Hinweis dafür, dass Sie uns Entschädigung gewähren wollen, der Ausstieg aus dem Vertrag unsere einzige Option darstellt.« Oder: »Das mag zwar nur ein kleiner Auftrag sein, aber wenn Sie ihm nicht zustimmen, könnte dies unsere gesamten Geschäftsbeziehungen beeinflussen.« Die verheerenden Konsequenzen einer Auflösung der Zusammenarbeit können die andere Partei derart schockieren, dass sie ihre Position überdenkt oder sich von Anfang an zurückzieht, weil die Rettung der Beziehung ihr primäres Ziel ist.

Das professionelle Zurückweichen (erforderliche Macht 1, Beeinträchtigung der Geschäftsbeziehung 2)

Diese Taktik ist eine Schockreaktion auf eine Ausgangsposition. Sowohl physisch, etwa durch einen extremen Gesichtsausdruck, und/oder verbal, demonstrieren Sie Ihr Erschrecken und Ihre Überraschung über die Position der anderen Seite. Wenn das *professionelle Zurückweichen* jedoch unabhängig von der Ausgangsposition eingesetzt wird, schadet es dem Vertrauen in ihre Position und in ihre Erwartungen.

Die gesprungene Schallplatte (erforderliche Macht 4,
Beeinträchtigung der Geschäftsbeziehung 5)

Diese Taktik beruht darauf, dass Sie Ihre Position ständig wiederholen. Je öfter Sie die Position wiederholen, umso glaubwürdiger wird sie. Je häufiger Ihre Position diskutiert wird, umso wahrscheinlicher wird sich die Diskussion um Ihre Position und nicht um deren Position drehen. Es wird sich anhören wie eine *gesprungene* Schallplatte, aber die Botschaft wird vermittelt. Das kann natürlich als Kompromisslosigkeit interpretiert werden und dazu führen, dass die andere Seite die Geduld verliert und die Verhandlung verlässt.

5. Entscheidungsbefugnis

Die fünfte Kategorie bezieht sich auf das Maß, in dem Sie bevollmächtigt sind zu handeln (siehe auch Kapitel 7), und das Ausmaß, in dem andere in den Entscheidungsfindungsprozess einbezogen werden müssen.

Höhere Autorität (erforderliche Macht 1, Beeinträchtigung der
Geschäftsbeziehung 5)

Damit ist gemeint, dass man den Chef oder eine mysteriöse und nicht anwesende Aufsichtsperson benötigt, die jede Bewegung, jede Übereinkunft oder jedes einzelne Thema gegenzeichnen muss, das jenseits Ihrer Entscheidungsbefugnis ist. Die Vorstellung dabei ist, die andere Verhandlungspartei davon zu überzeugen, dass sie innerhalb des Rahmens zustimmt, in dem Sie autorisiert sind, sich zu bewegen. Eine weitere Rolle spielt die Aussicht, dass sie das Geschäft noch heute unter Dach und Fach bringen kann und nicht das Risiko eingeht, dass das Geschäft gefährdet wird, oder so, dass Ihr Chef nicht die Zugeständnisse erkennen kann, die Sie bereits angeboten haben. Diese Taktik wird auch genutzt, um Sie selbst von der Vorstellung zu trennen, einen Vorschlag annehmen zu dürfen: »Das liegt außerhalb meiner Kontrolle und deswegen muss ich noch einmal auf Sie zukommen.«

Verteidigung aus der Tiefe (erforderliche Macht 3, Beeinträchtigung
der Geschäftsbeziehung 5)

Bei dieser Taktik ermöglichen mehrere entscheidungsbefugte Ebenen, dass immer weitere Bedingungen eingebracht werden können, wenn eine Übereinkunft übermittelt wird. Typisch dafür ist, wenn

Ihr Kunde sagt, er würde den Vertrag seinem Chef zur Unterschrift vorlegen. Einen Tag später erreicht Sie ein Anruf, dass, wenn eine letzte Bedingung erfüllt wird, der Vertrag unterzeichnet werden kann. Sie stimmen zögernd zu. Einen Tag später ruft Ihr Kunde wieder an und teilt Ihnen mit, sein Chef habe unterschrieben und der Vertrag sei nun auf dem Weg zum Vorstand zur Genehmigung und falls Sie bereit wären, ein Zahlungsziel von 30 Tagen einzuräumen, würde er genehmigt werden. Sie stimmen auch dem zögerlich zu und bitten, Ihnen Bescheid zu geben, sobald die Genehmigung erteilt werde. Einen Tag später ruft Ihr Kontaktmann wieder an und teilt Ihnen mit, der Vorstand habe den Vertrag genehmigt und er liege nun in der Rechtsabteilung zur endgültigen Genehmigung und dann avisiert er, dass nur noch ein kleines Zugeständnis erforderlich sei, damit der Vertrag letztlich in Kraft treten könne. Sie sollten immer die verschiedenen Entscheidungsebenen und den Entscheidungsprozess kennen, ansonsten werden Sie dieser Taktik der »Verteidigung aus der Tiefe« ausgesetzt sein.

Verwendung offizieller Autorität (erforderliche Macht 1, Beeinträchtigung der Geschäftsbeziehung 4)

Diese Taktik wird angewendet, wenn eine Partei sich selbst entmachtet und sagt, sie dürfe oder könne die Bedingungen nicht ändern. Sie bezieht sich auf die Unternehmenspolitik, rechtliche Erfordernisse oder sogar auf frühere Verträge. Obwohl das manchmal stimmt, ist oft eine Taktik im Spiel, um ihre Position zu legitimieren. »Unsere Unternehmenspolitik schreibt für alle Transaktionen ein Zahlungsziel von 60 Tagen vor und daran können wir nichts ändern.« Dies wird häufig benutzt, um die Glaubwürdigkeit eines Angebotes zu untermauern. Bestehen Sie auf alle Fälle darauf, dass derartige Zwänge das Problem der anderen Seite sind. Signalisieren Sie, dass Sie gerne Vorschläge überdenken würden, wie die andere Partei diese Zwänge umgehen will, um zu vermeiden, dass Sie dieses Thema mit jemandem auf höherer Ebene diskutieren müssten.

»Mehr kann ich mir nicht leisten.« (erforderliche Macht 1, Beeinträchtigung der Geschäftsbeziehung 2)

Diese Taktik wird angewendet um zu unterstellen, dass Budgets erschöpft sein könnten, dass die Spezifikation schon festgelegt ist und nicht mehr finanzielle Mittel zur Verfügung stehen. »Ich habe keine weiteren Mittel zur Verfügung. Also akzeptieren Sie das oder wir lassen es ganz.« Damit soll die Verpflichtung auf die andere Partei abgewälzt werden, und die andere Partei muss mit dem arbeiten, was sie sich leisten können. Wenn Sie mit dieser Taktik konfrontiert werden, so können Sie die Spezifikationen verändern, das Auftragsvolumen, das Timing oder jede andere Variable, um so Ihr Angebot anzupassen und die Folgen des Festpreises auszugleichen.

Übertragung der Verpflichtung (erforderliche Macht 2, Beeinträchtigung der Geschäftsbeziehung 3)

Diese Taktik verfolgt den Zweck, die Verpflichtung für Vorschläge und Ideen auf die andere Partei zu übertragen, um es zu ihrem Problem zu machen. »Wir haben ein Problem, unsere Zahlungen in diesem Monat leisten zu können. Wir können überweisen, aber der Zahlungseingang wird sich um fünf Tage verspäten. Wie wollen Sie damit umgehen?« Wenn die andere Partei diese Anweisungen von Ihnen erhalten hat, wird es zu einem gemeinsamen Problem. Das Problem mag zwar immer noch voll und ganz bei Ihnen liegen, aber die Verpflichtung haben Sie auf die andere Partei abgewälzt.

Tabu (erforderliche Macht 3, Beeinträchtigung der Geschäftsbeziehung 2)

Mit dieser Taktik werden bestimmte Themen als ein Tabu bezeichnet (für den Zweck dieser Verhandlungen nicht verhandelbar oder »nicht auf der Agenda«). Oft wird dann gesagt: »Das sind Themen, denen ich nicht zustimmen kann. Sprechen wir heute lieber über Themen, bei denen wir zu einer Übereinkunft kommen können.« Denken Sie daran, dass nichts vereinbart ist, bis nicht allem zugestimmt wurde. Das Motiv der anderen Partei könnte sein, dass sie einige der eher kritischen Themen vor einer Diskussion schützen möchte. Das kann zu einer Verhandlung über das führen, was überhaupt verhandelbar ist, bevor die eigentlichen Verhandlungen beginnen. Diese Taktik wird normalerweise in politischen Verhandlungen genutzt, kommt aber auch in allen Arten von wirtschaftlichen Arrangements vor.

Neue Gesichter (erforderliche Macht 2, Beeinträchtigung der Geschäftsbeziehung 4)

Wenn eine bisher unbekannte Person die Kontaktpflege übernimmt oder ein neuer Kundenbetreuer eingesetzt wird, verlieren Präzedenzfälle und die Vergangenheit an Bedeutung. Neue Gesichter müssen nicht durch das eingeschränkt sein, was in der Vergangenheit geschah. Manchmal können sie eine Lösung anbieten, die zur Blockade führt, wenn Personen einem Verhandlungsfortschritt entgegenstehen. Sie können für eine neue Untersuchung der Angelegenheit sorgen oder können sogar beauftragt sein, die andere Partei einzuschüchtern, wenn das Dienstalter des neuen Verhandlers ein gewisses Gewicht hat. Handelsunternehmen sind bekannt dafür, dass sie ihre Einkäufer systematisch und regelmäßig austauschen, damit die »neuen Gesichter« die Vertrautheit einer bestehenden Beziehung beseitigen. Dies beseitigt jeglichen Raum für Gefälligkeiten und konzentriert den Fokus beider Parteien auf die vertraglichen Details.

6. Veränderung der Kosten

Die sechste Kategorie der Taktiken resultiert aus der Veränderung eines »Paketes« oder von Spezifikationen oder der Anpassung von Geschäftsbedingungen, um einem Geschäft ein neues Gesicht zu verleihen. Der Zusammenhang von Spezifikationen und Preisen wird von vielen taktischen Verhandlern als eine Möglichkeit zur Manipulation der Kosten genutzt, um so den bestmöglichen Preis zu erlangen.

Die Baustein-Technik (erforderliche Macht 3, Beeinträchtigung der Geschäftsbeziehung 5)

Bei dieser Taktik verlangt eine Partei einen Preis, aber nur für die aktuellen Anforderungen. Während Ihrer Sondierungsgespräche fragen Sie nach Preisen für verschiedene Mengen, gestaffelt bis hin zu Ihrem aktuellen Bedarf. Die Idee dahinter ist es, zunächst die Erwartungen zu lenken und die relativen Preis/Mengen-Relationen und die Auswirkungen auf verschiedene Arrangements kennenzulernen. Das kann sehr viel über die Kostenbasis und die Margenstruktur aussagen. Danach können Sie beispielsweise ein Arrangement für ein Jahr verhandeln, wohl wissend, dass Sie es auch auf drei Jahre ausweiten können. Danach versuchen Sie von der anderen Partei Anreize zu erhalten, für den Fall, dass Sie die Übereinkunft auf zwei Jahre ausweiten, und danach verhandeln Sie stufenweise Bedingungen für die Laufzeitverdopelung des Vertrags. Letztlich weiten Sie die Verhandlungen auf eine dreijährige Partnerschaft aus. Natürlich wird die andere Partei auf ein derartiges Geschäft eingehen und Sie können dafür Vorzugsbedingungen verlangen.

Zur Baustein-Technik gehört es, die einzelnen Stufen für jede Variable zu planen. Des Weiteren benötigt die andere Partei Zeit, ihre Zugeständnisse zu planen, die für Sie ansonsten nur schwierig zu erlangen wären.

Das Angebot vom Tisch fegen, ohne es abzulehnen (erforderliche Macht 3, Beeinträchtigung der Geschäftsbeziehung 2)

Immer wenn die andere Partei einen Vorschlag unterbreitet, sagen Sie: »Ja, aber nur zu unseren Bedingungen.« Ihre Bedingungen stellen sich entweder als ungeheuerlich heraus oder sie sind so gestaltet, dass sie den finanziellen Schaden wieder ausgleichen, falls Sie zustimmen sollten. Eine Verhandlungspartei sagt: »Ihre Rabatte werden wegen Ihrer Leistung im letzten Jahr von 10 Prozent auf 7,5 Prozent für das kommende Jahr gesenkt.« Die andere Partei entgegnet: »Aber wir werden die Rabattreduzierung nur unter der Bedingung akzeptieren, dass Sie Ihren Beitrag zur Verkaufsförderung von 100 000 Euro auf 250 000 Euro im Jahr erhöhen.«

Unweigerlich wird die Antwort der ersten Partei lauten: »Das können wir nicht machen.« Darauf schlagen Sie vor: »Genau deshalb können wir Ihre Position nicht akzeptieren.« In Verhandlungen brauchen Sie selten »nein« zu sagen. Sie müssen nur einen Weg finden, durch eine Reihe von Bedingungen, ob sie nun finanzieller Art sind, das Risiko betreffen oder die Einbeziehung einer dritten Partei, die Forderungen der anderen Partei auszugleichen.

Verknüpfen der Variablen (erforderliche Macht 2, Beeinträchtigung der Geschäftsbeziehung 3)

Alles in Verhandlungen ist von Bedingungen abhängig und deshalb auch immer mit anderen Bedingungen verbunden. Um die relativen Werte und die Bedeutung von Themen miteinander zu verbinden, ist es wichtig sicherzustellen, dass verbundene Themen die Aufmerksamkeit erhalten, die sie brauchen. Manchmal wird diese Taktik benutzt, um bestimmte Bedingungen zu schützen. Wenn beispielsweise die Vertragslaufzeit für eine Partei sehr wichtig ist und sie weiß, dass der hohe Wert dieser Variablen einen Auftrag von 10 000 Einheiten beinhaltet, würden diese beiden Variablen miteinander verbunden, um sicherzustellen, dass die Laufzeit des Vertrags nicht so leicht gekündigt werden kann.

Randthemen oder Ablenkungsmanöver (erforderliche Macht 2, Beeinträchtigung der Geschäftsbeziehung 6)

In diesem Fall werden einige Themen in die Agenda eingebracht, die man leicht wieder von der Agenda entfernen oder gegen andere Themen eintauschen kann. Im Verlauf der Verhandlung werden die Randthemen gegen Zugeständnisse verhandelt oder sogar verworfen. Beispielsweise wollen Sie kürzere Lieferzeiten und verbesserte Rabatte. Beide Punkte sind auf der Agenda, aber ebenfalls eine neue Klausel zur Vertragsaufhebung, die Ihnen gestattet, den Vertrag sehr kurzfristig zu kündigen, und niedrigere Rabattstufen je Lieferumfang. Die beiden letzten Punkte sind die Ablenkungsmanöver, bei denen Sie Zugeständnisse machen wollen. Damit können Sie aber bessere Bedingungen für Lieferzeiten und Rabatte aushandeln.

Stück für Stück (erforderliche Macht 4, Beeinträchtigung der Geschäftsbeziehung 1)

In diesem Fall glauben Sie, dass dieses Thema für die andere Seite einen hohen Wert hat, und verhandeln dieses Thema »scheibchenweise«. Beispielsweise wissen Sie, dass das Auftragsvolumen für die andere Seite von großer Bedeutung ist. Aktuell beträgt das Auftragsvolumen 50 000 Einheiten pro Jahr und Sie wissen auch, dass Sie jährlich 150 000 Einheiten benötigen. Anstatt sofort auf 150 000 Einheiten zu gehen, erhöhen Sie die Bestellung auf 80 000 Einheiten und handeln dafür ein Zugeständnis aus. Gegen ein weiteres Zugeständnis erhöhen Sie das Bestellvolumen auf 100 000 Einheiten, dann auf 115 000 Einheiten und so weiter. Jede Steigerung ist mit einem Zugeständnis verbunden. So stellen Sie sicher, dass der Wert der Erhöhung des gesamten Bestellvolumens maximiert wird.

7. Bewusste Täuschung

Es gibt für die siebte und letzte Kategorie der Taktiken keine andere Beschreibung als bewusste Täuschung. Wenn Ihr guter Ruf oder Beziehungen für Sie oder die andere Seite irgendeinen Wert haben, dann sollten Sie zweimal überlegen, ob Sie wirklich eine der folgenden Taktiken anwenden wollen. Wichtiger ist noch, dass Sie vor Geschäftspartnern auf der Hut sein sollten, die unterschiedliche Ansichten haben und sich für eine Täuschung entschließen – sie könnten Sie auch noch betrügen, wenn der Vertrag bereits unterzeichnet wurde.

Das trojanische Pferd (erforderliche Macht 2, Beeinträchtigung der Geschäftsbeziehung 7)

Diese Taktik ist nach dem antiken Krieg um Troja benannt, was zur Redewendung führte, »Seien Sie vorsichtig, wenn Griechen Geschenke machen«. Die Griechen hinterließen außerhalb von Troja ein großes hölzernes Pferd als Geschenk. Die Trojaner akzeptierten das Geschenk und brachten es in ihre Stadt. Doch erst nachdem das Geschenk in der Stadt war, fanden sie heraus, dass das Pferd voller Soldaten war, die bereit waren, die Stadt einzunehmen. Seien Sie vorsichtig, wenn ein Geschäft zu gut ist, um wahr zu sein. Dies bezieht sich auf das verborgene »Kleingedruckte« und auf die Bedingungen und Themen, die buchstäblich erst dann aus dem »gezimmerten« Vertrag zum Vorschein kommen, wenn das Geschäft schon abgeschlossen wurde. Das »trojanische Pferd« stellt ein Paket dar, das so gepackt wurde, dass es verlockend für Sie ist. Wenn Sie es erst einmal akzeptiert haben, dann beinhaltet es einige Überraschungen, denn zur Zeit der Einigung waren die Nachteile nicht ersichtlich.

Die inkorrekte Zusammenfassung (erforderliche Macht 2, Beeinträchtigung der Geschäftsbeziehung 7)

Diese Taktik kommt zum Tragen, wenn eine Partei Verhandlungsergebnisse aus ihrer Sicht zusammenfasst, dabei aber einige Details nicht erwähnt oder einige der zuvor diskutierten Bedingungen verfälscht. Die Absicht ist, dass Sie es nicht bemerken oder nicht dagegen angehen, weil Sie befürchten, den Verhandlungsfortschritt zu gefährden. Versuchen Sie deshalb sicherzustellen, dass Sie im gesamten Verhandlungsverlauf die Fortschritte aus Ihrer Sicht zusammenfassen. Wenn Sie nicht mit dem einverstanden sind, worauf Sie glauben, sich geeinigt zu haben, dann werden Sie wahrscheinlich eine Übereinkunft erhalten, die nicht lange Bestand haben wird.

Absichtliche Missverständnisse (erforderliche Macht 2,
Beeinträchtigung der Geschäftsbeziehung 8)

Wenn Themenbereiche, die bereits als beschlossen angesehen wurden, nochmals angesprochen werden, führt eine Partei eine Bedingung ein, von der sie weiß, dass sie unannehmbar ist. Nachdem Sie mit Verwirrung reagiert haben oder Klarheit verlangen, gibt die andere Partei ein »unbeabsichtigtes Missverständnis« vor. Das könnte verschiedene Motive haben, aber normalerweise zielt es darauf ab, den Verhandlungsfortschritt zu unterbrechen oder es der anderen Partei zu ermöglichen, Bedingungen neu zu verhandeln, die bereits als beschlossen galten.

Der dumme Ausländer (erforderliche Macht 1, Beeinträchtigung der Geschäftsbeziehung 3)

Die andere Partei gibt während der Verhandlung zu irgendeinem Zeitpunkt vor, etwas wegen Sprachschwierigkeiten nicht verstanden zu haben. Das ist besonders häufig der Fall, wenn es um Preise geht. Die andere Partei versucht, eine feste Position einzunehmen und scheint dann über das, was Sie gesagt haben, verwirrt zu sein und versichert, dass sie immer weniger versteht, was Sie zu erklären versuchen. Werden Sie mit einem derartigen Verhalten konfrontiert, könnten Geduld und eine Verhandlungspause erforderlich sein, um das Selbstvertrauen der anderen Seite zu dämpfen und Ihnen die Möglichkeit zu geben, Ihre Optionen zu überdenken.

Das Lockvogelangebot (erforderliche Macht 3, Beeinträchtigung der Geschäftsbeziehung 3)

Ich habe den Lockvogel unter Täuschung eingereiht, weil eine Partei die andere überzeugt, auf ein Geschäft zu Vorzugsbedingungen einzugehen, was in der Zukunft zu Vorteilen führen soll. Diese »Wohltaten« werden selten vertraglich vereinbart, an Bedingungen gebunden oder nicht einmal realisiert. In Wirklichkeit werden sie oft als Präzedenzfall genutzt: »Als wir zuletzt mit Ihnen zusammenarbeiteten, konnten Sie uns diesen Preis anbieten. Also wissen wir, dass Sie es wieder tun können.« Wenn Sie einer solchen Vereinbarung zustimmen, stellen Sie immer sicher, dass Sie dieses Angebot schriftlich erhalten und die Konditionen im Vertrag eindeutig zum Ausdruck gebracht werden.

Zusammenfassung

Taktiken sind ein Bestandteil von Verhandlungen. Es ist völlig gerechtfertigt, die Angemessenheit oder Unangemessenheit der Anwendung einer Taktik einzuschätzen, abhängig von Ihren eigenen Umständen, Ihren Motiven und Werten. Es sollte auch angemerkt werden, dass Taktiken oft zu einer größeren Wirkung zusammengefasst werden, weil so das Kräfteverhältnis manipuliert und Sie unter Druck gesetzt werden können. Beispielsweise kann »guter Partner, mieser Partner« mit »physischer Störung« kombiniert werden. »Stück für Stück« kann mit der »höheren Autorität« verbunden werden, um einem Vorschlag mehr Gewicht zu verleihen. Wir sollten uns bewusst sein, welche Arten von Taktik gegen uns angewendet werden und auch die Konsequenzen, wenn wir selbst Taktiken einsetzen.

Wenn Sie als bewusster und kompetenter Verhandler agieren, wird Ihnen die gesteigerte Wahrnehmung der Taktiken helfen zu erkennen, was vor Ihnen liegt und was die andere Partei möchte. Sie werden auch die Wahl haben, ob und wann Sie willentlich Taktiken einzusetzen, um einen kurzfristigen Vorteil zu erhalten oder um die Gerissenheit derer zu neutralisieren, mit denen Sie verhandeln.

Seit dem Beginn dieses Buches haben wir nun gelernt, wie sich das Konzept des Kapitalismus auf Verhandlungen auswirkt. Das Ziffernblatt des Verhandelns in Kapitel 2 und Macht, wie in Kapitel 3 gezeigt, beeinflussen die uns zur Verfügung stehenden Verhandlungsstrategien. Wir haben in Kapitel 4 unsere Eigenschaften erkundet, die Grundlage unseres Verhaltens sind, und in Kapitel 5 die 14 Verhaltensweisen des kompletten Verhandlers vorgestellt. In Kapitel 6 untersuchten wir die psychologischen Gefühle, wenn es zu Konflikten kommt. Im darauf folgenden Kapitel 7 behandelten wir, wie Handlungsspielraum und Druck durch die Anwendung unterschiedlicher Entscheidungsbefugnisse kontrolliert werden können. Mit dem Verständnis von Werten und Taktiken sind wir nun bereit, dies alles selbst anzuwenden. Aber dazu müssen wir noch die wichtigste Aufgabe erfüllen: die Planung.

Kapitel 9
Planungen und Vorbereitungen für den Aufbau von Wert

Ein Standard für das Verhandeln wäre niemals komplett, wenn man nicht auch das grundlegendste Element des Verhandelns behandeln würde: die Planung und die Vorbereitung. Bevor wir ab Seite 287 zur praktischen Planung kommen, habe ich die vielen Überlegungen, die diese Variablen umgeben, noch einmal hervorgehoben, weil sie später zu einem Bestandteil Ihrer Planung werden.

Zuerst einmal ist es wichtig, Wissen nicht mit *Fähigkeit* zu verwechseln. Es ist gut und schön, wenn man weiß, wie man Risiken kalkuliert, Agenden erstellt, an Bedingungen geknüpfte Angebote entwickelt und das Konzept von Beziehungen versteht. Das hilft jedoch nichts, wenn Sie nicht die Motivation haben, diese Dinge auch zu tun – und das erfordert Planung. Ignorieren oder vermeiden Sie diese Tatsache auf eigene Gefahr. Es gibt viele Begründungen, Ausreden und zeitliche Ablenkungen, die stichhaltig sein können – oder auch nicht, aber sie werden Ihre Leistung als Verhandler schwächen. Wenn Sie jedoch ohne Vorbereitung in die »Arena der Verhandlung« gehen, dann wird Ihnen alle Theorie dieser Welt (und auch dieses Buch!) nicht helfen.

In Verhandlungen können Sie mit Arbeit, Übung, Gewohnheit und ausreichender Gelassenheit Ihre Leistung optimieren. Voraussetzung ist aber, dass Sie auch über die Disziplin verfügen, sich ausreichend der Planung und Vorbereitung zu widmen. Darum werden Sie nicht leicht herumkommen, auch wenn ich versucht habe, das Prozedere so einfach wie nur möglich zu machen. Aber die investierte Zeit wird sich lohnen. Planung bietet Ihnen die Gelegenheit, die Kontrolle zu übernehmen und etwas aus dem Nichts zu erschaffen. Wahrscheinlich haben Sie von der Binsenweisheit gehört »Wenn etwas zu schön ist, um wahr zu sein, dann ist es normalerweise auch so«. Während dieser Ansatz vielleicht nicht zu gut ist, um wahr zu sein, dann ist er aber auf dem besten Weg dazu, weil er Ihnen eine Gelegenheit bietet, die Rentabilität Ihres Unternehmens durch Ihre innere Einstellung, durch die Anwendung einer Methode und durch Ihre Fertigkeiten signifikant zu beeinflussen.

Felix Dennis behauptet in seinem Buch *88 The Narrow Road*, dass es sechs Möglichkeiten gibt, an viel Geld zu kommen: erben, gewinnen, stehlen, reich heiraten, es verdienen oder einen Kredit aufzunehmen. Ich möchte den Gedanken des Verdienens ein wenig erweitern und noch eine Möglichkeit hinzufügen. Man nennt es *verhandeln* – denn in Verhandlungen können Sie Kapital bilden durch die Art und Weise, wie Sie *Wert schaffen*. Sie machen Geschäfte, die sowohl Wert schaffen als auch Risiken und optimierte Möglichkeiten enthalten.

Wert schaffen

Dies ist dann der Fall, wenn Sie alle Variablen nutzen, die Ihnen zur Verfügung stehen, um den potenziellen Gesamtwert zu maximieren.

Zuerst müssen wir uns aber noch ein wenig Zeit nehmen, um die einzelnen Komponenten eines Geschäfts in die richtige Reihenfolge zu bringen. Die Planung und die Vorbereitung bieten uns den Spielraum, zu durchdenken und näher zu betrachten, was jede der uns zur Verfügung stehenden Variablen bedeutet. Wenn Sie jemals das Spiel Tetris gespielt haben, dann wissen Sie, dass dazu die Fertigkeit gehört, die richtigen Formen in die richtige Position und in die richtige Reihenfolge zu bringen, um eine möglichst hohe Punktzahl zu erringen. Wenn Sie die einzelnen Teile oder Formen nicht einpassen und verschieben, sobald sie sichtbar werden, werden sie sich einfach aufeinander anhäufen, auf Ihrem Bildschirm werden viele Lücken sichtbar und die Punktzahl wird sehr niedrig sein. Ganz ähnlich gibt es in Verhandlungen und bei der Arbeit mit Variablen die Fertigkeit, auf die richtige Weise und in der richtigen Reihenfolge die Variablen richtig zu positionieren. Ihre Motivation und Ihre innere Einstellung, ganz besonders aber Ihre Flexibilität im Umgang mit den Variablen, bieten endlose Möglichkeiten, den Wert zu maximieren – und das alles wird durch Ihre Planung auf den Weg gebracht. In der Verhandlung kann der Wert, den Sie schaffen, vom Umfang Ihres Könnens abhängen – wie gut Sie jede Variable formen können, damit die Lücken zwischen Ihnen und der anderen Verhandlungspartei möglichst komplett geschlossen sind.

Als kompletter Verhandler werden Ihre Planungen und Vorbereitungen von der Anzahl der Variablen beeinflusst und demzufolge auch von den verfügbaren Möglichkeiten. Dieser proaktive und gegenüber Neuem aufgeschlossene Ansatz wird Ihnen einen grundsätzlichen Vorteil einbringen, wenn sie herausarbeiten, was jeder einzelne Aspekt des Geschäfts für die andere Partei bedeutet. Sie würden ja auch nicht versuchen, ein Haus zu bauen, ohne zuvor die Baupläne gezeichnet zu haben, ohne Ihre Berechnungen angestellt zu haben und ohne die Kosten abgeschätzt zu haben. Ganz intuitiv würden Sie wissen, dass dieses Projekt ohne einen Plan zu einem Fehlschlag würde. Verhandlungen sind nicht anders, denn wenn Sie erst einmal begonnen haben, dann sollten Sie versuchen, eine proaktive Position einzunehmen, und die Kontrolle behalten. Ohne einen Plan werden Sie wahrscheinlich in die Situation geraten, nur noch reagieren zu können und sich damit den Umständen und einer Position auszusetzen, die leicht außerhalb Ihrer Kontrolle geraten kann.

Jeder einzelne Vertrag ist einzigartig

Es ist die Einzigartigkeit eines jeden Geschäfts, die neue Chancen mit sich bringt, aber auch die Notwendigkeit, jedesmal zu planen.

Jede Verhandlung, in die Sie sich begeben, findet im Rahmen einer Reihe von Umständen statt, durch die sie einzigartig wird, selbst solche Verhandlungen, die in einer bekannten Geschäftsbeziehung stattfinden. Ihre Beziehung, Ihr Timing, die Veränderungen im Markt, die Optionen, die Ihnen zur Verfügung stehen könnten, wie wichtig der Vertrag ist und die Themen, auf die Sie sich einigen müssen, sorgen für eine Dynamik und für Optionen, die eine einzigartige Reihe von Umständen bewirken. Wenn Sie die Einzigartigkeit einer jeden Situation verstehen, werden Sie in der Lage sein, kreativ zu planen. Die Erkenntnisse werden Ihnen auch behilflich sein, »in den Kopf« der anderen Partei zu kommen, mit der komplexen Mischung aus eindeutig finanziellen Werten zu arbeiten und mit nicht eindeutigen, immateriellen Variablen umzugehen. Diese immateriellen Variablen können sogar bedeutender sein, wenn Sie versuchen, Wert zu schaffen.

Fallstudie

Eine Verhandlung zwischen zwei Unternehmen, bei denen es um die europaweite Lieferung von Kartonverpackungen ging, begann mit einem Sondierungsgespräch, in dem offensichtlich wurde, dass 35 Prozent der Kosten des Lieferanten durch den Versand der Kartons an die verschiedenen Produktionsstandorte des Käufers verursacht wurden. Als der Käufer diese speziellen Umstände verstanden hatte, konnte er Transporte durch sein eigenes Unternehmen organisieren und damit die Versandkosten um 80 Prozent senken. Eigentlich ist es überflüssig zu erwähnen, dass der Käufer danach die Möglichkeit des Transports gegen eine wesentliche Verbesserung anderer Geschäftsbedingungen handelte. Dies war ein klassischer Fall, in dem eine Partei es zu ihrer Aufgabe machte, das Geschäftsmodell der anderen Partei, ihre Kosten und ihre Abläufe zu verstehen und diese Informationen beim Verhandeln anderer Punkte effektiver zu verwenden.

Selbst wenn Sie Zeit in die Vorbereitung investiert haben, ist es wichtig zu erkennen, dass dann, wenn die Verhandlungen in vollem Gange sind, Sie auch das Unerwartete erwarten sollten, weil jedes Geschäft anders ist. Neue Ideen, Konsequenzen und Diskussionspunkte werden im Verlauf der Verhandlungen zutage gefördert. Sie könnten sich in der Form von Vorschlägen oder Forderungen zeigen, die Sie zuvor nicht berücksichtigt haben, weil sie neu sind. Sie werden Zeit brauchen, um die möglichen Konsequenzen durchzuarbeiten und natürlich auch Ihre Reaktion. Allerdings sollten Sie eine Idee nicht gleich ablehnen, nur weil sie neu ist. Sie müssen zuerst die Auswirkungen in Betracht ziehen oder können die damit verbundenen Risiken nicht sofort kalkulieren. Oft ist in einem Vorschlag auch ein Signal enthalten, das sich darauf bezieht, was der anderen Partei wichtig ist. Neue Ideen können Ihnen auch helfen, herauszuarbeiten, was im Kopf der anderen Verhandlungspartei vor sich geht.

Wert verstehen

Es gibt fünf Dinge, die mit Wert in einer Verhandlungen passieren können. Sie können Wert:
1. geben
2. schaffen
3. teilen
4. schützen
5. nehmen

In Ihrer taktischen Planung werden Sie das Ziffernblatt des Verhandelns berücksichtigt und über Ihre Strategie entschieden haben. Wenn Sie vorhaben, Ihre Preise zu erhöhen und es keine Gegenleistungen oder Ausgleichsmöglichkeiten gibt, außer Ihr Kunde gibt die Preiserhöhung sofort an seine Kunden weiter, dann könnte die andere Partei die Verhandlung so sehen, als ob Sie ganz einfach versuchen würden, ihr Wert zu nehmen, besonders dann, wenn Sie im Gegenzug für Ihre Forderung nichts anbieten. Mit ausreichend Macht in der Verhandlung und wenn Sie im Bereich von 4.00 Uhr verhandeln, haben Sie es darauf angelegt, sich Werte zu nehmen, und die andere Partei wird sich schließlich beugen müssen. Bevor Sie allerdings eine solche Preiserhöhung durchsetzen können, müssen Sie unbedingt die Machtverteilung beachten. Die Tatsache, dass Sie beispielsweise Ihren Kindern sagen können, was zu tun ist, bedeutet nicht, dass es immer der beste Weg ist, da Sie die langfristigen Folgen für Ihre Beziehung berücksichtigen müssen. Das heißt: Je mehr Macht Sie haben, umso mehr Optionen haben Sie, aber Sie müssen aufmerksam die langfristigen Abhängigkeiten verfolgen, die mit im Spiel sind.

Die drei dynamischen Elemente des Werts

In Verhandlungen, ebenso wie im Geschäftsleben, können Sie etwas schnell, gut oder billig bekommen. Nun wählen Sie zwei davon aus.

Mit anderen Worten: Wenn Ihnen alle drei Werte angeboten werden, werden Sie wahrscheinlich etwas bekommen, das »zu gut ist, um wahr zu sein«. »Schnell« bedeutet normalerweise sofort, was dem Lieferanten zusätzliche Kosten verursacht. »Gut« kann hohe Qualität bedeuten, wird wahrscheinlich aber mit höheren Kosten einhergehen. »Billig« kann möglich sein, doch die Qualität kann darunter leiden, und das Tempo mag nicht dem entsprechen, das Sie benötigen.

Im Leben gibt es viele Dinge, die Sie schnell und billig bekommen können. Nehmen Sie den Hamburger als Beispiel: Die Qualität ist nicht die eines erstklassigen Steaks, was die Werbung vielleicht unterstellen möchte. Sie können in der Ersten Klasse sofort einen bequemen Platz im Flugzeug bekommen (gut und schnell), aber er wird Sie ein Vermögen kosten. Sie können einen wunderschönen Garten zu einem vernünftigen Preis bekommen, wenn Sie ihn selbst anpflanzen und pflegen und hegen, aber es könnte ein, zwei Jahre dauern, bis sie etwas davon haben. Diese drei Elemente des Werts passen in gleicher Weise zusammen, wie Risiko und Gewinn Hand in Hand gehen und die beiden sich immer gegenseitig beeinflussen. Wenn Sie beispielsweise ein geringes Risiko eingehen wollen, dann erwarten Sie, dass die Kosten steigen werden, denn geringes Risiko hat seinen Preis. Ganz ähnlich ist es, wenn Sie bereit sind, ein hohes Risiko einzugehen, dann werden wahrscheinlich höhere Gewinne möglich sein.

Was verstehen wir unter dem Gesamtwert?

In den meisten Verhandlungen geht es um ein zentrales Thema. Dieses Prinzip kann sich auf die Miete für ein Büro beziehen, auf Verhandlungen mit der Gewerkschaft über die Veränderungen von Arbeitsbedingungen oder eine interne Verhandlung darüber, wer welchen Anteil am Marketing-Budget bekommt. Die Tatsache, dass es in den meisten Verhandlungen um einen zentralen Punkt geht, bietet Ihnen eine gute Gelegenheit, diesen Punkt besser zu verhandeln, indem Sie ihn gegen andere damit im Zusammenhang stehende Variablen, Überlegungen und Folgen verhandeln, die alle einen Einfluss auf den Gesamtwert haben.

Versuchen Sie den Preis als das Hauptthema in einer Auseinandersetzung zu entfernen. Er ist der transparenteste aller Verhandlungspunkte (»Was du bekommst, das verliere ich, und was ich bekomme, das verlierst du.«) und auch das strittigste Thema, besonders wenn

Ein Video-Clip bei YouTube, der einen Geschäftsmann am Telefon zeigt, wie er mit seinem Zahnarzt um die Extraktion eines Zahns verhandelt, bietet ein hervorragendes Beispiel, wie man um jeden Preis den besten Preis bekommen kann. Während des Telefonats betont er dem Zahnarzt gegenüber ständig, dass ihm der niedrigste Preis wichtig ist. Der Geschäftsmann handelt den Preis herunter, indem er zuerst darauf verzichtet, eine Zahnarzthelferin dabei zu haben, danach verzichtet er auf alle Betäubungsmaßnahmen und verhandelt danach den Preis so weit, bis der Zahnarzt buchstäblich bereit ist, den Zahn ganz einfach herauszureißen. Der Patient war bereit, für den niedrigsten Preis quälende Schmerzen in Kauf zu nehmen. Die Pointe kommt, als der Preis vereinbart ist, und der Geschäftsmann zustimmt, seine Frau am Nachmittag zur Behandlung zu schicken.

Natürlich können wir alle einen guten Preis bekommen, aber jemand in Ihrem Unternehmen, eventuell Sie selbst, muss die Konsequenzen eines Produkts oder einer Dienstleistung ohne jegliche Spezifikation ertragen. Jede Anpassung eines Vertrages muss die Absicht haben, das zu erhalten, wofür der Vertrag abgeschlossen wurde.

ausschließlich der Preis verhandelt werden soll. Selbst wenn Sie kreativ über eine Reihe von Variablen verhandeln, den Preis aber bis zum Schluss aufheben, werden Sie wahrscheinlich im Bereich 4.00 Uhr auf dem Zifferblatt des Verhandelns landen – beim *Feilschen*. Wenn nichts mehr übrig ist, dann ist es genauso wahrscheinlich, dass Sie letztlich wegen des Preises in eine Blockade geraten – als ob der Preis das einzige Thema war, um das es gegangen ist. Deshalb sollten Sie den Preis möglichst früh ansprechen und ihn mit anderen Bedingungen verknüpfen. Behalten Sie den Preis als eine der Variablen in der Verhandlung, trans-

Feilschen

Dieser Ausdruck wird für »Win-Lose«-Verhandlungen benutzt. Dazu gehören aggressive Positionierung, harte Taktiken, die nur dazu dienen, jede Schwäche der Position der anderen Verhandlungspartei auszunutzen, und damit nur die eigene kurzfristigen Interessen zu maximieren.

Fallstudie

Eine Ziegelei, nur wenig außerhalb von Barcelona, verhandelte mit einer Hotelkette um die Lieferung von 2 000 großen (1,5 Meter hohen) Töpfen für Pflanzen und Bäume. Die Käufer wollten einen Vertrag, der Ersatzlieferungen beinhaltete. Sie wussten, dass jährlich etwa fünf bis sieben Prozent der Blumentöpfe an den Swimmingpools zerbrochen werden, und natürlich waren sie gegen derartige Unfälle versichert, wenn sie von Hotelgästen verursacht wurden. Allerdings wollten sie sicher sein, dass die Töpfe derselben Art innerhalb weniger Tage nach einem solchen Unfall ersetzt werden könnten.

Die Ziegelei hatte noch nie zuvor erlebt, dass es auch um Ersatzlieferungen gehen könnte, verstand aber schon bald die Vorteile einer solchen Vereinbarung. Als die Verhandlungen begannen, wurde viel um den Preis diskutiert, um die Lieferung, Lieferzeiten, beim Transport zerbrochene Ware, Zahlungsbedingungen und die anderen üblichen Variablen. An der Verhandlung nahmen Carlos, der Verkaufsdirektor der Ziegelei, und Rodrigo, der Einkäufer der Hotelkette teil. Nachdem Rodrigo sich vorbereitet hatte und einige Kalkulationen angestellt hatte, machte er Carlos einen Vorschlag, der mit hohen Risiken behaftet war.

»Wenn Sie uns innerhalb der nächsten drei Jahre kostenfrei Ersatz liefern, maximal zehn Prozent der anfangs bestellten Blumentöpfe, können wir einem Auftrag von jährlich 2 000 Töpfen für die Ausstattung unserer neu eröffneten Hotels zustimmen.«

Carlos wusste, dass der Herstellungspreis bei 40 Prozent des Verkaufspreises lag. Er kalkulierte mit einer Marge von 60 Prozent, so dass die tatsächlichen Kosten des Risikos bei Annahme des Angebots vier Prozent ausmachten. Dafür würde er einen langfristigen Vertrag erhalten, identische Töpfe zu liefern, wobei der Gewinn das maximale Risiko von 4 Prozent weit übertreffen würde. Danach verhandelten sie weitere zwölf Variablen, bis sie sich letztlich einigten. Es war der anfängliche Tausch des Risikos, der die Dynamik schuf, die zum Vertragsabschluss führte. Was von Anfang an wie eine Win-Win-Situation für beide Parteien aussah, ermutigte dazu, weiter zu arbeiten und so einen nachhaltigen und starken Vertrag zu schließen.

Sie hätten auch nur um den Preis feilschen können, wären allerdings das Risiko eines schlechten Service eingegangen und dass die Töpfe nicht auf Lager wären, wenn sie gerade ersetzt werden sollten. Aber beide Verhandlungsparteien waren darauf vorbereitet, am großen Ganzen zu arbeiten und das auf der Grundlage einer Partnerschaft, die den Gesamtwert dieser Gelegenheit verbesserte.

parent und ohne Überraschungen. Sprechen Sie ihn nicht erst dann an, wenn es schon zu spät ist, noch einmal einen Schritt zurückzugehen und andere Themen neu zu verhandeln, auf die Sie sich bereits geeinigt haben.

Der Gesamtwert eines Vertrages resultiert daher nicht nur aus den bereits vereinbarten Grundlagen, sondern auch aus der Sicherheit, dass das Geschäft tatsächlich auch den beabsichtigten Wert über die gesamte Laufzeit des Vertrags liefert.

Wenn Sie von der Motivation der anderen Partei abhängig sind, über die Vertragslaufzeit hinweg zu liefern, Leistungen zu erbringen oder den Vertrag zu befolgen, werden Sie und Ihr Unternehmen die Konsequenzen tragen müssen, wenn die Leistung der anderen Partei schwankt. Deshalb müssen sich Ihre Überlegungen auch auf die Umsetzung des Vertrags konzentrieren. Das heißt, Sie sollten sich die Frage stellen:

»Was ist, wenn die andere Partei ihren Verpflichtungen nicht nachkommen kann? Wie können wir Klauseln oder Variablen einbauen, die diese Risiken als Vertragsbestandteil anerkennen und berücksichtigen?«

Ihre Geschäftsbedingungen sollten nicht nur für den Fall der Nichterfüllung oder schlechter Ausführung eines Vertrages eine angemessene Entschädigung sichern, sondern Ihre Vertragsbedingungen sollten ebenfalls sicherstellen, dass alle Folgen für Ihr Unternehmen berücksichtigt und durch die Entschädigungen auch komplett gesichert werden, wodurch weitere Verhandlungen überflüssig werden.

Die sechs grundlegenden Variablen

In den meisten Verhandlungen gibt es sechs grundlegende charakteristische Variablen, die benutzt werden können, um den Verhandlungsspielraum des Vertrags zu vergrößern. Dies hilft dabei, alle Themen zu erfassen, die möglicherweise den Gesamtwert des Vertrags beeinflussen könnten. Wenn sie erst einmal definiert sind, können Sie die Konsequenzen einer Nicht-Erfüllung von jeder dieser Variablen in Betracht ziehen. Während Ihrer Planung gibt Ihnen das auch die Möglichkeit, eine Reihe von Bedingungen einzubringen, die mit jeder einzelnen Variablen in Verbindung stehen. Diese sechs Variablen können in allen Abkommen angewendet werden, von der Wirtschaft bis zur Politik:

- Preis, Entgelt oder Gewinnspanne (wie viel gezahlt wird)
- Menge (wie viele, wie viel oder welche Art)
- Lieferung (wann, wohin, Lieferfristen)
- Vertragslaufzeit (ab wann gilt der Vertrag, wie lange ist er gültig, unter welchen Umständen wird oder kann er gekündigt werden, wann wird er überprüft und so weiter)
- Zahlungsbedingungen (wann, wie, in welcher Währung und so weiter)
- Spezifikationen (was beinhaltet das Produkt, die Dienstleistung oder die Übereinkunft, welche Qualität oder wie wird es abgesichert)

1. Preis, Entgelt oder Gewinnspanne

Man kann auch Vereinbarungen treffen, die unterschiedliche Preisstrukturen aufweisen. Das kann mit Themen in Verbindung stehen wie beispielsweise:

- der Zweck, für den das Produkt oder die Dienstleistung benötigt wird;

- der Geografie (die regionale Preisgestaltung, die angewendet werden soll und von wem);
- Kundentreue oder Dauer der Geschäftsbeziehung.

Dies kann auch in direkter Verbindung mit den fünf anderen grundlegenden Variablen stehen.

Wenn Sie Preise verhandeln, ohne sie an andere Variablen zu binden, wird die Transparenz (»Was ich bekomme, das verlierst du, und was du bekommst, verliere ich«) normalerweise in harten Positionskämpfen um den Preis enden. Versuchen Sie also möglichst, den Preis mit anderen Fragen zu verbinden.

2. Menge

Es gibt nur wenige Fälle, in denen Mengen in Verhandlungen nicht thematisiert werden, und in den meisten Fällen gibt es eine direkte Beziehung zwischen Preis und Mengen, außer wenn Sie ein einzelnes Haus, ein Auto oder ein bestimmtes materielles Gut kaufen. Normalerweise sind Skaleneffekte der Grund, dass die meisten Unternehmen die Beziehungen zwischen Preis und Mengen in der Form einer Rabattstaffel bekanntgeben. Des Weiteren ist die Preisliste auch ein Versuch, weiteren Verhandlungen zuvorzukommen. Das Erreichen einer bestimmten Menge kann an rückwirkende Rabatte gebunden werden (ein Rabatt, den Sie auf alle Bestellungen erhalten, aber nur, wenn innerhalb einer bestimmten Zeit ein bestimmtes Bestellvolumen erreicht wurde), oder sie können verbesserte Rabattsätze berücksichtigen, abhängig von den Mengenebenen, um Kundentreue und Großbestellungen zu fördern.

3. Lieferung

Lieferung bedeutet wohin, bis wann und wie geliefert wird, was sich nicht nur auf ein materielles Produkt bezieht, sondern auch für Dienstleistungen gelten kann, die innerhalb eines vereinbarten Zeitplans durchgeführt werden sollen.

Wurde beispielsweise eine Lieferung zum Monatsende vertraglich vereinbart, können weitere Variablen eingeführt werden, um die Folgen für die andere Partei festzuhalten, wenn die Lieferverpflichtungen nicht eingehalten werden. Das kann in der Form einer Geldstrafe geschehen oder mit anderen Formen der Entschädigung, die mit der Nichteinhaltung verbunden sind.

Die Baubranche benutzt diesen Ansatz bei der Fertigstellung von Gebäuden, wenn ein Subunternehmen innerhalb eines Zeitplans mit seinem Gewerk fertig sein muss, damit andere Handwerker mit ihrer Arbeit beginnen können. Ist dies nicht der Fall, so kann es für das Bauunternehmen und die Subunternehmen zu finanziellen Auswirkungen kommen. Deshalb werden Risiken und Konsequenzen in den Vertrag eingearbeitet, damit die Verantwortung und die Konsequenzen rund um den Zeitplan bei den Subunternehmern liegen. Diese wiederum könnten Bedingungen verhandeln, in denen das Risiko geteilt wird, wobei auch Umstände berücksichtigt werden, die – wie das Wetter – außerhalb ihrer Kontrolle sind.

»Wenn es an mehr als an 50 Prozent der Tage, in denen wir unsere Arbeit erledigt haben müssen, regnet, werden uns weitere zehn Arbeitstage zugestanden, um die Arbeit beenden zu können, ohne eine Konventionalstrafe bezahlen zu müssen.«

4. Vertragslaufzeit

Denken Sie an die Laufzeit des Vertrags: den Beginn, die Unterbrechung, das Pausieren, die Kündigung, Wiederaufnahmebedingungen, wobei jeder Punkt mit verschiedenen Umständen in Verbindung steht. Dann können Sie beginnen, sich vorzustellen, wie viele Variablen einbezogen werden könnten, wenn man allein die Laufzeit eines Vertrags in Betracht zieht. Für diejenigen, die an den Verhandlungen beteiligt sind, ist dies eine der wertvollsten Variablen, weil ein Fünfjahresvertrag wesentlich attraktiver ist als ein Jahresvertrag, weil er mehr Sicherheit und Gewissheit bedeutet.

Selbst wenn es sich um einen Vertrag handelt, der sich automatisch verlängert, wenn er nicht von einer Vertragspartei innerhalb einer vereinbarten Kündigungsfrist gekündigt wird, wird es immer Umstände geben, unter denen eine vertraglich vereinbarte Ausstiegsklausel wirksam werden kann. Eine weitere Variable, die die Einhaltung eines Vertrags von der anderen Partei sicherstellt, ist die Vertragsauflösung. Dort können Sie festlegen, wann eine Partei den Vertrag mit oder ohne Begründung und ohne Konsequenzen beenden kann, aber auch, wann die Option zu einer Vertragserneuerung möglich wird.

5. Zahlungsbedingungen

Es gibt so viele Möglichkeiten, Zahlungsbedingungen so zu konstruieren, dass sie die Risiken der Beteiligten reflektieren, die andere Partei zu einer Kontrolle ihrer Arbeit verpflichten oder ganz einfach den Wert des Abkommens erhöhen. Zusammengefasst beinhalten alle
- wann und wie die Zahlung geleistet wird,
- Vorauszahlungen,
- schrittweise Zahlungen,
- sogar Umstände, unter denen verspätete Zahlung akzeptiert wird,
- Verspätungszuschläge.

Zahlungsbedingungen können auf der Grundlage von Leistung angepasst werden, als Abschlagszahlung festgelegt oder rückwirkend geleistet werden, können rückzahlbar sein oder mit einer gewissen Anzahl von Tagen als Zahlungsfrist versehen werden.

Manchmal reflektieren Zahlungsbedingungen die Erfordernisse des Cashflow, die Risiken, die mit der Kreditwürdigkeit oder der Vergangenheit der anderen Partei zusammenhängen oder einfach ein Spiegelbild der Standardbedingungen der dominanten Partei in der Verhandlung.

Welches dieser Charakteristika auch immer zutrifft, Zahlungsbedingungen haben eine finanzielle Auswirkung für beide Parteien und gelten als eine der grundlegenden Variablen.

6. Spezifikationen

Spezifikationen beziehen sich auf fast alles, was die Qualität des angebotenen Produkts oder der Dienstleistung beeinflusst. Als einfaches Beispiel kann sich die Materialspezifikation eines Kleidungsstücks, zusätzlich zum Design, auf die Größe, den Stoff, die Art des

Waschens, die Knöpfe, Reißverschlüsse, das Futter oder die Verpackung beziehen und jedes dieser Merkmale bietet eine Vielzahl von Optionen, die wiederum auf die Kosten und den Wert des fertigen Produkts Einfluss nehmen. Stellen Sie sich die Anzahl der Variablen vor, die ein Unternehmen berücksichtigt, das ein Flugzeug von einem der großen Hersteller bezieht, der buchstäblich Tausende von Spezifikationen anbietet, die allesamt das Ergebnis des Kaufvertrags beeinflussen. Die Komplexität des Produkts oder der Dienstleistungen, von wo es bezogen wird, und die damit verbundenen Beziehungen werden alle einen Einfluss auf die Details und die Anzahl der Variablen haben, auf die sich die Spezifikation beziehen.

Die Arbeit mit Variablen

Immer wenn der Fokus und der Druck auf dem Preis liegen, gibt es eine Tendenz der Verhandler, andere Variablen neu zu verhandeln, um so jegliche Auswirkungen auf Preisbewegungen auszugleichen. Normalerweise gehört es dazu, neue Variablen einzuführen, um so die Preisbewegung zu kompensieren oder anzupassen. Indem er sicherstellt, dass die anderen grundlegenden Variablen mit jeder Preisbewegung in Verbindung bleiben, kann der komplette Verhandler den angebotenen Gesamtwert trotz Preisdrucks erhalten. Mit anderen Worten: Hier geht es darum, das Gesamtpaket zu drehen und zu wenden, um den Gesamtwert zu schützen oder zu vergrößern. Alles ist von Bedingungen abhängig – was es ermöglicht, den Gesamtwert zu schützen –, wenn eine Variable nach unten korrigiert werden muss, so sollte eine andere so bewegt werden, dass die Auswirkungen ausgeglichen werden.

Fallstudie

Zen, eine Werbeagentur, verhandelte einen Vertrag mit einem ihrer Klienten. Der Vertrag beinhaltete zum einen die Kreativleistung, die Gestaltung von Inhalten für eine Website und die Produktion von Printmedien. Ein zentraler Punkt der üblichen Geschäftsbedingungen von Zen war, dass die Agentur alle Rechte an den erarbeiteten Materialien behielt. Mit anderen Worten: Das Verwertungsrecht am Urheberrecht sollte bei Zen bleiben, gleichgültig, über welche anderen Konditionen man sich einigte. Dies traf zu, obwohl der Klient die Agentur dafür bezahlte, neue Inhalte zu kreieren. Inzwischen spezifizierten die »Standard-Geschäftsbedingungen« des Klienten, dass er alle Rechte an den speziell für ihn geschaffenen Materialen erhalten würde.

Die folgende Verhandlung definierte verschiedene Leistungsarten, die erbracht wurden, und teilte diese in Kategorien ein. Ein großer Teil der Arbeit war allein auf den Klienten zugeschnitten und somit eine Erstanfertigung. Ein anderer Teil der Arbeit wurde mit einer Software erstellt und konnte möglicherweise auch für andere Klienten genutzt werden, wodurch Zen eine kostengünstige Lösung für andere Klienten anbieten konnte, wenn die Agentur Multimedia-Inhalte für deren Website erstellen sollte. Letztlich einigte man sich auf die Bereiche, die im Besitz der einen Partei sein sollten und auf diejenigen, die der anderen gehören sollten. Hätten sich beide Parteien darauf beschränkt, ihre »Standard-Geschäftsbedingungen« zu schützen, wäre es wahrscheinlich zu einer Blockade gekommen. Allerdings waren beide Parteien bereit, das Thema um die Urheberrechte zu zerlegen und das Paket neu zu schnüren. Die zwischen den beiden Parteien bestehende Abhängigkeit und die Motivation, eine Lösung zu finden, forderte Flexibilität, was ausreichte, sich auf eine praktikable Lösung festzulegen.

Das zweite Beispiel zeigt, wie es dem Geschäftsführer eines Restaurants gelang, mit Beharrlichkeit und etwas Kreativität die Auswirkungen jeglicher Preiserhöhungen für die nächsten zwei Jahre zu vermeiden.

Fallstudie

Eine Restaurantkette überprüfte ihre Weinliste und entschloss sich, zwei Lieferanten von Champagner einzuladen, um die Bedingungen zu diskutieren. Der »Hauslieferant« hatte in den letzten sechs Jahren vier Sorten Champagner geliefert und hatte sich bisher geweigert, von der jährlichen Preiserhöhung von fünf Prozent abzuweichen. Der Eigentümer des Restaurants hatte mit einem anderen Lieferanten eine BATNA entwickelt (Best Alternative To a Negotiated Agreement), der eine gleichermaßen gute Qualität und Auswahl liefern konnte. Diese Alternative wies marginal bessere Preisbedingungen auf, aber der Eigentümer des Restaurants war von den Rückgabebedingungen nicht völlig überzeugt, die beim bisherigen Lieferanten kein Problem darstellten.

Der Geschäftsführer fasste mit seinem bisherigen Lieferanten noch einmal zusammen: »Sie sind also mit dem Liefervertrag zufrieden, würden eine längere Vertragslaufzeit bevorzugen und die Möglichkeit, den Lieferbereich auszuweiten und so den Vintage Rosé zu einem Wiederverkaufspreis von 90 Dollar pro Flasche einbeziehen.«

Dann fuhr er fort: »Wenn Sie die Preise des letzten Jahres über die Laufzeit des Vertrags hinweg aufrecht erhalten, werde ich den Rosé mit auf die Weinkarte setzen und das Abkommen auf zwei Jahre ausweiten.«

Der Verkaufsleiter wies das Angebot schnell zurück und sagte, die Übereinkunft über die Preiserhöhung sei nicht verhandelbar. Das Restaurant kaufte jährlich 500 Flaschen und so nahm der Geschäftsführer des Restaurants einen anderen Blickwinkel ein.

»Wenn Sie mir zusätzlich 25 Flaschen Rosé gratis liefern, um mir zu helfen, das Produkt neu anzubieten, werde ich der Preiserhöhung zustimmen.«

Der Verkaufsleiter schien interessiert zu sein, denn im Bereich des Lieferumfangs hatte er Spielraum und war sehr daran interessiert, den neuen Rosé auf die Weinkarte zu bringen. Er konterte: »Ich kann Ihnen die 25 Flaschen zur Verfügung stellen, wenn Sie im Voraus weitere 100 Flaschen bestellen.«

In einem letzten Versuch schnürte der Geschäftsführer das Paket noch einmal neu, damit er zu einem Abschluss kommen konnte. »Unter der Voraussetzung, dass wir in diesem Jahr mehr als 500 Flaschen bestellen, wird es im nächsten Jahr zu keiner Preiserhöhung kommen.«

Das reichte aus, um den Abschluss zu tätigen, und unter den Bedingungen, die den Anreiz einer Vorausbestellung beinhalteten, konnte der Lagerbestand besser organisiert werden und ganz sicher auch die künftige Preisgestaltung.

Es ist wichtig zu wissen, mit welchen Variablen man arbeiten kann

Planung und Vorbereitung bestehen aus Aufwand und der Investition von Zeit, um damit aus den einzelnen Komponenten etwas Wertvolles zu schaffen, das zusammengenommen zu einem höheren Wert führt als die Summe aller Einzelteile. Was haben ein Flugzeug und ein Kunstwerk mit einer Verhandlung gemeinsam? Beide brauchen Planung, Vorbereitung und ein Design.

Es ist vergleichsweise leichter, die Notwendigkeit zur Planung einzusehen, wenn es um etwas Materielles geht, als die Notwendigkeit zur Planung beim Verhandeln einer Übereinkunft. Man kann sich leichter die erforderliche Planung und den Design-Prozess vorstellen, wenn ein neues Flugzeug entwickelt werden soll. Diese Planung ist für den späteren Zusammenbau entscheidend, gar nicht erst davon zu sprechen, wie entscheidend, dass es später auch fliegen kann. Die Kreativität, die von einem Künstler eingesetzt wird, der mit einer weißen Leinwand beginnt und mit all der Arbeit, die vor ihm liegt, verlangt Flexibilität und ein mentales Bild, wie es einmal aussehen soll. In beiden Fällen spielen Optionen und Kreativität eine wesentliche Rolle, damit ein erfolgreiches Ergebnis erzielt wird. Allerdings auch visionäres Denken.

Bei einem Verhandler beginnt die Planung mit dem Erkennen der möglichen Variablen und deren Verknüpfung, so dass Wert erzeugt werden kann. Das Design und die Struktur gleichen sich in so vielen Bereichen und dennoch, wegen des Zeitdrucks in Verhandlungen, wegen der potenziellen Konsequenzen und Zwangslagen, kann uns der Bereich der Planung leicht entgehen. Das führt zu Geschäftsabschlüssen, die nicht optimal sind oder, schlimmer noch, sogar unmöglich sein können. Die Schaffung von Wert beginnt bereits in der Planungsphase mit dem Verständnis der Optionen und dem Zusammenstellen der Komponenten oder Variablen, die ein Abkommen zum einen möglich machen und letztlich die Gelegenheiten verbessern, Werte zu schaffen.

Als kreativer Verhandler können Sie Möglichkeiten erkennen, wie Synergien innerhalb eines Abkommens und der Beziehung der beteiligten Parteien ausgeschöpft werden können. Dies könnte auf einer Makro-Ebene sein, wo ein Unternehmen ein anderes kauft, um so Kosten einzusparen oder um Gelegenheiten auf der Ebene des Gesamtmarktes zu nutzen. Es könnte aber auch auf einer Mikro-Ebene sein, wo Sie immer, wenn Sie Dinge mit geringen Kosten und hohem Wert gegenseitig handeln, effektiv Kosteneinsparungen erzielen, die Effizienz erhöhen oder Ihre Geschäftsbedingungen verbessern.

Das Anpassen von an Bedingungen geknüpften Angeboten oder Optionen, Veränderungen des Verantwortungsbereichs – also wer wofür verantwortlich ist, die Änderung der Leistungsanreize, Rabattschwellen, Leistungsbedingungen und Vertragsbedingungen sind in Ihren Verhandlungen wesentlich, damit Sie an einen Punkt kom-

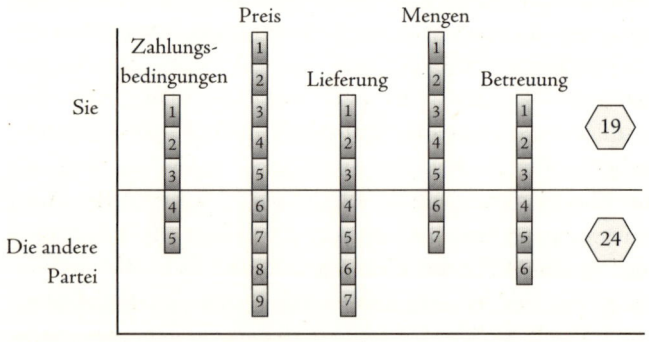

Abbildung 6 Abwägung der Variablen

men, an dem beide Verhandlungsparteien zustimmen werden. Gleichzeitig geht es darum, wie Sie das Ergebnis der Verhandlung für beide Parteien wertvoller machen können, indem Sie die Variablen anders zusammensetzen. Je durchdachter und strukturierter Sie dies angehen, umso wahrscheinlicher werden Sie eine positive Vereinbarung erzielen.

Den Variablen Auslöser hinzufügen

Die meisten Variablen können gleitend genutzt werden. Wenn Sie beispielsweise Mengen diskutieren, könnte der Auftrag von einem Exemplar bis zu einer Billion Exemplaren reichen, was natürlich Einfluss auf andere Variablen hätte. Allerdings kann die Menge mit einem Auslöser verbunden werden, der andere Geschäftsbedingungen »auslöst«. Ein Beispiel: Wenn Sie 1 000 Exemplare bestellen, beginnt die Rabattstufe von fünf Prozent. Wenn Sie aber in einem Monat 10 000 Exemplare bestellen können, dann entfallen die Lieferkosten oder, wenn Sie jetzt dem gesamten Auftrag zustimmen, können wir innerhalb der nächsten sechs Monate den jeweiligen Bedarf liefern. Jede Bedingung dient als ein Auslöser für den angebotenen Vorteil.

Auslöser können bei jeder Variablen angewendet werden und dienen dazu, gezielt das Verhalten der anderen Partei zu motivieren, aber auch Ihre eigenen Interessen zu schützen. An Variablen können auch Auslöser geknüpft werden, die sich auf das Erreichen einer bestimmten Leistung beziehen, jenseits derer oder bis zu der eine andere Geschäftsbedingung erfüllt wird. Zum Beispiel ein Rabatt, der eingeräumt wird, nachdem eine Bestellung über die ersten 200 Exemplare eingegangen ist. Das zweihundertste Exemplar stellt die Schwelle dar, nach der ein Rabatt gewährt werden kann. Die genannten Zahlungsbedingungen können nur dann angeboten werden, nachdem eine Abschlagszahlung in Höhe von 20 Prozent der Auftragssumme eingegangen ist. Der Eingang der gesamten Abschlagszahlung ist der Auslöser für die Zahlungsbedingungen, die danach zur Anwendung kommen. Bedingungen werden an einen Schwellenwert geknüpft, wonach weitere Verpflichtungen angewendet werden können.

Im Verlauf Ihrer Verhandlung können Sie Variablen schrittweise eintauschen, absolute Auslöser verwenden oder die Schwellenwerte für die Auslöser anpassen (Leistungsniveaus), immer abhängig davon, was Sie erreichen wollen. Jede Variable können Sie

- anpassen,
- verknüpfen,
- mit einem Auslöser verbinden oder
- Stück für Stück bewegen.

Das ist allgemein als »*Salami-Taktik*« bekannt.

Als ein Beispiel dafür, wie Variablen graduell ausgeglichen werden können, könnten Sie eine garantierte schnellere Reaktion für den Service fordern, und damit eine Verkürzung des Zahlungsziels von 45 Tagen auf 40 Tage anbieten. Sie könnten eine Verpflichtung zu flexiblen Lieferterminen für Ersatzteile im Gegenzug für eine weitere Kürzung des Zahlungsziels auf 36 Tage handeln. Vielleicht wissen Sie sogar, dass die andere Partei ein Zahlungsziel von 30 Tagen als »ihre Erfolgstrophäe« ansieht. Also beginnen Sie wieder von vorn und bieten der anderen Partei im Gegenzug für eine kürzere Kündigungsfrist für den Vertrag das Zahlungsziel von 30 Tagen an. Jedes Mal erhalten Sie mehr Wert (oder ein geringeres Risiko laut Ihrer Kalkulation) als die 15 Tage, die Sie früher bezahlen müssen, für Sie wert sind. Sie waren ohnehin von Anfang an bereit, einem Zahlungsziel von 30 Tagen zuzustimmen. Zu dieser Zeit, könnten Sie berechnet haben, dass Ihnen zwar Kosten von 0,5 Prozent bei diesem Abschluss entstehen, dass Sie jedoch einen Wert von 1,1 Prozent gewonnen haben.

Die »Salami-Taktik«

Das Verhandeln von Variablen Scheibchen für Scheibchen und dafür im Gegenzug immer einen Vorteil erhalten.

Risiko als Verhandlungsgegenstand

Die Geschwindigkeit, in der sich Dinge im Geschäftsleben verändern, führt zu Unsicherheit. Wie können Sie halbwegs nachvollziehbar sicherstellen, selbst auf der Grundlage einer abgestimmten Strategie in einer partnerschaftlichen Geschäftsbeziehung, dass Sie weiterhin ständig aufeinander abgestimmt sein werden, wenn Ihre beiden Unternehmen weiterhin ihre Strategien neu bewerten?

Mit anderen Worten: Wenn Sie die Zukunft betrachten und den Vertrag, den Sie gerade unterzeichnen wollen, dann sollten Sie niemals von einem dauerhaften Zustand ausgehen. Mit der Zeit ändert sich alles. Die Leistung der anderen Partei, deren Zuverlässigkeit, der Markt und die Verbraucher können sich ändern und werden Ihre Annahmen darüber in Zweifel ziehen, wie profitabel das Geschäft ist, sein wird oder gewesen ist.

Gerade diese Themen, die dem Wandel unterliegen, müssen Sie in Ihre Planung einbeziehen. Ihre Einstellung, wie Sie mit diesen Risiken umgehen wollen, kann oft eine Möglichkeit sein, mehr wertvolle und solidere Vereinbarungen zu treffen. Die Redewendung, dass man zwar einen guten Preis bekommen kann und dennoch ein lausiges Geschäft macht, bezieht sich auf einen Vertrag, bei dem der Preis gut ist, aber die Rahmenbedingungen oder die Risiken, die Sie akzeptiert haben, so offensichtlich sind, dass die andere Partei angesichts der Sicherheit, die es ihr gebracht hat, Ihnen einen guten Preis gemacht hat.

Der Wert, den eine Garantie für Sie hat, die Sie vor Veränderungen schützt, der Wert des Haftungsumfangs und der Verantwortung entsprechen oft nicht den Kosten, die eine Übernahme bedeuten würde.

Der Preis eines flexiblen Flugtickets wird für Sie und die Airline, die an der Transaktion beteiligt ist, eine unterschiedliche Bedeutung haben. Beispielsweise kann die Annehmlichkeit, umbuchen und ändern zu können, für Sie einen enormen Wert haben. Stellen Sie sich vor, Sie hätten Schwierigkeiten nach einem geschäftlichen Treffen am Freitagabend nach Hause zu kommen, weil ein Flug gestrichen wurde. Die absoluten Kosten für die Fluglinie, einen flexiblen Service anzubieten, sind in vielen Fällen zu vernachlässigen. Welchen Wert haben also dieser Schutz vor Veränderungen oder die Kosten der Unannehmlichkeiten nach der Änderung für Sie? Auch das ist von Ihren Umständen abhängig.

Kreative Verhandler verstehen, wie sie »im Kopf der anderen Partei« die Bequemlichkeit, Flexibilität und die Wahlmöglichkeiten in der Verhandlung verwenden müssen, um noch mehr Wert in der Verhandlung zu schaffen.

Wenn es schwierig abzuschätzen ist, ob man unter Risiken zustimmen soll, spielen Versicherungen in Verhandlungen eine wichtige Rolle. Wenn Sie oder die andere Partei sich gegen bestimmte Risiken versichern oder Sie darauf bestehen, dass die andere Partei sich gegen bestimmte Risiken versichert, können Sie solche schwierigen Situationen der Unsicherheit überwinden.

Sie denken sicher nicht zweimal darüber nach, ob Sie Ihren Hausrat versichern, weil Sie die Risiken kennen oder Sie Ihr Haus gegen Schäden versichern, weil es für viele Menschen den wertvollsten Besitz bedeutet. Ebenso versichern viele Menschen ihre Gesundheit, ihr Auto (weil es gesetzlich vorgeschrieben ist), sogar ihre Waschmaschine, nur für den Fall, dass sie ihren Dienst einstellt. Das Versichern gegen das Eventuelle und in manchen Fällen auch das Wahrscheinliche, wird als der normale Weg angesehen, Risiken zu berücksichtigen. Der gleiche Gedankengang ist Teil des Denkens von Verhandlern, wenn sie Möglichkeiten finden, sich auf Bedingungen zu einigen und gleichzeitig die Balance zu den entsprechenden Risiken zu finden.

»Für den Fall, dass Sie Ihren Zahlungen nicht nachkommen können, behalten wir uns das Recht vor, die Ware zurückzufordern, oder wir werden Sie gegen Zahlungsausfall versichern.« Die Versicherungsprämie wird in die Preisstruktur eingearbeitet. Auf alle Fälle mindern Sie das Risiko, auf das man sich als Teil der Verhandlung geeinigt hat.

Den Wert schützen

Das bedeutet, den Wert zu schützen, den Sie glauben, mit Ihrem Vertrag geschaffen zu haben. Was ist, wenn man sich nicht an Lieferungen, Spezifikationen oder Zahlungsbedingungen hält? Was sind die Folgen für Sie und wie schützen Sie sich innerhalb der vereinbarten Bedingungen dagegen? Das Verhandeln von Risiken erfordert erstens, die Risiken zu erkennen, die verhindern könnten, dass der Vertrag das erbringt, was er erbringen soll, und zum anderen sicherzustellen, dass sich gemäß den Vertragsbedingungen beide Parteien über die Risiken im Klaren sind.

Ebenso wie Sie ein Interesse haben, Ihren Kellner in einem Restaurant gut zu behandeln (in der Annahme, dass Sie nicht wollen, dass sich jemand an Ihren Speisen zu schaffen macht!), so möchten Sie das Gefühl haben, dass Ihr Geschäftspartner so weit wie möglich für die gleichen Dinge wie Sie Anreize erhält. Risiken gibt es in allen Formen und oft werden sie übersehen, da sie sich normalerweise nicht sofort in der Gewinn- und Verlustrechnung bemerkbar machen. Fragen Sie irgendeine Bank, die zwischen 2004 und 2009 Hypotheken vergeben hat. Ignorieren Sie Risiken auf eigene Gefahr. Besser noch, handeln Sie Risiken gegen eine der grundlegenden Variablen. Versicherungsgesellschaften behandeln Risiken wie eine definierte Angelegenheit und das sollten auch wir tun, wenn wir materielle Produkte oder Dienstleistungen kaufen oder verkaufen.

Haftung

Wenn Risiken erkannt sind, können Sie sich darauf konzentrieren, wer die Risiken tragen, versichern, mindern oder die Haftung dafür übernehmen soll. Genau an dieser Stelle kann es sehr oft zu einer Blockade in der Verhandlung kommen. Ihr nächster Schritt muss es sein, in Ihren Angeboten eine Grundlage zu schaffen, auf der den Risiken Rechnung getragen werden kann oder wie sie kompensiert werden können. Eine Herausforderung oder eine Chance – abhängig davon, wie Sie es betrachten – resultiert aus dem Verständnis der Risikobereitschaft beider Parteien. Wenn Sie in der Vergangenheit eine besonders schlechte Erfahrung gemacht haben und Ihnen die Kosten für die Wiedergutmachung immer noch nicht aus dem Sinn gehen, dann kann Ihre Einstellung, sich davor zu schützen und der Wert, den Sie einem solchen Schutz zumessen, höher sein als die Kosten für die andere Partei, die diesen Schutz bietet.

Die angebotenen Garantien, die Sie bei einem Kauf eines Gebrauchtwagens von einem Vertragshändler erhalten, werden für Sie von einigem Wert sein, und Sie werden dafür auch einen Preisaufschlag hinnehmen, wenn Sie den Kauf von einem Privatmann zum Vergleich nehmen. Viele sehen den Wert dieses Preisaufschlags. Damit kaufen sie ein Risiko aus dem Geschäft heraus. Sie vertrauen darauf, dass der Gesamtpreis, den Sie nun zahlen, geringer ist als der Gesamtpreis, den sie inklusive aller Probleme mit dem Auto innerhalb der Gewährleistungsfrist bezahlt hätten. Sie kaufen Sicherheit und sind bereit, dafür zu bezahlen. Die Art und Weise, wie jede Partei Risikowahrscheinlichkeit sowie die damit potenziell eintretenden Schäden einschätzt, variiert entsprechend den eigenen Umständen und der Personen, die für sie die Entscheidung treffen.

Risiko ist nicht für alle Menschen gleich

Ebenso wie Angebot und Nachfrage und Zeit und Umstände die Kräfteverteilung in Verhandlungen beeinflussen, bieten Risiko und Gewinn die Grundlage zur Abwägung von Investitionsalternativen. Verschiedene Branchen haben verschiedene Hilfsmittel, um ein Risiko zu erfassen und es mit einem Aufpreis zu bewerten, sich dagegen abzusichern oder sich dagegen zu versichern. In manchen Fällen, wenn ein Abkommen von strategischer Bedeutung ist, werden sie bereit sein, bis zu einem gewissen Grad auch Unsicherheit in Kauf zu nehmen. Langfristig mit Unsicherheit umzugehen, kann eine gute Wette darstellen, wenn man den Wert kennt, der auf dem Spiel steht. Risiko als Variable ist nicht schlecht und muss nicht unbedingt vermieden werden, es muss nur gesteuert werden. Ob Sie eine private Beteiligungsgesellschaft sind, die sich in ein Unternehmen einkauft,

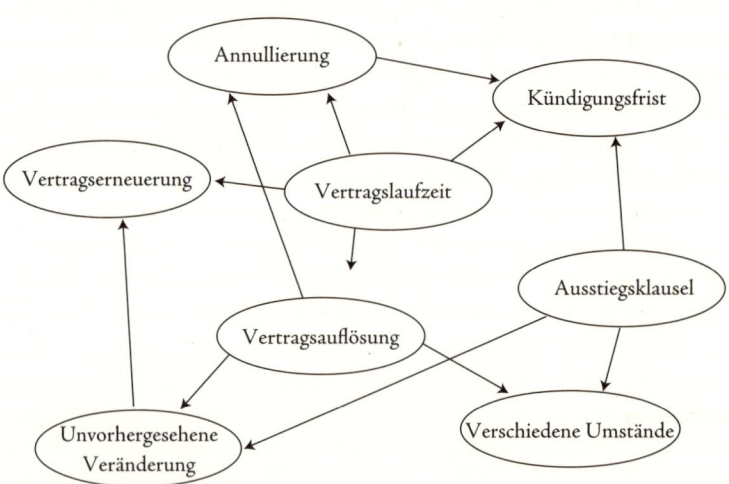

Abbildung 7 Veranschaulichung von Risiken, die sich auf die Vertragslaufzeit beziehen

um Schürfrechte verhandelt oder Computer-Chips aus Korea kauft – das Risiko wird sich in Ihren Überlegungen niederschlagen und auch in den Bedingungen, unter denen Sie zustimmen.

Wie bemessen Sie beispielsweise in Rechtsstreitigkeiten die Kosten oder den Wert, der mit dem Risiko beziehungsweise dem Nutzen einer außergerichtlichen Einigung einhergeht? Wie sieht eine PR-Agentur das Risiko, das mit einer schlechten PR-Darstellung einhergeht, und das Ausmaß, in dem es ihrem Ansehen schaden könnte, im Vergleich zu den Gerichtskosten, wenn sie ihr Ansehen verteidigt? Wahrscheinlich ist es zu spät, um sich gegen solche Risiken zu versichern und deshalb muss man möglichst objektiv bleiben, seinen Breakpoint festlegen und versuchen, »in den Kopf« der anderen Seite zu gelangen. Jeder Fall wird einzigartig sein und kann nur von denjenigen abgeschätzt werden, die sich den Konsequenzen ausgesetzt sehen.

Fallstudie

Stellen Sie sich vor, Sie seien Einkaufsleiter, der nach einem bestimmten Modekleidungsstück sucht, das dem »letzten Schrei« entspricht. Sie sind damit einverstanden, Ihre Mindestbestellmenge zu erhöhen, wenn Sie im Gegenzug einen höheren Rabatt gewährt bekommen. Wenn Sie das aber tun, so übersehen Sie die Auswirkungen auf Ihr Lagerhaus, die Auswirkungen auf die Restbestände und sogar, wie sehr dieses Kleidungsstück in drei Monaten überhaupt noch »en vogue« sein wird. Jede dieser drei Auswirkungen und auch andere müssen in Betracht gezogen werden, wenn Sie bei der Auftragserteilung die Risiken begrenzen wollen. Ansonsten werden Sie, wenn Sie nur um den besten Preis verhandeln, wahrscheinlich am Ende mit einer schlechten Vereinbarung bezüglich des Gesamtwerts dastehen.

Fallstudie

Eine Anzeige einer Reiseversicherungsgesellschaft, die in der Presse im Jahr 2010 veröffentlicht wurde, ist ein klassisches Beispiel dafür, wie Variablen mit Bedingungen verknüpft werden können, die das Risiko der Police begrenzt. Die Anzeige besagte:

- »Die Versicherung bietet Schutz für eine unbegrenzte Anzahl an Reisen (vorausgesetzt, eine Reise dauert nicht länger als 30 Tage, und bei Reisen, die Wassersport beinhalten, nicht länger als 17 Tage pro Jahr).«
- »Für alle ist weltweite Deckung gegeben (außer für Personen, die älter als 70 Jahre sind).«
- »Die Versicherung kostet zehn Dollar pro Monat (in den ersten drei Monaten, danach 20 Dollar pro Monat bei einer Vertragslaufzeit von mindestens zwölf Monaten).«

Jedes Angebot wurde an eine Bedingung geknüpft, die vorrangig entweder das Risiko für die Versicherungsgesellschaft begrenzte oder die absoluten Kosten des angebotenen Service reduzierte. Was dieses Beispiel so offensichtlich macht, war nicht einmal im »Kleingedruckten« verborgen. Es war die Werbeanzeige selbst.

Wie kann man Vertragseinhaltung und Leistung steuern?

Wenn Sie es versäumt haben, Ihre Hypothekenrate zu bezahlen, würde Ihre Hypothekenbank den ausstehenden Betrag zum frühesten Zeitpunkt einfordern. Sie würde auch darauf bestehen, zusätzliche Zinsen auf die verspätete Zahlung zu erhalten. Die gleiche Philosophie oder Überlegung sollte in jedem Vertrag enthalten sein, wenn es um Risiken geht. Ohne diese Überlegungen könnten Sie sich sehr schnell in Schwierigkeiten in der Geschäftsbeziehung befinden, weil keine klaren Konsequenzen vereinbart wurden, falls die Verpflichtungen nicht erfüllt werden.

Eine sinnvolle Möglichkeit, die Risiken zu erkunden, ist die Frage: Was würde geschehen, wenn ...

- die andere Partei ihre Termine nicht einhält?
- die Spezifikationen nicht erfüllt werden?
- die andere Partei vorzeitig den Vertrag auflösen will?
- sich die Umstände ändern?

- sich unsere Situation ändert und wir mehr Flexibilität benötigen?
- die Wechselkurse sehr stark schwanken?
- die wichtigsten Ansprechpartner auf der anderen Seite nicht mehr da sind?

Und so weiter. Es gibt so viele Möglichkeiten, die sich auf Änderungen beziehen, für die viele Unternehmen bekannt sind, sie in die Standard-Geschäftsbedingungen im »Kleingedruckten« einzubauen. Die Wahrheit ist, dass diese Risiken wechselseitig sind und Sie diese, wenn möglich, in die Agenda Ihrer Verhandlungen aufnehmen sollten.

Die Vorbereitung darauf, mit Komplexität umzugehen

Wie gehen wir mit der Komplexität in Verhandlungen von mehreren Variablen um? Die Verhandlung von Verträgen mit mehreren Themenbereichen erfordert es, die Variablen zu Paketen zu schnüren, aber auch wenn erforderlich, die Pakete neu zu schnüren. Dazu gehört es, Bedingungen miteinander zu verknüpfen, die zu jeder Variablen gehörenden Geschäftsbedingungen anzupassen und dies im Hinblick auf die Prioritäten und Bedürfnisse der anderen Verhandlungspartei. Die Form der meisten Geschäftsabschlüsse, in denen eine Reihe von Themen behandelt wird, verändert sich, sobald ein neues Angebot auf den Tisch kommt. Veränderungen in Bezug auf den Gesamtwert geschehen während der gesamten Verhandlung, bis beide Parteien bereit sind, sich auf eine Reihe von Bedingungen und Konditionen zu einigen. Dieser Prozess stellt einen kontinuierlichen Fluss dar, etwa so, als ob man Wanderdünen beobachten würde. Die Form könnte größer oder kleiner sein, länger oder kürzer, dicker oder dünner. Dies kann es erschweren, den Geschäftsabschluss und die Konsequenzen von einzelnen Veränderungen zu verfolgen. Der komplette Verhandler benutzt dafür das Hilfsmittel »Angebotsprotokoll« (siehe Seite 297).

Eine Übereinkunft zu erreichen, die aus einem Prozess mit vielen Angeboten resultiert, kann schwierig sein, weil es erforderlich ist, um spezielle Variablen herum zu verhandeln und man dabei aufmerksam das Gesamtbild und die Konsequenzen für den Gesamtwert im Blick behalten muss.

Sie verhandeln beispielsweise eine Vereinbarung, eine Leistung bis zum Monatsende abzuschließen. Um zu einem Abschluss zu gelangen, müssen Sie einer Garantie zustimmen, dass die Arbeiten bis dahin auch beendet sind. Dabei sollten Sie in Betracht ziehen, welche Einflüsse Sie nicht kontrollieren können, etwa Umstände, die es schwierig machen, der Verpflichtung Folge zu leisten. Diese sollten von beiden Parteien als gerechtfertigte Gründe anerkannt werden, dass die Arbeit verspätet beendet wird.

Alle Möglichkeiten untersuchen

Andere Probleme, die während Ihrer Verhandlung gelöst werden müssen, könnten einen Preis für Sie haben. Das Konzept »nichts ist vereinbart, bis alles vereinbart ist« ermöglicht es Ihnen, sorgfältig alle Möglichkeiten zu erforschen und Ideen prinzipiell unter der Voraussetzung zustimmen, dass Sie auch allen anderen Konditionen zustimmen können. Falls erforderlich, können Sie Angebote zurückziehen, falls andere Konditionen nicht erfüllt werden oder das gesamte Abkommen inakzeptabel wird. Eine Gefahr, die Sie beim Ausloten von Möglichkeiten beachten müssen, ist es, der anderen Verhandlungspartei einen Hinweis zu geben, welchen Punkten Sie zustimmen würden oder welche Punkte Ihnen besonders wichtig sind. Es ist in Ordnung, wenn Sie Vorschlägen im Prinzip zustimmen, vorausgesetzt, die andere Partei ist sich bewusst, dass Ihre Zustimmung davon abhängig ist, dass alle anderen Konditionen akzeptabel sind. Mit etwas Vertrauen und in einem ansprechenden Verhandlungsklima sollte es möglich sein, dass sich die Form des Abkommens ändert und weiterentwickelt. Die meisten Punkte werden irgendwie miteinander in Beziehung stehen, weil die meisten Diskussionspunkte Einfluss auf die Gesamtkosten oder das Ergebnis haben.

Ich habe von Verhandlungen gehört, die schwieriger waren, als ein Puzzle aus 10 000 Teilen zusammenzusetzen. Zuerst fassen Sie Gruppen zusammen, vielleicht die Ecken, danach sortieren Sie die Teile der Farbe nach. Dann beginnen Sie Teile des Bildes zusammenzufügen. So bleiben Teile übrig, die nicht passen, und Sie machen sich auf die Suche nach dem richtigen Teil, damit Sie weitermachen können. Sie brauchen Geduld, Ausdauer und ein Auge dafür, wie das Bild zusammenwächst. Sie wissen, dass Sie ausreichend viele Teile haben. Es ist lediglich eine Sache der Ordnung, der Reihenfolge und des Zusammenfügens. Bei einem Puzzle haben Sie ein Bild, das entsteht, und Sie erhalten ein sofortiges Feedback zu Ihrem Fortschritt. In Verhandlungen haben Sie lediglich die Reaktion der anderen Verhandlungspartei, auf die Sie sich stützen können, aber die Art und Weise, wie Sie die Aufgabe angehen, weist viele Ähnlichkeiten auf. Allerdings kann bei einem Puzzle das nächste Teil passen oder auch nicht. Wenn in Verhandlungen ein Vorschlag zuvor abgelehnt wurde, könnte er später unter anderen Umständen angenommen werden. Bei einem Puzzle wissen Sie von Anfang an, dass es möglich ist, da Sie die richtige Anzahl von Teilen haben, um die Aufgabe zu lösen. In Verhandlungen gibt es diese Sicherheit nicht. Bei einem Puzzle ist das Ergebnis vorhersehbar, da Sie das Bild auf dem Deckel der Schachtel sehen. In Verhandlungen kann und wird sich die Form des Abkommens normalerweise verändern, abhängig davon, wie die Verhandler auf die Vorschläge der jeweils anderen Partei reagieren.

Unvoreingenommenheit ist erforderlich

Sie könnten behaupten, dass jedes geforderte Zugeständnis akzeptiert werden kann, vorausgesetzt, dass ein gegenseitiger Schritt getan wird, der die Auswirkungen des Zugeständnisses ausgleicht. Beispielsweise könnte auch eine Preiserhöhung akzeptabel sein, vorausgesetzt, dass andere Kosten ausgeklammert werden oder die Leistung in anderen Bereichen verbessert wird, wodurch die Auswirkung der Preiserhöhung neutralisiert wird. Allerdings sollte man immer aufmerksam sein, da hierdurch ein Präzedenzfall geschaffen wird, der andere oder spätere Diskussionen beeinflussen kann. Der kreative Verhandler kann ein Abkommen mit der Meinung angehen, dass alles möglich ist, solange man eine Grundlage findet, auf der das Abkommen akzeptiert werden kann. Wenn Sie die Punkte ermitteln, die für beide Verhandlungsparteien wichtig sind (die Bedingungen sind oft nicht gleich), so können Sie anfangen, den erforderlichen Rahmen des Abkommens so zu entwickeln, damit es für beide Seiten akzeptabel wird.

Wenn Sie erkennen, dass es viele Wege gibt, auf denen Sie das gleiche Ergebnis erzielen können, hilft dies Ihnen, gegenüber neuen Chancen offen zu sein. Allerdings gehört dazu die Fähigkeit, sich ausgeglichen auf die eigene Strategie zu konzentrieren, aber auch den Gesamtwert der Verhandlung im Auge zu behalten, auch wenn neue Ideen auf den Verhandlungstisch kommen.

Nehmen Sie sich Zeit und bleiben Sie geduldig

Die Arbeit an einem Abschluss bedeutet nicht, dass jeder Vorschlag mit Zustimmung, Ablehnung oder sogar einem Gegenvorschlag aufgenommen werden sollte. An einigen Ideen muss man länger arbeiten und es benötigt mehr Zeit, um sie zu überdenken, bevor man überhaupt darauf reagieren kann. In den meisten Fällen kann man einige Punkte parken, beispielsweise die Zahlungsbedingungen und die Vertragslaufzeit, und danach weitere Teile des Vertrags durcharbeiten, etwa Bestellmengen, Rabatte und Bestellvorgänge, natürlich vorausgesetzt, dass man sich auf die verbleibenden Punkte einigen kann. Bereiten Sie sich darauf vor, Punkte zu parken, auf die Sie später zurückkommen können.

Wenn die Anzahl der Variablen die Verhandlung komplex werden lässt, sollten Sie (vorbehaltlich es gibt keine zeitlichen Einschränkungen) sich Zeit nehmen, die Verhandlung vertagen und die Möglichkeiten überdenken. Wenn Sie umfassendere Entscheidungsbefugnisse brauchen oder weitere Beteiligte in die Verhandlung einbeziehen müssen, nehmen Sie sich die Zeit zu beraten, bevor Sie antworten. Das ist besonders dann der Fall, wenn Ihre Ideen neu sind oder weniger greifbare Punkte beinhalten, wie etwa Flexibilität, höhere Verbraucherfreundlichkeit oder Risiken.

Seien Sie offen für neue Ideen

Flexibilität erhöht nicht nur die Chancen dafür, dass Sie produktiver sind, sondern wird auch neue Ideen aufkommen lassen, die in Betracht gezogen werden könnten und die Sie ansonsten schon sehr früh ausgeschlossen hätten, weil Sie zu zielstrebig oder konzentriert waren.

- Wenn nachhaltiges Gewinnwachstum das oberste Ziel ist, erlauben Sie sich herauszufinden, wie dies erreicht werden soll, und nehmen Sie sich Zeit, dies zu tun.
- Wenn Sie in einer Verhandlung sind, in der Konflikte beseitigt werden sollen, könnten Ihnen eine Reihe von Optionen zur Verfügung stehen, die zum gleichen Ziel kommen, wobei jede ihre eigenen Vorzüge haben kann.
- Wenn eine Verhandlung mit der Gewerkschaft über eine Veränderung der Arbeitsbedingungen ansteht, wird es eine Reihe von Optionen geben, von denen jede die Akzeptanz der Veränderung erleichtern könnte.

Es gibt oft mehr als nur einen Weg, auf dem Sie zu Ihrem Wunschergebnis kommen können. Deshalb versuchen Sie, sich auf die Suche und Ausarbeitung von Lösungen zu konzentrieren, auch wenn es noch Unklarheiten gibt oder irrationales Verhalten im Spiel ist. Wenn Sie beim nächsten Mal das Gefühl haben, eine schnelle Lösung zu brauchen, und sich Gedanken über einen Kompromiss machen, fragen Sie sich: »Erkaufe ich mir Sicherheit, wenn ich mich früh festlege und mir damit tatsächlich etwas Behaglichkeit erkaufe, oder sollte ich mehr Zeit in Anspruch nehmen und im Verlauf der Verhandlung geduldig bleiben?«

Im Prinzip zustimmen

Während Ihrer Diskussion haben Sie bis zum Ende nichts vereinbart. Natürlich könnte es falsche Botschaften und Signale senden, wenn Sie den Anschein erwecken, neuen Ideen gegenüber offen zu sein, die eindeutig nicht akzeptabel sind. Ihre innere Einstellung und Ihre Reaktion sollten ausgewogen bleiben und, falls erforderlich, sollten Sie betonen, wie schwierig es sein wird, auf einige Bereiche einzugehen. Drosseln Sie das Tempo und verschaffen Sie sich Zeit, um die Dinge zu überdenken. Untersuchen Sie die »Was-wäre-Wenns ...« und richten Sie Ihre Gedanken auf das »Wie« und »unter welchen Umständen«, aber nicht auf »nein«, »ich kann nicht« oder »ich werde nicht«, was ganz leicht vorkommen kann, wenn eine konkurrenzbetonte innere Einstellung Überhand gewinnt.

Veränderung der Form des Abkommens – Umgestaltung

Kreative Verhandler vermeiden Blockaden, indem Sie Möglichkeiten erkennen, die Form des Abkommens so zu verändern, dass die andere Seite diesem zustimmen kann. Diese Umgestaltung erhöht auch den Gesamtwert des Abkommens für sie selbst. Je besser Sie die Position und die Interessen der anderen Partei verstehen, umso leichter wird dies.

Versuchen Sie, sich auf das zu konzentrieren, was Sie tun können. Bewegen Sie Ihre intuitive Haltung von Schuldzuweisungen oder Verteidigung und loten Sie aus, was möglich ist, und unterbreiten daraufhin lösungsorientierte Vorschläge. Die Lösung von Problemen ist weitaus lohnender und nachhaltiger, als nur einfach die Strafmaßnahmen zu verhängen.

Fallstudie

Ein Marketingmanager plante einen Auftrag über 20 000 Broschüren an eine Druckerei zu vergeben, die innerhalb von 14 Tagen geliefert werden mussten, denn zu diesem Zeitpunkt sollte die Werbeaktion beginnen. Die Broschüre sollte ein Sonderangebot an einem Wochenende unterstützen. Danach wäre die Broschüre wertlos und deshalb war der Lieferzeitpunkt entscheidend. Der Preis, die Zahlungsbedingungen und die Anforderungen waren bereits vereinbart. Danach stimmte der Drucker dem Liefertermin innerhalb von 14 Tagen zu. Vor der Lieferung sollten keine Zahlungen geleistet werden und bei Überschreitung der Lieferfrist würden ebenfalls keine Zahlungen erfolgen. Obwohl dies dem Marketingmanager etwas Sicherheit gab, dass die Lieferung rechtzeitig erfolgen würde, war dies immer noch keine Garantie und die Werbeaktion war enorm wichtig. Der Marketingmanager betonte noch einmal die Bedeutung des Termins und dass die Broschüren, falls sie aus irgendeinem Grund zu spät eintreffen würden, wertlos seien. Der Drucker sagte schnell, dass er das Lieferdatum nicht absolut garantieren könne. Der Marketingmanager schwieg kurz und antwortete dann: »Was müssen wir tun um sicherzustellen, dass die Broschüren risikofrei und rechtzeitig geliefert werden?« Der Verkaufsleiter der Druckerei entgegnete: »Wir könnten einen Lieferwagen mieten und direkt liefern, aber das würde die Kosten um 500 Euro erhöhen.« Der Wert des Auftrags betrug 20 000 Euro. Der Marketingmanager deutete an, dass er den Vertrag unterzeichnen würde, falls die Druckerei diesen Service kostenfrei anbieten würde.

Der Drucker antwortete dann mit einer Idee: »Wenn wir an unser örtliches Depot liefern, das nur zwei Meilen von Ihren Büros entfernt ist, haben Sie dann Möglichkeiten, die Broschüren über Nacht abzuholen?«

Die Antwort des Marketingmanagers: »Wenn Sie in der Lage sind, innerhalb von zwölf Tagen zu liefern, kann ich das organisieren.« Das war der Punkt, an dem sie sich auf den Vertrag einigten.

Das Konzept dieser Problemlösung beseitigte eine mögliche Blockade oder Mehrkosten, und führte dazu, dass zwei motivierte Geschäftspartner zusammenarbeiteten.

Planung aus einer praktischen Perspektive

Das wahrscheinlich wichtigste Element habe ich bis zum Ende aufgespart. So ist es ganz einfach für Sie zu finden und Sie können es auch anderen zeigen. Wenn Vorbereitungen für Verhandlungen entscheidend sind, dann ist die Vorbereitung in einem Team, als ein Team, das die gleiche Denkweise hat, die gleiche Sprache spricht und das gleiche Konzept verfolgt, ebenso bedeutsam wie die Verhandlung selbst (siehe Kapitel 7, Seite 213, »Verhandlungen und Entscheidungsbefugnis innerhalb von Teams«).

Dieser Ansatz, der aus einer Reihe von Hilfsmitteln besteht, bietet einen Standard für die Vorbereitung von Verhandlungen, der leicht anzuwenden ist und Konsistenz, Vertrauen und Gewissheit vermittelt. Er stellt auch sicher, dass Sie sich »in den Kopf« der anderen Partei versetzen, wenn Sie die Bedeutung und den Wert der Variablen einschätzen und wenn Sie danach eine Agenda erstellen, die das Ziel hat, den Wert zu maximieren. Das Schöne an diesem Planungsverlauf ist, dass Sie mit Ihren erstrangigen Variablen beginnen können, etwa mit dem Preis, dem Auftragsvolumen, Zeitplänen und Vertragslaufzeit und sich dann auf die untergeordneten Variablen wie Spezifikationen und Zahlungsbedingungen konzentrieren können. Ihre Planung kann sich danach darauf konzentrieren, die verborgenen Kosten der anderen Partei zu untersuchen. Planung und Vorbereitung bieten Ihnen die Möglichkeit, die Kosten und den Wert zu erarbeiten, den die andere Partei jeder Variablen zumisst.

Die Art und Weise, wie Variablen den Gesamtwert eines Vertrags beeinflussen, ist für alle Verhandlungsparteien unterschiedlich. Einige Dinge, die Sie als wichtig oder wertvoll erachten, können für die andere Partei einen völlig anderen Wert oder eine vollkommen andere Priorität haben. Einige Variablen können objektiv bewertet werden. Bei anderen Variablen erfolgt diese Bewertung dadurch, dass Sie im Vorhinein signalisiert haben, dass Sie eine gewisse Flexibilität in diesen Punkten haben. Es wird aber auch Variablen geben, die große, wenn nicht sogar radikale Zugeständnisse von der anderen Partei erfordern werden, wenn sie eine Änderung in Betracht ziehen sollen.

Optionen, Möglichkeiten und Abgrenzung des Werts können leichter definiert werden, wenn Sie Zeit und Raum haben, klar zu denken, andere einzubeziehen und Ihre Überlegungen, Möglichkeiten und Risiken objektiv gegeneinander abzuwägen. Ihre erste Aufgabe ist es, die erforderliche Disziplin zu haben, sich Zeit zu verschaffen und sie produktiv zu nutzen, um Ihre Verhandlung durchzuplanen. Einigen fehlt die Überzeugung, dass sich die Vorbereitung wirklich auszahlen wird. (Diejenigen, die glauben, dass sie ihren Markt verstehen und ohne Vorbereitung ebenso gute Leistungen erbringen können, haben ein Problem mit ihrem Ego!) Eine weitere Schwierigkeit könnte sein, dass es in der Vergangenheit keinen klaren oder respektierten Prozess für die Vorbereitung gab, der Ergebnisse lieferte, was die Motivation ebenfalls dämpfen kann. Es gibt immer »andere Dinge«, die man in der Zeit tun könnte, aber nur selten etwas, das Ihnen diese Sicherheit, das gleiche Verständnis und das Vertrauen für Ihre Verhandlung geben könnte, wie ein gut durchdachter Plan.

Die Untersuchung der Möglichkeiten und der potenziellen Variablen ermöglicht es Ihnen, darüber nachzudenken, wie die andere Verhandlungspartei diese Themen sieht und welchen Wert sie ihnen beimisst. Planung ist von Natur aus proaktiv und wenn Sie sich die Zeit nehmen, die zur Verfügung stehenden Möglichkeiten durchzuarbeiten, haben Sie bereits einen Vorteil, bevor Sie den Verhandlungsraum betreten. Sie sind es, der die Optionen, die Agenda und den Prozess vorantreiben muss, anstatt sich den Marktkräften auszusetzen und möglicherweise ein Opfer von Zeit und Umständen oder des Drucks von Angebot und Nachfrage zu werden, die auf Sie zukommen werden.

Der Planungsprozess

Der erste Schritt im Planungsprozess wird normalerweise Brainstorming genannt, wir nennen es »Trade-Storming» (Seite 290). Das ist der Ausgangspunkt, an dem Sie möglicherweise bereits andere Akteure beteiligen, um Ideen zu sammeln oder Sie und Ihre Annahmen herauszufordern.

Hilfsmittel	Zweck
»Trade-Storming« (Wabengitter) ↓	Hilft Ihnen beim Brainstorming zu potenziellen Themen
»Handelsanalyse« ↓	Hilft Ihnen beim Priorisieren von geringen Kosten/hohem Wert-Geschäften
Variablenübersicht ↓	Hilft Ihnen beim Verbinden und Gruppieren von verhandelbaren Themen
Agenda* ↓	Helps you to structure and gain clarity before and during the negotiation
Angebotsplaner* ↓	Hilft Ihnen vor und in der Verhandlung beim Strukturieren und Gewinnen von Klarheit
Angebotsprotokoll*	Hilft Ihnen bei der Aufzeichnung und beim Nachvollziehen von Vorschlägen in der Verhandlung

* Hilfsmittel, die während der Verhandlung genutzt werden

Abbildung 8 Hilfsmittel bei der Planung

Es ist überraschend, wie oft Andere Risiken erkennen, die Sie übersehen hätten, weil Sie mit den Details vertraut sind oder weil Sie nur begrenzt den möglichen Konsequenzen ausgesetzt wären.

Um Ihnen zu helfen, auf einfache Weise den Rahmen für die Verhandlung abzustecken und die Planung durchzuführen, haben wir einige grundlegende Planungsformulare geschaffen, die logisch zusammenpassen und schon von Hunderten Unternehmen auf der ganzen Welt zur Planung ihrer Verhandlungen benutzt wurden.

Das Ziel der Planungs- und Verhandlungstools ist es, Ihnen behilflich zu sein, den Rahmen Ihres Abkommens abzustecken, den relativen Wert jeder Variablen herauszuarbeiten, Ihre ersten Angebote zu planen und danach im Lauf der Verhandlung den Wert Ihrer Übereinkunft zu überwachen.

Trade-Storming

Das Hilfsmittel des »Trade-Stormings« besteht aus einem einfachen Wabengitter. In diesem werden alle Themen aufgeführt, von denen Sie glauben, sie könnten Teil der bevorstehenden Verhandlung werden. Danach können Sie beginnen, mögliche Verbindungen oder Beziehungen zwischen den Themen zu identifizieren. Die ersten Themen können Sie direkt Ihrer Agenda entnehmen. »Trade-Storming« ist im Prinzip das Gleiche wie das Brainstorming und kann Ihnen oft helfen, weitere Variablen zu erkennen, die mit den grundlegenden sechs Variablen in Verbindung stehen. Diese sind zu Beginn nicht immer so offensichtlich und genau das ist der Grund, weshalb dieses Hilfsmittel so nützlich ist, zu visualisieren, wenn Sie die offensichtlichen Variablen in der Verhandlung durchdenken und erweitern. Der komplette Verhandler wird bei der Anwendung des Hilfsmittels »Trade-Storming« mehrere Variablen bedenken, da er in Betracht zieht, wie jede Variable mit anderen Variablen verbunden oder gruppiert werden kann. Lieferung kann eine Variable sein, aber wenn Sie anfangen, die Themen zu betrachten, die mit der Lieferung zu tun haben, und diese es ebenfalls wert sind, in die Verhandlung eingebracht zu werden, dann könnten Sie den Lieferzeitpunkt, die Lieferorte, die Bearbeitungszeit, Pünktlichkeit, Regelmäßigkeit und so weiter notieren. Alle Variablen werden irgendeinen Einfluss auf den

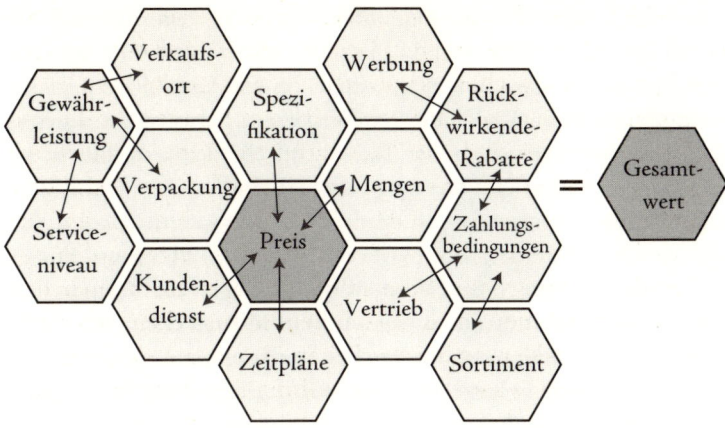

Abbildung 9 »Trade-Storming«

Wert oder die Kosten haben, die mit diesem Element der Vereinbarung in Zusammenhang stehen.

Handelsanalyse

Letztlich werden Sie einige an Bedingungen geknüpfte Angebote für Ihr Treffen formulieren müssen. Nachdem Sie sich nun mit den Variablen beschäftigt haben, die sehr wahrscheinlich auf Ihrer Agenda stehen, ist nun der nächste Schritt, den relativen Wert für Sie und für die andere Partei auszuarbeiten.

Das bedeutet, dass Sie jede Variable entsprechend den Interessen, Prioritäten und Werten, die sie für die andere Partei darstellen, kategorisieren müssen. Dafür benutzen wir ein Formular, das wir »Handelsanalyse« nennen. Es ergibt Sinn, dieses Formular bei Ihren Sondierungsgesprächen mit der anderen Partei zu nutzen. Im Verlauf der Diskussionen können Sie jede Annahme über den Wert, den die andere Partei einem Thema beimisst, näher bestimmen.

Die Handelsanalyse ist so gestaltet, dass sie Ihnen hilft, auf der Grundlage dessen, welchen Wert Sie und die andere Partei der Variable beimessen, alle Annahmen hinsichtlich der Wichtigkeit von Variablen auszuarbeiten und zu überprüfen. Es ist eine Gelegenheit, die relativen Kosten und Nutzen aus der Sicht beider Parteien zu vergleichen.

In Verhandlungen Werte aufzubauen beruht teilweise darauf, Variablen mit geringen Kosten gegen Variablen mit hohem Wert zu handeln. Die Handelsanalyse kann Ihnen helfen, die Variablen zu erkennen, die für Sie (oder für beide Parteien) einen schrittweisen Ertrag bedeuten. Dieser Ansatz bietet Ihnen die Möglichkeit, die wahrscheinlichen Beziehungen zwischen den im Spiel befindlichen Werten zu verstehen, und sollte Ihnen dabei helfen, schon vor der Verhandlung an Bedingungen geknüpfte Angebote (geringe Kosten gegen hohen Wert) zu formulieren. Wegen mangelnder Transparenz bedeutet »Win-Win« normalerweise, dass eine Partei gewinnt (mehr Wert erhält), dass aber auch die andere Partei einen Gewinn davonträgt. Anders gesagt: Es geht nicht um eine faire, gerecht 50 : 50-Aufteilung des Werts, wie dieser Begriff vermuten lassen könnte. Es handelt sich ganz einfach um einen Vorgang, der wegen der vorhandenen möglichen Vorteile im Interesse beider Parteien liegt, wie diese Vorteile auch immer aufgeteilt sein mögen. Ein an Bedingungen geknüpftes Handeln ist hierfür jedoch wesentlich.

Themen	Nehmen		Geben	
	Wert für uns	Kosten für sie	Kosten für uns	Wert für sie
Preis	Hoch	Hoch	Hoch	Hoch
Mengenrabatt			Mittel	Hoch
Verkaufsförderung			Niedrig	Hoch
Zahlungsbedingungen			Niedrig	Hoch
Vertrieb	Hoch	Niedrig		
Mengen	Hoch	Niedrig		
Werbung	Hoch	Niedrig		
Exklusivität			Niedrig	Hoch

Bewertung: Hoch/Mittel/Niedrig Zum Zweck der Untersuchung von Möglichkeiten

Abbildung 10 Die Handelsanalyse

Variablenkarte

Wir benutzen die Variablenkarte, um die Beziehungen von relativ geringen Kosten zu relativ hohem Wert zu veranschaulichen und die verschiedenen Möglichkeiten zu untersuchen, wie eine Variable mit anderen verknüpft werden kann, wenn wir die an Bedingungen geknüpften Vorschläge ausarbeiten.

Abhängig von den relativen Werten, mit denen Sie die einzelnen Variablen belegen, können Sie die Variablenkarte benutzen, um mögliche Verbindungen zwischen den Variablen zu erkunden. Sie können den Preis mit der Bestellmenge verbinden oder die Zahlungsbedingungen mit dem Lieferplan und so weiter. Dies ist eine einfache Möglichkeit, mit Alternativen zu spielen, doch können Sie so verschiedene Optionen durchdenken, bevor Sie ein spezifisches Angebot erstellen.

Auf unserer Themenkarte können Sie beispielsweise
- eine Linie ziehen, um auf eine potenzielle Verbindung zwischen Preis und Mengen hinzuweisen;
- eine Linie ziehen, um Preis und Spezifikationen zu verbinden, wenn Sie die beste Möglichkeit zur Verbindung der Variablen abwägen wollen.

Sie beginnen nun damit, dass Sie potenzielle Verbindungen zwischen allen Variablen einzeichnen. Sie können sich vorstellen, wie

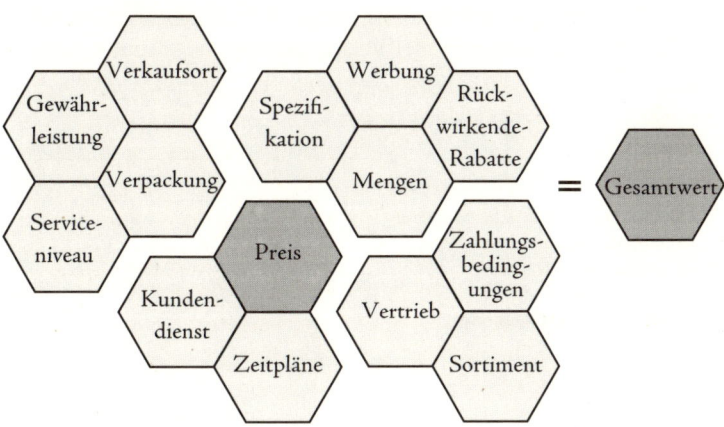

Abbildung 11 Themenkarte

die Variablen miteinander verbunden werden könnten, um so Angebote zu erarbeiten. Ein ganz offensichtliches Beispiel: Wenn Absatz und Rabatte zusammenspielen oder wenn die Vertragslaufzeit und rückwirkende Rabatte miteinander verbunden werden und so weiter. Sie können sich sogar entschließen, drei Variablen zusammenzufügen. Ein Beispiel:»Wenn Sie einen Preis von 300 Euro je Einheit anbieten können, werden wir mit einer ersten Bestellung von 5 000 Einheiten beginnen. Voraussetzung ist, dass Sie zu unseren Spezifikationen produzieren und natürlich alle unsere anderen Bedingungen und Konditionen akzeptiert werden.« Vergessen Sie nie: Nichts ist vereinbart, bis alles vereinbart ist.

Agenda

Nachdem Sie die Variablen eingegrenzt haben, ist es an der Zeit, sie zusammenzufassen und eine Agenda zu veröffentlichen. Diese sollte so gestaltet sein, dass auch Ihr Verhandlungspartner zustimmen kann, und sie wird Grundlage und Maßstab für Ihre Diskussionen sein.

Der besondere Vorteil einer abgestimmten Agenda ist, dass Sie wissen, was auf den Verhandlungstisch kommt und was noch fehlt. Wenn Sie die Variable Zeitpläne durchgearbeitet haben, die Kosten und die Qualität, aber von der Agenda wissen, dass die Vertragslaufzeit und die Zahlungsbedingungen noch anstehende Themen sind, dann haben Sie immer noch viel Verhandlungsspielraum, wenn die

---

Agenda

1. Spezifikation von Service und Qualität
2. Information und Datenaustausch
3. Bestellvolumen
4. Preisstruktur
5. Rabattstaffeln
6. Starttermin des Vertrages
7. Vertragslaufzeit
8. Zahlungsbedingungen
9. Vertraulichkeit

Abbildung 12 Beispielagenda

Zeitpläne verhandelt sind, und Sie können sie mit der Vertragslaufzeit verbinden. Sie können inakzeptable Bedingungen ansprechen und mit Vorschlägen in Verbindung bringen, die noch vorgelegt werden müssen. Anfangs mag es den Anschein haben, als sei kein Ende abzusehen, aber wenn Sie bei einigen Themen Flexibilität zu erkennen geben, wenn sich die Diskussionen entwickeln, können Sie offener diskutieren und, abhängig vom Vertrauen zwischen den Parteien, verschiedene Optionen untersuchen. Natürlich wird es zu Spannungen kommen und es wird verschiedene Positionen geben, die Sie bewältigen müssen. Vergessen Sie deshalb nicht, dass Ihre Position immer an Bedingungen geknüpft sein muss und es eine klare Verbindung zu den anderen Punkten in der Verhandlung gibt.

Wenn man von einer gemeinsam vereinbarten Agenda aus arbeiten kann, hilft Ihnen das zum einen, erste Ungewissheiten zu regeln, aber auch Vertrauen zur anderen Partei aufzubauen. Einzelnen Themen zuzustimmen, vorausgesetzt, dass auch alle anderen Themen zustimmungsfähig sind, ist notwendig, damit das Abkommen an Form gewinnt. Sie wissen aber, dass Sie immer auf einen Punkt zurückkommen und wieder auf das eingehen können, dem Sie theoretisch bereits zugestimmt haben, falls sich andere Punkte als zu schwierig erweisen. Eine umfassende Agenda stellt eine Liste der Themen dar, auf die man sich einigen muss, und vermittelt allen Beteiligten ausreichend Transparenz. Die Vorstellung, einem Punkt zuzustimmen, ohne dass alles andere bereits organisiert ist, kann dazu führen, dass man sich angreifbar fühlt. Das ist ein Bereich der Ungewissheiten, dem Sie Rechnung tragen müssen.

Angebotsplaner

Der Angebotsplaner wird benutzt, um die spezifischen konditionalen Bedingungen für die einzelnen Angebote aufzuführen. Diese Liste an gut durchdachten Angeboten können Sie dann in der Verhandlung verwenden.

Jedes Angebot muss präzise sein und der anderen Partei ermöglichen, zu kalkulieren, abzuwägen, zu überlegen und zu reagieren. Für den Verlauf der Verhandlung ist es wenig hilfreich, ganz einfach verbesserte Zahlungsbedingungen im Gegenzug für ein höheres Bestellvolumen zu fordern. Sie müssen genauer formulieren. Falls nicht, können Sie vernünftigerweise nicht erwarten, dass die andere Partei das Angebot ernst nimmt oder darauf antworten kann. Wenn Sie ein Zahlungsziel von 60 Tagen gegen eine Erhöhung des Auftragsvolumens um zehn Prozent handeln wollen, so sagen Sie es. Präzisieren Sie Ihren Vorschlag auf dem Angebotsplaner. Das ist der einzige Ort, auf dem Sie Ihre Vorschläge schon vor den Diskussionen notieren können. Es sind die Konditionen, die Sie objektiv und in Ruhe durchdacht, kalkuliert und in Betracht gezogen haben.

Bevor Sie aber beginnen, irgendwelche Vorschläge zu machen, bestimmen Sie deren Priorität ein letztes Mal. Es ist erstaunlich, wie diese sich in relativ kurzer Zeit ändern können.

»Letzte Woche sagten Sie mir, dass die Lieferung in der zwölften Kalenderwoche für Sie in Ordnung sei. Nun sagen Sie in der achten Kalenderwoche. Wie wichtig ist die achte Kalenderwoche für Sie?«

Es ist entscheidend, dass Sie verstehen, wie die andere Seite die Dinge aktuell bewertet. Ich habe Verhandler beobachtet, die in Verhandlungen um das verhandelten, was sie glaubten, das die andere Seite haben wollte, anstatt um das, was sie tatsächlich benötigten. Fragen Sie so, dass Sie einordnen können, was die andere Partei *braucht*.

Stellen Sie sich einen Bauherrn vor, der darauf besteht, dass das Gerüst innerhalb von einem Tag von der Baustelle entfernt wird. Für ihn ist es sehr wichtig. Der Gerüstverleih kann zwar der Forderung nachkommen, aber er verlangt wegen der schnellen Erledigung einen Aufschlag. Als der Bauherr gefragt wird, wird klar, dass der Bauvertrag besagt, die Baustelle sei innerhalb von sieben Tagen zu räumen. Sieben Tage werden dem Bauherrn einen Aufschlag von fünf Prozent des Mietpreises ersparen. Die meisten Menschen den-

Wenn Sie …	Dann wir …
Vertrieb in 500 Filialen	Preis 14,90 Euro
Bestellmenge 1 Millionen	Mengenrabatt 1,5 Prozent
Bestellmenge 1,3 Millionen Werbekampagnen pro Jahr 6	Marketing-Investition 80 000 Euro

Abbildung 13 Angebotsplaner

ken, sie wollen einen besseren Preis, aber oft wollen sie in Wirklichkeit ein besseres Geschäft oder einen höheren Wert.

Wenn Sie einen an Bedingungen geknüpften Vorschlag unterbreiten, versuchen Sie, nicht mehr als drei Punkte gleichzeitig anzusprechen. Es könnte sich für die andere Partei als schwierig erweisen, den Vorschlag auf sinnvolle Weise zu kalkulieren und darauf zu antworten. Außerdem hemmt es die bereits geschaffene Eigendynamik in der Verhandlung. Wenn Sie alle an Bedingungen geknüpften Vorschläge, die Sie vorbereitet haben, auf einmal vortragen, werden Sie wahrscheinlich eine nichtssagende oder verspätete Antwort der anderen Partei erhalten. Dafür gibt es drei Gründe:

1. Für die andere Partei wird es unglaublich schwierig sein, unter diesem Druck zu berechnen, was dieses Angebot für sie bedeutet. Deshalb wird sie wahrscheinlich nur die Bedingungen aufgreifen, die ihr gefallen, während sie die Konditionen ignoriert, die daran gebunden sind.

2. Der anderen Partei bleibt die Aufgabe, die Verbindungen zwischen jedem bedingten Angebot zu finden. Das wird sie möglicherweise zusätzlich verwirren.

3. Die andere Partei wird einige Ideen haben, die Sie vielleicht abwägen sollten, bevor Sie Ihre gesamte Position darlegen.

Dieses Vorgehen, Ihre Angebote nacheinander zur Sprache zu bringen, um den Aufbau des Abschlusses zu ermöglichen, verlangt Geduld und ein gewisses Maß an Gewöhnung an die anfängliche Ungewissheit.

Am Anfang wird keine Verhandlungspartei in der Lage sein, das gesamte Abkommen zu überblicken, und könnte dennoch gebeten werden, auf Teile davon zu reagieren. Denken Sie daran, wenn es zu komplexen Angelegenheiten kommt, sollten Sie Teile zurückstellen und später auf sie zurückkommen, nachdem Sie zunächst einige andere Tagesordnungspunkte untersucht haben.

Angebotsprotokoll

Diese Aufzeichnungen sind besonders wichtig, wenn Sie es mit vielen Variablen zu tun haben und einen klaren Überblick über den Fortschritt behalten müssen. Sehr oft beobachtet man Verhandler, wie sie ohne eine bestimmte Ordnung Notizen auf ein Blatt Papier kritzeln, sobald die Verhandlung beginnt. Schon bald kann man aus den Notizen kaum noch einen Sinn erkennen oder was die andere Partei vorgeschlagen hat, ganz zu schweigen von der aktuellen Gesamtposition. Das Angebotsprotokoll ermöglicht Ihnen, alle Positionen und Bewegungen zu notieren und so zu verfolgen, wo Sie gerade sind und wie Sie dahin gekommen sind.

Wenn Sie sich über die Seite bewegen und Ihre Vorschläge und die der anderen Partei verfolgen, haben Sie zum einen die Möglichkeit, ihre Position genau zusammenzufassen und damit sicherzustellen, dass Ihre Position eindeutig ist, wenn der Vertrag ausgefertigt werden soll. Im Verlauf der Zeit können die Aufzeichnungen Ihnen ermöglichen

- die Größe der Schritte der anderen Verhandlungspartei bei jeder der Variablen zu verfolgen,
- über alle Variablen hinweg Ihre aktuellen Positionen zusammenzufassen.

Wenn Sie nicht bestätigen, womit Sie einverstanden waren, wie sollten Sie dann wissen, welche Entscheidungen tatsächlich getroffen wurden? In vielen Fällen kann dies im Nachhinein zu weiteren Verhandlungen führen.

Thema	Ihr Angebot	Deren Angebot	Ihr Angebot	Deren Angebot	Ihr Angebot	Deren Angebot
Preis pro Stück	14,90 €	12,20 €	14,50 €	13,00 €		13,60 €
Mengenrabatt	1.5%	2.0%	1.75%	2.0%		
Marketing-investition	80 000 €	150 000 €		100 000 €		
Zahlungs-bedingungen	30 Tage	60 Tage	60 Tage			
Vertrieb	500	400		500		
Volumen pro Jahr	1 Mio	1 Mio	1,3 Mio	1,5 Mio		
Werbe-kampagnen	6	8	10	10		
Exklusivität	12 Mon.	12 Mon.				

Abbildung 14 Angebotsprotokoll

Nun sind Sie bereit, wirklich verhandeln zu können. Die Planung ist fertig, die Taktiken wurden verstanden, die Verhaltensweisen wurden abgestimmt und Sie haben sich in »den Kopf« der anderen Partei versetzt, was es Ihnen ermöglicht, die Chancen eines Abschlusses so zu sehen, wie sie die andere Partei sieht.

Der komplette Verhandler ist nur so perfekt, wie es seine Planung ist, und niemals so perfekt, dass er alles als selbstverständlich betrachtet. Er geht niemals von Annahmen aus, sondern er fragt. Er ist niemals in Eile, sondern immer bedacht und respektvoll. Es ist schwierig, immer ausgeglichen zu bleiben. Das erfordert gute Nerven, Vertrauen und Ausdauer, und gerade aus diesem Grund dürfen Sie niemals mit sich selbst zufrieden sein.

Zusammenfassung

Ihre Fähigkeit, Vereinbarungen zu arrangieren, Blockaden aufzulösen, die Erwartungen der anderen Partei vor der Verhandlung zu lenken und letztendlich nachhaltige Abkommen abzuschließen, fordert Ihre gesamten Fertigkeiten, Eigenschaften, Ihr Wissen und Ihre Selbstwahrnehmung, die wir in diesem Buch behandelt haben.

Viele sind den Herausforderungen, die Verhandlungen darstellen, nicht wegen ihrer angeborenen Talente gewachsen, sondern nur, wie bei jeder Leistung, weil sie die Motivation haben, sich ständig verbessern zu wollen. So steht Ihnen eine der lohnenswertesten (in vielfältiger Weise) und einträglichsten Gelegenheiten zur persönlichen Entwicklung zur Verfügung.

Effektiv verhandeln zu können besteht in erster Linie daraus, zu akzeptieren, dass Sie allein es sind, der die Situationen beeinflussen kann, mit denen Sie konfrontiert werden. Sie können den Markt, Personen, das Timing, Ihre Optionen, die Machtverteilung oder alle anderen Umstände beschuldigen, von denen Sie glauben, sie würden gegen Sie arbeiten. Letztlich sind Sie es aber, der die Situationen verändern und das, was ansonsten zu einer Blockade führen würde, zu einem funktionierenden und rentablen Abkommen machen kann.

Es ist an der Zeit, ruhig zu bleiben, die Taktiken als das zu sehen, was sie sind, die Nerven zu bewahren und Geduld zu üben. Macht – real oder nur empfunden –, wie auch immer erworben, wird in Ihren

Verhandlungen eine Rolle spielen und, gleichgültig wie gut Sie als Verhandler sind, wenn die Machtverteilung gegen Sie ist, dann werden Sie zweifellos die Enttäuschung erfahren, sich zu etwas gezwungen zu fühlen. Vertrauen Sie Ihren Instinkten, behalten Sie Ihre Fassung. Das wird den Unterschied zwischen den Vereinbarungen ausmachen, die Werte schaffen, und denen, die Werte lediglich aufteilen.

Wenn Sie eine Pause einlegen müssen, die Verhandlung vertagen oder von vorne beginnen, um Optionen zu überprüfen, dann ist diese Tatsache, dass Sie dies anerkennen und bereit sind, sich die erforderliche Zeit zu nehmen, ein Hinweis darauf, dass Sie sich nun angemessen und bewusst verhalten.

Sie müssen wissen, was Sie zu erreichen versuchen. Das erfordert Klarheit der Absicht und Akzeptanz für diejenigen unter Ihnen, die von Natur aus kämpferisch sind, dass es in Verhandlungen nicht darum geht zu gewinnen, sondern dass die andere Partei das tut, was Sie wollen. Um das zu können, müssen Sie das Geschäft so sehen, wie es die andere Seite sieht.

In jeder Situation die Kontrolle übernehmen zu können, erfordert Planung, und das ist nirgendwo so wahr wie in Verhandlungen. Verhandler, die bemerken, dass sie auf ihr Umfeld und die Situation reagieren, neigen dazu, sich in schwächere Positionen zu begeben als erforderlich. Versuchen Sie immer möglichst proaktiv und vorbereitet zu sein. Das ist das Einzige, was Sie tun können, um Ihre Aussichten zu verbessern.

Selbstwahrnehmung ist wahrscheinlich die Dimension, die den kompletten Verhandler von anderen Verhandlern unterscheidet. Er wird nicht von Fairness oder seinem Ego getrieben. Er, und auch Sie, sollten tun, was angemessen ist, nachdem Sie alle Umstände in Betracht gezogen und gegeneinander abgewogen haben.

Zuhören, denken und überlegen, diejenigen verstehen, die um Sie herum sind, und danach bewusst die Fertigkeiten anwenden, die Sie hier gelernt haben, ist das, was ich mit diesem Buch hoffentlich erfolgreich versucht habe zu fördern und zu erklären.

Verhandeln zu können, kann man mit keiner anderen Fertigkeit vergleichen. Aus meiner Erfahrung und aus den Erfahrungen meines Teams, meiner Klienten und meiner Familie weiß ich, dass es für alle, die bereit sind, ein kompletter Verhandler zu werden, riesige und wohlverdiente Belohnungen gibt.

Über den Autor

Steve Gates ist ein international anerkannter Experte für Verhandlungen. Er ist Gründer und Director von *The Gap Partnership*, einer weltweit führenden, auf Verhandlungen spezialisierten Unternehmensberatung. Das 1997 gegründete Unternehmen macht heute einen Umsatz von mehr als 12,5 Millionen Euro und unterhält Büros in Europa, den Vereinigten Staaten von Amerika, Afrika und Asien.

Steve Gates und sein Team von Verhandlungsexperten haben einige der weltweit führenden Organisationen bei ihren schwierigsten Verhandlungen beraten und unterstützt. Verhandelt wurde hierbei alles von Einzelhandelskonditionen über Mergers & Acquisitions, Ölpreisen bis hin zu Tarifverhandlungen.

Stichwortverzeichnis